朝倉化学大系 ❹

構造有機化学

戸部義人・豊田真司［著］

朝倉書店

編集顧問
佐野博敏 前 東京都立大学総長
　　　　　大妻女子大学名誉学長

編集幹事
富永　健 東京大学名誉教授

編集委員
徂徠道夫 大阪大学名誉教授
山本　学 北里大学名誉教授
松本和子 前 早稲田大学教授
中村栄一 東京大学名誉教授・特任教授
山内　薫 東京大学教授

まえがき

　有機化学は合成，反応，構造の三本柱から成り立っており，これらが互いに影響しあうことで，いわばスパイラル状に発展を遂げてきた．有機化学の黎明期には炭素の四面体構造やベンゼンの共鳴構造，あるいはキラルな化合物の絶対配置など，分子の構造を決定すること自体が有機化学の主題であり，構造有機化学という独立した分野としての認識はなかったものと思われる．有機電子論の発展の結果，分子構造と物性や反応性との関係が明らかになるに従い，徐々に独立した構造有機化学として位置づけられ，分子の構造と性質との関係を研究する学問として一般に受け入れられるようになった．近年は研究対象が超分子や生体分子から機能性物質にまで広がり，構造有機化学の範疇が不鮮明になりつつあるが，分子構造と広い意味での物性との関係を研究する学問であることに変わりはない．

　構造有機化学はさまざまな化学分野に関係する基礎化学である．その基盤は20世紀の後半に形作られたので，すでに完成された学問分野のように思われるかもしれない．しかし，今日でも有機構造に関する根本的な課題が多く残されているだけでなく，この分野が有機化学にかかわる新しい課題に取り組むための基礎を構成している点を強調しておきたい．つまり，本書の内容は，読者が有機化学に関連する論文を読みこなして深く理解し，あるいは研究者として議論するための共通言語であるだけでなく，新たな着想を得るための武器でもある．本書では，そのような点を意識し，そのまま利用できるデータをできる限り多く記載したが，本書を導入としてさらに高度な専門書を読むとともに，必要があれば詳細なデータは参考文献を参照されたい．

　本書は全5章から構成されている．まず第1章では，有機構造の基礎となる結合とひずみについて解説した．有機化合物を形成する結合は共有結合がもっとも重要であるが，分子自体の性質や集合体としての機能は非共有結合によっ

て支配されることが多い．最初に，分子構造の表示や研究法について概説したのち，共有結合を表現する原子価結合法と分子軌道法の概略と分子の安定性や構造に影響を及ぼす因子であるひずみについて述べた．さらに種々の非共有結合の原理と実例について解説した．つぎに本書では，有機化合物の構造と性質にかかわる基礎事項として，立体化学，非局在結合，反応性中間体をとりあげ，それぞれについて第2章，第3章，第4章で述べた．

第2章は，有機分子の構造を決める因子である立体化学とその表記法に関する基礎から，立体配置，立体配座の解説，環状化合物の立体化学や特異な異性現象を示す化合物の紹介を包含する．

第3章では，非局在結合を記述する簡便な手法であるHückel分子軌道法に基づく共役π電子系の記述について概説した後，芳香族性の定義と種々の指標ならびにその実験的検証例を紹介し，最後に多様な芳香族化合物の例を紹介した．

第4章では，構造有機化学の観点から重要な反応性中間体として，カルボカチオン，カルボアニオン，ラジカル，カルベン，ラジカルイオンをとりあげ，それらの生成，安定性，構造について解説した．また，不対電子をもつ反応性中間体については，スピンの整列による磁性制御や電荷移動錯体における導電性のように分子間相互作用に基づく物性についても概説した．

第5章では，特殊な構造をもつ化合物についてまとめて解説した．構造有機化学の醍醐味のひとつに，化学結合の本質に迫る異常な構造をもつ分子の合成と構造の実験的検証があり，第5章ではその一端を紹介する．大きくひずんだσ結合やπ結合をもつ分子，分子構造に起因して特異な電子状態をもつ分子，高い対称性をもつ美しい分子などがその例であり，有機化合物がとりうる構造の多様性は有機化学の大きな特徴でありおもしろい点であることを感じてもらえるだろう．

歴史的に見ても，構造有機化学の源流は化学産業の勃興と強い結びつきがあり，その原理は現在の高機能性有機材料の機能発現の基礎になっている．しかし，読者には華やかな面に目を奪われるばかりではなく，本書で述べられた基礎を足がかりとして未解決の基本的課題を掘り起こし，それらに果敢に挑戦し

ていただきたい．本書がその一助になれば大きな喜びである．

　さらに，構造有機化学のいくつかの分野において日本の化学者が先駆的役割を果たしており，その発展に対する貢献度が大きいことを指摘しておきたい．これは基礎科学を重要視してきた日本の科学技術政策の賜物であり，今後も日本の研究者が構造有機化学にかかわる分野において重要な発見をし，画期的な新物質を創出することを期待してやまない．

　本書を書くにあたっては，引用文献として挙げた多くの関係書や専門書を参考にさせていただいた．山本学先生（北里大学名誉教授）には，原稿全般にわたって目を通していただき，貴重な助言をいただいた．深く感謝の意を表したい．また，図版を提供いただくとともに貴重な提言もいただいた村田靖次郎先生（京都大学教授）と久保孝史先生（大阪大学教授）にお礼申し上げる．最後に，出版に際して尽力いただいた朝倉書店編集部の諸氏に篤く感謝する．

　2016年8月

戸部義人
豊田真司

目　　次

1. 有機構造の基礎：結合とひずみ

1.1　有機構造の表示 ··· 2
　1.1.1　構　造　式 ··· 2
　1.1.2　分　子　模　型 ··· 4
　1.1.3　構造座標と構造パラメーター ······························ 5
1.2　有機構造の研究法 ·· 6
　1.2.1　実験的研究法 ·· 6
　1.2.2　理論的研究法 ·· 8
1.3　化学結合の理論 ··· 9
　1.3.1　水　素　分　子 ··· 10
　1.3.2　炭素原子の混成 ·· 12
1.4　化学結合の性質 ·· 16
　1.4.1　結合の分極 ·· 16
　1.4.2　結　合　長 ·· 19
　1.4.3　結　合　角 ·· 20
　1.4.4　結合エネルギー ·· 20
1.5　分子のひずみ ··· 21
　1.5.1　ひずみの大きさと分類 ····································· 21
　1.5.2　分子力学計算 ··· 22
　1.5.3　結合角ひずみ ··· 24
　1.5.4　ねじれひずみ ··· 26
　1.5.5　立体ひずみ ·· 26
　1.5.6　結合伸縮ひずみ ·· 29
1.6　弱い相互作用 ··· 29
　1.6.1　静電相互作用 ··· 30
　1.6.2　誘起双極子相互作用 ·· 31
　1.6.3　水　素　結　合 ··· 31
　1.6.4　π電子が関与する相互作用 ································ 33

1.6.5　電荷移動相互作用 …………………………………………… 35
文　　　献 ………………………………………………………………… 36

2. 立 体 化 学

2.1　立体化学の基礎 ……………………………………………………… 39
　　2.1.1　立体異性体の分類 …………………………………………… 39
　　2.1.2　立体構造の表示 ……………………………………………… 41
　　2.1.3　キラリティー ………………………………………………… 42
　　2.1.4　旋　光　性 …………………………………………………… 44
　　2.1.5　ステレオジェネシティー …………………………………… 44
2.2　立 体 配 置 ………………………………………………………… 45
　　2.2.1　絶対配置と相対配置 ………………………………………… 45
　　2.2.2　立体配置の表示法 …………………………………………… 46
　　　　a.　DL 表示法 ………………………………………………… 46
　　　　b.　*RS* 表示法 ………………………………………………… 47
　　2.2.3　さまざまなキラル化合物 …………………………………… 48
　　　　a.　キラル中心をもつ化合物 ………………………………… 48
　　　　b.　キラル軸をもつ化合物 …………………………………… 49
　　　　c.　らせん構造をもつ化合物 ………………………………… 51
　　　　d.　キラル面をもつ化合物 …………………………………… 51
　　2.2.4　ジアステレオマー …………………………………………… 53
　　2.2.5　二重結合をもつ化合物 ……………………………………… 55
2.3　立 体 配 座 ………………………………………………………… 56
　　2.3.1　立体配座の基礎 ……………………………………………… 56
　　2.3.2　鎖式アルカンの立体配座 …………………………………… 58
　　2.3.3　不飽和化合物，芳香族化合物の立体配座 ………………… 60
　　　　a.　ア ル ケ ン ………………………………………………… 60
　　　　b.　芳香族化合物 ……………………………………………… 61
　　　　c.　ア ル キ ン ………………………………………………… 62
　　2.3.4　炭素-ヘテロ原子結合 ………………………………………… 62
2.4　環式化合物の立体化学 ……………………………………………… 64
　　2.4.1　単環式化合物 ………………………………………………… 65
　　　　a.　シクロアルカンのシス-トランス異性 ………………… 65
　　　　b.　シクロペンタン誘導体 …………………………………… 65

  c. シクロヘキサン誘導体……………………………………………66
 2.4.2 二環式化合物………………………………………………69
  a. スピロ化合物……………………………………………………70
  b. 縮合環化合物……………………………………………………70
  c. 架橋環化合物……………………………………………………71
 2.4.3 複素環式化合物……………………………………………72
2.5 トピシティー…………………………………………………………73
 2.5.1 リガンドのトピシティー……………………………………74
 2.5.2 面のトピシティー……………………………………………75
2.6 エナンチオマー………………………………………………………75
 2.6.1 エナンチオマーの組成………………………………………75
 2.6.2 エナンチオマーの調製………………………………………76
 2.6.3 絶対配置の決定法……………………………………………78
2.7 位相立体異性体………………………………………………………78
 2.7.1 カ テ ナ ン……………………………………………………79
 2.7.2 ノ ッ ト………………………………………………………81
文 献……………………………………………………………………82

3. 非 局 在 結 合

3.1 鎖状共役系化合物……………………………………………………84
 3.1.1 Hückel 分子軌道法による表現………………………………86
  a. 1,3-ブタジエン…………………………………………………86
  b. HMO から得られる情報………………………………………87
  c. ポ リ エ ン………………………………………………………88
 3.1.2 π結合に隣接した一つの p 軌道がある系の共役……………90
 3.1.3 交 差 共 役……………………………………………………91
 3.1.4 ホ モ 共 役……………………………………………………92
 3.1.5 超 共 役………………………………………………………93
3.2 環状共役系化合物……………………………………………………94
 3.2.1 ベンゼンの安定生と Hückel 則………………………………94
 3.2.2 環状共役系の Hückel 分子軌道法による表現………………95
  a. シクロブタジエン………………………………………………95
  b. ベ ン ゼ ン………………………………………………………97
  c. その他の環状共役系……………………………………………97

- 3.3 芳香族性とその尺度 ··· 99
  - 3.3.1 芳香族性による安定化エネルギー ································· 99
  - 3.3.2 芳香族性と構造的要因 ··· 105
  - 3.3.3 芳香族性と磁気的性質 ··· 107
  - 3.3.4 特殊な芳香族性 ·· 111
    - a. Möbius 系芳香族性 ··· 111
    - b. 三重項電子配置における芳香族性 ····························· 112
- 3.4 種々の芳香族化合物と反芳香族化合物 ······································ 113
  - 3.4.1 [n]アヌレン（n = 4, 6, 8）··· 113
    - a. [4]アヌレン：シクロブタジエン ································· 114
    - b. [6]アヌレン：ベンゼン ·· 116
    - c. [8]アヌレン：シクロオクタテトラエン ······················ 117
  - 3.4.2 環サイズの大きな [n]アヌレン（n = 10, 12, 14, 18）········ 119
    - a. [10]アヌレン ··· 120
    - b. 1,6-メタノ[10]アヌレン ·· 120
    - c. [12]アヌレン ··· 121
    - d. [14]アヌレン ··· 122
    - e. 架橋[14]アヌレン ··· 122
    - f. [18]アヌレン ··· 123
    - g. 架橋[18]アヌレン ··· 124
  - 3.4.3 デヒドロアヌレン ·· 124
  - 3.4.4 電荷をもつ環状共役系 ··· 126
    - a. 奇数員環の一価イオン ·· 126
    - b. 偶数員環の二価イオン ·· 128
    - c. ホモ芳香族性 ·· 130
  - 3.4.5 交互炭化水素と非交互炭化水素 ··································· 131
  - 3.4.6 ベンゼン系縮合多環式芳香族化合物 ··························· 132
    - a. 芳香族セクステット ·· 133
    - b. 一次元的な縮合多環式芳香族 ····································· 134
    - c. 二次元的な縮合多環式芳香族 ····································· 135
  - 3.4.7 非ベンゼン系芳香族化合物 ·· 136
    - a. 非ベンゼン系芳香族に関連した単環式共役化合物 ····· 137
    - b. 二環式・三環式の非ベンゼン系芳香族と反芳香族 ····· 138
  - 3.4.8 ヘテロ環芳香族化合物 ··· 140
    - a. 単環式ヘテロ環芳香族化合物 ····································· 140

b. ポルフィリン……………………………………………………………141
　　3.4.9　多段階酸化還元系……………………………………………………142
文　　　献…………………………………………………………………………143

4. 反応性中間体

4.1　カルボカチオン……………………………………………………………149
　　4.1.1　カルボカチオンの安定性……………………………………………150
　　　a. 安定性を支配する要因…………………………………………………150
　　　b. 気相における生成と安定性……………………………………………151
　　　c. 液相における生成と安定性……………………………………………152
　　4.1.2　カルボカチオンの構造………………………………………………156
　　4.1.3　3中心2電子結合をもつ非古典的カルボニウムイオン……………157
　　4.1.4　ジカチオン……………………………………………………………159
4.2　カルボアニオン……………………………………………………………161
　　4.2.1　カルボアニオンの安定性……………………………………………161
　　　a. 安定性を支配する要因…………………………………………………161
　　　b. 気相における生成と安定性……………………………………………162
　　　c. 液相における生成と安定性……………………………………………163
　　4.2.2　カルボアニオンの構造………………………………………………166
　　4.2.3　ジアニオン，テトラアニオン………………………………………169
4.3　ラジカル……………………………………………………………………170
　　4.3.1　ラジカルの安定性……………………………………………………171
　　　a. 安定性を支配する要因…………………………………………………171
　　　b. ラジカルの安定性………………………………………………………172
　　4.3.2　ラジカルの構造………………………………………………………174
　　4.3.3　スピン密度分布………………………………………………………175
　　4.3.4　安定ラジカル…………………………………………………………176
　　4.3.5　ジラジカル……………………………………………………………180
　　　a. ジラジカルのスピン多重度……………………………………………180
　　　b. 非 Kekulé 分子…………………………………………………………181
　　　c. 一重項ジラジカロイド…………………………………………………183
　　　d. 基底三重項の反芳香族分子……………………………………………185
　　4.3.6　マルチラジカル，ポリラジカル……………………………………186
　　4.3.7　固相におけるスピン相互作用の制御………………………………187

4.4 カルベン··191
　4.4.1 カルベンの電子配置とスピン多重度·······································191
　　a. スピン多重度に及ぼす電子的効果···192
　　b. スピン多重度に及ぼす立体的効果···193
　4.4.2 安定なカルベン···193
　　a. 安定な一重項カルベン···193
　　b. 安定な三重項カルベン···195
　4.4.3 三重項カルベンのスピン相互作用の制御·································197
4.5 ラジカルイオン···199
　4.5.1 ラジカルイオンの生成と安定性··199
　　a. 生成と検出···199
　　b. 安定性とそれを支配する要因···200
　4.5.2 電荷分離状態の生成···202
　　a. Marcusの電子移動理論··202
　　b. 長寿命電荷分離状態の生成··204
　4.5.3 電導性電荷移動錯体···206
　　a. 電荷移動錯体の結晶構造··206
　　b. 電荷移動錯体の合成と電気伝導性···210
　　c. 伝導電子を介したスピン整列···213
文　　献···214

5. 特殊な構造

5.1 ひずみ化合物··219
　5.1.1 高ひずみ化合物の安定化···220
　5.1.2 高ひずみアルカン··220
　　a. テトラヘドラン···221
　　b. キュバン··221
　　c. プリズマン···222
　　d. プロペラン···222
　　e. フェネストラン···224
　5.1.3 高ひずみアルケン··224
　　a. テトラ-*t*-ブチルエテン関連化合物·······································225
　　b. *trans*-シクロアルケン··225
　　c. 架橋環アルケン···226

- 5.1.4 高ひずみアルキン ……………………………………………… 227
  - a. シクロアルキン ………………………………………………… 227
  - b. 環式ポリイン …………………………………………………… 228
  - c. ベンザイン ……………………………………………………… 229
- 5.1.5 高ひずみアレーン ……………………………………………… 229
  - a. シクロファン …………………………………………………… 230
  - b. ねじれたアセン ………………………………………………… 232
  - c. ヘリセン ………………………………………………………… 233
  - d. コラニュレンとスマネン ……………………………………… 234
  - e. サーキュレン …………………………………………………… 236
  - f. シクロパラフェニレン ………………………………………… 236
- 5.1.6 ベンゼンの原子価異性体 ……………………………………… 237
- 5.2 異常な結合長をもつ化合物 ………………………………………… 238
  - 5.2.1 長い C-C 結合をもつ化合物 …………………………………… 239
  - 5.2.2 短い C-C 結合をもつ化合物 …………………………………… 240
  - 5.2.3 長い C-O 結合をもつ化合物 …………………………………… 241
- 5.3 共役系化合物 ………………………………………………………… 242
  - 5.3.1 芳香族化合物 …………………………………………………… 242
    - a. サーキュレン …………………………………………………… 242
    - b. ケクレン ………………………………………………………… 243
    - c. ペリアセン ……………………………………………………… 244
    - d. オリゴアリーレン ……………………………………………… 245
    - e. 巨大炭化水素 …………………………………………………… 246
    - f. Möbius 系芳香族化合物 ………………………………………… 247
    - g. 内包フラーレン ………………………………………………… 247
  - 5.3.2 アルケンとアルキン …………………………………………… 248
    - a. トラヌレン ……………………………………………………… 248
    - b. ラジアレン ……………………………………………………… 249
    - c. ブルバレン関連化合物 ………………………………………… 249
    - d. 分子モーター …………………………………………………… 250
    - e. ポリイン ………………………………………………………… 251
    - f. カルボマー ……………………………………………………… 251
  - 5.3.3 ポルフィリン …………………………………………………… 252
    - a. 拡張ポルフィリン ……………………………………………… 252
    - b. 集積ポルフィリン ……………………………………………… 253

5.4 三次元の広がりをもつ構造································254
　5.4.1 ドデカヘドランとパゴダン························255
　5.4.2 集積アダマンタン·································255
　5.4.3 スフェリファン···································256
　5.4.4 トリプチセンおよび関連化合物····················257
5.5 超原子価化合物···258
　5.5.1 高配位化合物の構造と結合·························259
　5.5.2 炭素の超原子価···································259
5.6 含高周期元素多重結合化合物·····························260
　5.6.1 アルケン類縁体···································261
　5.6.2 ケトンとアルデヒド類縁体·························262
　5.6.3 アルキン類縁体···································262
　5.6.4 芳香族化合物類縁体·······························263
文　　献···264

和文索引···269
欧文索引···275

1
有機構造の基礎：結合とひずみ

　有機化合物の研究を行うとき，化合物の分子構造（molecular structure）を正確に把握しておくことは非常に重要である．それは，分子構造が電子状態を支配し，化合物の物理的，化学的および分光学的性質と密接に関係しているからである．化学物質の構造とは，分子を形づくる原子の配列を意味する．一般的に化合物の構造を決めるとき，まず組成や分子量などのデータから分子を構成する原子の種類と数（分子式）を決める（図1.1）．次に，同じ分子式をもつ多数の異性体（isomer）から，分子を構成する原子の結合の順番を調べることにより，正しい構造異性体（constitutional isomer）を決定する．結合の順番が同じであっても，原子の三次元的な配置が異なる立体異性体（stereoisomer）が存在することがある．そのうちどの立体異性体が正しいかを決定することにより，有機化合物の構造を正しく知ることができる．実際の研究では，このような手順をすべて経なくても，構造既知の化合物との関連（たとえば，反応の生成物の構造を反応物の構造から予想する）から，構造を決定できることが多い．しかし，天然物の構造決定のように，構造異性体と立体異性体を含めて膨大な数の候補構造があるときは，正しい構造を決定することは必ずしも容易ではない．

　化学物質の性質を理解するとき，一般的に用いられる構造式だけでは不十分であることも確かである．まず，構造式中では結合を線で示すことが多いが，この表示法が結合の性質を完全に反映しているわけではない．このようなとき，共鳴や分極を考慮に入れる必要がある．また，大部分の有機化合物は三次元的な構造をもつが，立体異性体を区別する必要がないときは，平面的に記述されることが多い．実際の分子は，単結合の内部回転によりいろいろな形をとることができ，振動や回転の状態も変化するので，時間を考慮すると分子は決して静的ではなく常に動いている．構造が同じであっても，電子の状態が異なると，その分子種（molecular entity：分子だけでなく，

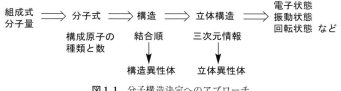

図1.1　分子構造決定へのアプローチ

イオン，励起状態などの区別できる物質を意味する）の性質は大きく変わる．電子の励起により生じる励起状態，電子の授受により生じるラジカルイオンやラジカルカチオン，スピンの向きの異なる分子種などがこれにあたる．もう一つの大きな要因は，ほとんどの場合，化合物の性質は固体，液体や溶液中で測定されるため，分子間の相互作用が大きいことである．固体や液体であれば同じ化合物の別の分子と，溶液中であれば溶媒分子との相互作用により，分子の構造や性質は影響を受ける．分子間の相互作用は，静電的なもの，水素結合的なもの，部分的または完全な電子の移動を伴うものなど多種多様であり，それらをすべて考慮して分子の構造や電子状態を議論することは容易ではない．

　以上のような限界があるにもかかわらず，分子の構造に基づいて化合物の性質を考えることは最も合理的なアプローチである．重要なことは，分子の構造の情報を実験的・理論的方法で集め，それを目的に応じて構造式や分子模型など最適な方法で可視化することである．これまでに報告された膨大な研究成果から，構造的特徴に基づいて性質を予測するための法則や指針が数多く知られている．これらを前提として，目的とする構造や性質を実現するために分子を設計し，実際に合成した化合物を調べて分子を精密化し，さらに新しい法則や指針を生み出すこと（分子設計）が，有機構造化学の研究において重要な方法論である．

　本章では，有機化合物の構造を理解するための基本的事項として，まず構造式の書き方と構造を特徴づける構造パラメーターについて説明する．次に，有機化合物の骨格を組み立てるための炭素の結合について，分子軌道法および原子価結合法の理論に基づいて述べる．ここでは，混成の基礎と局在化結合についてだけ扱い，π電子系の非局在化結合については3章で解説する．原子を結合により連結して分子をつくったとき，結合の長さや角度が理想的な数値をとれない，あるいは直接結合していない原子が接近しすぎるなどの理由により不安定になることがある．このような不安定化はひずみ（strain）とよばれ，分子の安定性や反応性を支配する要因である．化学結合の理論と性質に引き続いて，分子のひずみの基礎的な概念を解説する．本章の最後では，分子の間に働く弱い相互作用について概説する．静電相互作用，水素結合やπ電子がかかわる相互作用は共有結合に比べてかなり弱いが，分子の構造や性質，とりわけ分子認識において重要な役割をはたす．有機構造化学に関係した代表的な教科書，参考書を文献[1]に示す．

1.1　有機構造の表示

1.1.1　構　造　式

　構造式の第一の目的は，分子中の原子がどの原子と結合しているかを示すことで

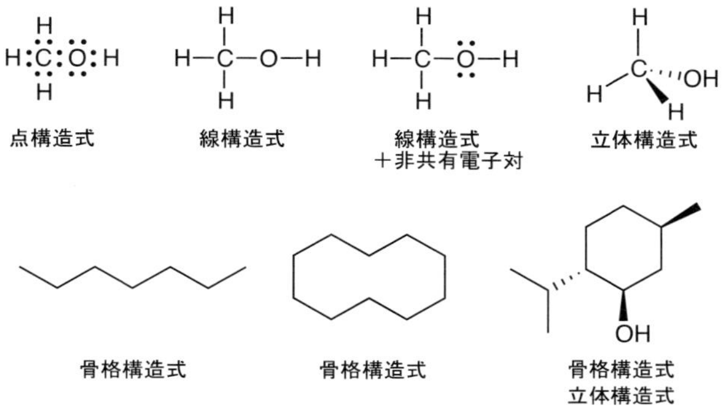

図1.2 さまざまな構造式

ある．多くの場合，1組の共有電子対を1本の線で表示する線構造式（line formula：Kekulé 構造式ともよばれる）を用いる．一方，すべての共有電子対と非共有電子対を点で示す点構造式（dot formula：Lewis 構造式ともよばれる）は，各原子の価電子数や形式電荷を把握するときに便利ではあるが，分子が大きくなると表示が煩雑になる．非共有電子対の存在が重要であるとき，線構造式に非共有電子対の電子を点で表示することがある．メタノールの構造式の表示例を図1.2に示す．多くの有機化合物では，炭素鎖を折れ線に簡略化した骨格構造式がよく用いられる．ここでは，炭素原子に結合した水素原子は基本的に省略され，炭素と水素以外の原子および炭素以外の原子に結合した水素だけが元素記号で示される．直鎖のアルカンでは，プロパン以上の場合，骨格構造式を用いて炭素鎖をジグザグに表示する（エタンの場合は1本の直線になるので用いない）．

　上記の方法は二次元的な表示であるが，分子の形や立体化学を議論するとき，分子中の原子の三次元的配置がわかるようにする必要がある．この目的で用いられるのが立体構造式（stereochemical formula）であり，いくつかの取り決めによって紙面中の構造式に三次元的な情報を加える．線の種類で結合の向きを示し，紙面内の結合は実線（——）で，紙面内の中心原子から手前に伸びる結合はくさび形の実線（▬）で，奥に伸びる結合はくさび形の破線（……）で示す．いずれも，くさびの先端（細い方の先）を中心原子に置くことが推奨されている．その他の立体化学の表示法は2章で説明する．

　現在では，ChemDraw や ISIS/Draw などのコンピューターソフトを用いて構造式を作図することが多い．多くのメニューから構造式や結合の種類を選ぶことができ，複雑な構造式でも比較的簡単につくることができる．標準的な規則に従い，目的に応じたわかりやすい構造式を書くことが重要である．IUPAC（The International

Union of Pure and Applied Chemistry：国際純正応用化学連合）では，化学命名法と構造表示に関する部会を設置し，構造の表示法に関する勧告をとりまとめている．2006年には立体構造式の表示法，2008年には構造式の表示法の勧告が報告された[2]．勧告では，推奨される表示法だけでなく，許容できる表示法，許容できない表示法，間違った表示法の多くの例が示されている．本書では，これらの勧告に従って構造式を表示することにする．

1.1.2 分子模型

立体構造式を用いても，紙面に書いた構造式から分子の三次元な情報を十分に理解することは容易ではない．このようなとき，分子模型を用いることが有効である．分子模型には，原子と結合の形状により，3種類に分類することができ，目的に応じて使い分ける．最も一般的なのは，原子を球で，結合を棒で示す球棒模型（ball and stick model）であり，HGS模型などがある．この模型は，原子の結合順がわかりやすく入門的な学習に適している．棒の長さは実際の結合長に対応しているが，球の大きさは原子の種類によらずほぼ同じである．2番目は，分子の骨格を針金またはプラスチックの棒で組み立てる骨格模型（skeletal model）であり，Dreiding模型が代表的である．分子の骨格が非常にわかりやすい特徴をもつ．3番目は空間充填模型（space filling model）とよばれる模型で，各原子の電子の広がりに対応した大きさの球をコネクターで直接接続することにより組み立てる．CPK模型が代表的である．この模型は分子全体の形や大きさを視覚的にとらえやすい特徴をもち，分子の混雑ぐあいや分子間の形状の適合性を評価するときに役立つ．一方，原子半径が大きい分，分子の骨格は視覚的にわかりにくい．メントールの構造を3種類の分子模型で示す（図1.3）．

分子グラフィクスのコンピューターソフト（Chem3DやJmolなど）を用いると，

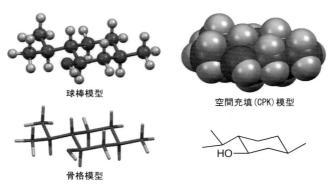

球棒模型　　空間充填(CPK)模型

骨格模型

図 1.3 メントールの分子模型

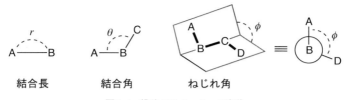

図 1.4 構造パラメーターの定義

分子模型を簡単に画面に表示し，移動や回転をすることができる[3]．実際の分子模型を使ってある程度分子の三次元的感覚に慣れれば，このようなコンピューターソフトの使用は非常に効果的である．

1.1.3 構造座標と構造パラメーター

分子構造を三次元的に表示するために必要な情報は，分子を構成する各原子の三次元的な座標である．座標にはいくつかの種類があり，必要に応じて使い分ける．まず，直交座標では，原子の位置を xyz-軸上の数値で表示する．数学的に最もなじみのある座標であるが，原子間の位置関係を知るためには，幾何の公式に従った計算が必要である．

分子構造の点から直感的にわかりやすいのは，3 種類の構造パラメーター，結合長 (bond length)，結合角 (bond angle)，ねじれ角 (torsion angle) で定義される内部座標である（図 1.4）．結合長 r は A-B の 2 原子間の距離であり，Å（= 0.1 nm）単位で示す．結合角 θ は A-B-C の 3 原子で定義される B における角度であり，0〜180°の値をとる．ねじれ角 ϕ は，A-B-C-D の 4 原子の鎖（どの 3 原子も一直線上にない）において，ABC を含む平面と BCD を含む面の二面体角で定義される．ねじれ角は -180〜$+180°$の数値で示し，符号は A と D の位置関係で決まる．B-C 結合を軸とした Newman 投影式（2.3.1 項参照）において，A を回転して最短経路で D に重ねるとき，回転の向きが時計回りであれば +，反時計回りであれば - とする．内部座標は，以下の手順により組み立てる．まず，任意の 1 番目の原子（X1）を原点におき，結合長で 2 番目の原子（X2）の位置を決める．3 番目の原子（X3）の位置は，X2 からの距離と X1-X2-X3 の結合角で決める．4 番目の原子（X4）の位置は，X3 からの距離，X2-X3-X4 の結合角および X1-X2-X3-X4 のねじれ角で決める．5 番目以降の原子（Xn）の位置は，X1 から X($n-1$) の任意の原子からの結合長，結合角，ねじれ角で決める．このようにして組み立てた分子構造の表示形式を Z-matrix とよぶ[*1]．表

[*1] Z-matrix では結合の概念は必須ではないので，結合の有無にかかわらず，原子間の距離，角度，ねじれ角を決めるための原子を任意に選んでよい．したがって，座標中の数値が必ずしも構造パラメーターに対応しないことがある．

表 1.1　メタノールの分子構造の直交座標および内部座標表示

直交座標

原子	x	y	z
C(1)	0.0000	0.0000	0.0000
O(2)	1.4150	0.0000	0.0000
H(3)	1.6944	−0.9195	0.0000
H(4)	−0.3198	1.0661	0.0000
H(5)	−0.3198	−0.4743	0.9547
H(6)	−0.3198	−0.4743	−0.9547

内部座標

原子	結合原子	結合長 r	角度原子	角度 θ	ねじれ角原子	ねじれ角 ϕ	
C(1)	原点						
O(2)	C(1)	1.415	r で2番目の原子を定義				
H(3)	O(2)	0.961	C(1)	106.90	r, θ で3番目の原子を定義		
H(4)	C(1)	1.113	O(2)	106.70	H(3)	180.00	r, θ, ϕ で4番目の原子を定義
H(5)	C(1)	1.113	O(2)	106.70	H(3)	+60.00	以下同様
H(6)	C(1)	1.113	O(2)	106.70	H(3)	−60.00	

1.1にメタノールの構造を直交座標と内部座標で示す.

　X線結晶学の分野では，結晶格子中の原子の位置を分率座標で表示する．単位格子の形は格子定数（結晶軸の長さ a, b, c と軸間角度 α, β, γ）で定義でき，分率座標は各結晶軸に対する位置を a, b, c の長さで割った数値（0〜1）で示される．したがって，格子定数と分率座標があれば，数学的な処理により他の座標系に変換できる．詳細は，X線結晶解析の専門書を参照してほしい[4]．大部分の分子グラフィクスのコンピューターソフトは座標系の変換機能を備えているので，どの座標でも構造の情報を入力し出力することができる．

1.2　有機構造の研究法

　測定法や理論の進歩により，有機化合物の構造を研究する方法は多岐にわたっている．ここでは，一般的に用いられている有機構造の研究法を，実験的方法と理論的方法に分けて簡単に紹介する．各方法の詳細は，専門書を参照してほしい．

1.2.1　実験的研究法[5]

　実験的には，試料の状態（固体，溶液など）と必要な構造的情報の種類によって用いる方法が決まる．構造について最も直接的な情報を提供してくれるのは，単結晶を用いたX線構造解析（X-ray structure analysis）である．単結晶に対するX線の回折データを収集して解析することにより，結晶格子中における原子の位置情報が得ら

れる．したがって，立体化学も含めた分子構造が明らかになるため，とくに未知化合物の構造決定に威力を発揮する．また，結晶中における分子の集積（パッキング）の様式がわかるので，結晶の物性研究にも役立つ．以前に比べて短時間で容易にデータの収集と解析が可能であるので，現代の研究では汎用の測定法となっている．本書中にも，この方法で測定した多数の分子構造が示されている．粉末などの固体の試料を用いたX線回折（X-ray diffraction）を測定すると，固体中の分子配列の規則性と距離に関する情報が得られる．最近では，粉末X線回折のデータから分子の構造解析を行うことが可能になっている．

分子と電磁波の相互作用を利用した分光法（spectroscopy）は，構造に応じて特徴的なスペクトルを与える．X線構造解析が分子全体の構造を示したのに対し，スペクトルの各シグナルは分子中の部分的な構造に由来することが多い．これらの部分構造の情報を組み合わせて，全体の構造と矛盾がないかどうかを判定する．分光法の中で最もよく用いられるのは，核磁気共鳴（nuclear magnetic resonance：NMR）分光法である．磁場中に置かれた原子核のスピン状態の変化を，ラジオ波領域の電磁波で検出する．有機化合物の測定では，^{1}H，^{13}C の原子核がよく用いられ，含まれる元素に応じて ^{14}N，^{17}O，^{19}F，^{31}P およびそれ以外の金属・非金属核種が用いられることもある．NMRからは分子構造について多くの情報が得られる．対象とした核種の原子について，シグナルの数から構造の対称性，共鳴周波数（化学シフト）から各原子の電子的状態，各シグナルの強度（積分強度）から原子の相対数，シグナルの分裂様式（スピン－スピンカップリング）および分裂の大きさ（結合定数）から周辺原子との位置関係がわかる．^{1}H および ^{13}C の核種において，同種または異種の原子核の結合様式を調べるための方法（デカップリング，二次元NMRなど）が多数開発されている．これらの方法を駆使することにより，相当複雑な分子の構造を決めることができる．また，核Overhauser効果（nuclear Overhauser effect：NOE）とよばれる，原子核間の磁気的相互作用に基づく現象を利用すると，分子中における原子の三次元的配列を予測することができる．NMRは溶液中で測定されることが多いが，固体での測定も可能である．

分子の電子状態を調べるために，紫外・可視領域の光を利用した分光法がよく用いられる．分子にこの領域の光を照射すると，電子の遷移により特定の波長の光が吸収される．この原理に基づいた分光法は，紫外・可視分光法（UV-vis spectroscopy）とよばれ，多くの有機化合物とくに共役系不飽和化合物の分析に用いられる．吸収する光の波長と強度を調べることにより，電子のエネルギーレベル差（占有軌道と非占有軌道間）および励起の種類と起こりやすさがわかる．可視光領域に吸収があるとき，その波長に応じて化合物は色を示す．分子の電子が励起して励起状態になったとき，励起状態はエネルギーを放出して基底状態に戻る．このエネルギーが光として放出さ

れるとき，発光が観測される．励起状態のスピン多重度の違いにより，発光には蛍光（fluorescence）とりん光（phosphorescence）の2種類がある．基底一重項が励起された励起一重項からの発光が蛍光であり，発光の寿命は短い．励起一重項が項間交差により励起三重項になり発光するのがりん光であり，発光の寿命は長い．蛍光分光では，発光の波長と強度を測定し，得られた蛍光スペクトルから発光の特性を評価する．

　赤外線分光法（infrared spectroscopy：IR）は分子中の結合の振動に由来する吸収を測定する．吸収する赤外線の波数と強度から，結合の種類（原子の種類と結合次数）がわかる．カルボニル基，ニトロ基，ヒドロキシ基など特徴ある強い吸収を示す官能基の存在を確認するときに便利な測定法である．

　分子の構造を決定するときに，分子量および分子式は重要な基本データとなる．質量分析法（mass spectrometry）は，分子をさまざまな方法でイオン化し，そのイオンと磁場の相互作用を用いて質量すなわち分子量を測定する方法である．イオン化された分子は一般に不安定でありフラグメント化により分解しやすいが，ソフトなイオン化法（MALDI法，ESI法など）を用いることにより，分解を抑制できる．高分解能の装置を用いると，イオンの質量（m/z 値）を高精度に測定することができる．各原子の質量数はそれぞれ固有の小数点以下の数値をもつので，分子イオンピークの精密分子量から分子式を決めることができる．たとえば，C_5H_8O と C_6H_{12} はどちらも分子量の整数値は84であるが，それぞれの精密分子量は84.0575と84.0939であり，測定によって明確に区別できる．

　上記のほかに，不対電子を検出するための電子スピン共鳴（electron paramagnetic resonance：EPR），電気化学的な電子の授受の過程を測定するサイクリックボルタンメトリー（cyclic voltammetry：CV）などが，有機構造の研究で用いられる．キラルな化合物のエナンチオマーの性質を調べるために，直線偏光の回転を測定する旋光性（optical rotation），円偏光の回転を測定する円二色性（circular dichroism）が用いられる．

1.2.2　理論的研究法[6]

　実験的な方法で十分に構造を調べることができない場合，化合物が不安定で合成できない場合，反応の遷移状態を知りたい場合など，理論的な方法による構造および電子状態の計算が威力を発揮する．計算法には，異なる理論に基づくいくつかの方法があり，分子の大きさ，必要とする情報および計算時間などに応じて使い分ける．

　分子力学（molecular mechanics）計算は，分子中の原子の間に働く相互作用を，構造パラメーターを変数とする関数で表示し，全体のポテンシャルエネルギーを最小化するように構造を変化させる（1.5.2項参照）．この構造最適化により，エネルギー極小となる構造を計算することができる．複数の安定構造が得られた場合，ポテンシャ

ルエネルギーを比較することにより，各構造の安定性が比較できる．分子力学計算は計算量が比較的少ないため，関数のパラメーターが設定されていれば，原子数の多い分子の計算も可能である．代表的な力場として，MM3, MMFF94, AMBERなどがあり，多くの化学計算ソフトに導入されている．

分子軌道法（molecular orbital method：MO法）は，分子を構成する原子の原子軌道（atomic orbital：AO）から成り立つ分子軌道（molecular orbital：MO）をSchrödinger方程式に基づいて計算することにより，分子の構造と電子状態を決める方法である．計算を行うときの近似の程度により，経験的分子軌道法，半経験的分子軌道法，非経験的分子軌道法に分類される．経験的分子軌道法は近似の程度が最も大きく，Hückel分子軌道法（Hückel MO method：HMO法）が代表的である．計算結果の精度は粗いが，電子状態の定性的な議論に有効であることが多い．半経験的分子軌道法では，実験値に基づく経験的パラメーターを用いて分子軌道の計算量を軽減し，分子の電子状態を計算する．原子価電子をすべて考慮に入れた計算が主流であり，分子構造や生成熱を良好に再現するようにパラメーターが設定されている．AM1, PM3, PM5などの方法がよく使われ，多くの化学計算ソフトで使用可能である．非経験的分子軌道法は，実験値などの経験値を使わずに計算する方法であり，ab initio分子軌道法ともよばれる．いくつかの計算法があり，Hartree-Fock法（HF法）のほかに，電子相関を考慮したMøller-Plesset法（MP法）や配置間相互作用法（CI法）などが用いられる．これらの方法にしたがい，各原子の原子軌道に基底関数（Gaussian型関数など）を割り当て，分子軌道を計算する．計算量は非常に多く，大きな分子の計算では相当長い時間を必要とする．上記の計算を行うことにより，分子構造のほかに分子軌道のエネルギー準位と分布，電子分布，双極子モーメント，生成熱などが得られる．

分子軌道法とならんで最近よく使われるのは密度汎関数法（density functional theory：DFT）である．この方法では，電子間の相互作用を電子密度から計算し，一般に分子軌道法より短時間で精度の高い計算が可能である．計算を行うための密度汎関数は多くの種類が開発されており，HF法とのハイブリッド型であるB3LYPなどの密度汎関数がよく使われている．DFT法で得られる情報は，MO法と基本的に類似している．

1.3 化学結合の理論

分子の構造を考えるとき，原子がどのように結びついて分子を構成するかを理解しておくことは重要である．原子を結びつける力は化学結合（chemical bond）であり，単に結合ともいう．化学結合を説明するために，原子価結合法（valence bond theory：VB 法）と分子軌道法の二つの理論がある．原子価結合法では，各原子の電子は原子軌道に局在化し，原子軌道間の相互作用により結合ができると考える[7]．一方，分子軌道法では，結合をつくる原子の原子軌道が混ざり合って新しい分子軌道ができ，電子は分子全体に非局在化すると考える[8]．このような違いにもかかわらず，二つの考え方は実際の分子の構造をおおむね合理的に説明するが，それぞれに特徴があり必要に応じて使い分けられる．本節では，これらの理論を用いて電子が局在化した化学結合について述べる．電子が非局在化した化学結合は，3章で解説する．

1.3.1　水素分子

炭素原子の結合を考える前に，水素分子における水素−水素結合を例にして，結合形成の基本を説明する．水素原子は球状の 1s 軌道に電子を 1 個（$(1s)^1$ と表示）もち，この軌道が最外殻軌道（または原子価軌道）である．原子価結合法では，2 個の水素原子の 1s 軌道がたがいに重なり，電子を共有することにより結合をつくる（図1.5）．このように，原子間で 2 電子を共有することに生じる結合は共有結合（covalent bond）とよばれ，Pauli の排他原理（Pauli exclusion principle）に従い共有された電子対（共有電子対）は逆向きのスピンをもつ．1 組の共有電子対を共有することによりできる結合は単結合（single bond）であり，点構造式では原子間の二つの点（：）で，線構造式では 1 本の線（−）で表示される．水素分子の結合は，共有電子対に関係する原子軌道を結合の軸（ここでは H と H を結ぶ軸）のまわりに回転しても変化しない特徴をもつ．このような結合を σ 結合（σ bond）とよぶ．

一方，分子軌道法では 2 個の水素原子の原子軌道が混ざり合って，新しい分子軌道をつくる．図 1.5 の分子軌道図が示すように，2 個の水素の 1s 軌道が重なると，2 個の分子軌道ができる．そのうち一つは，2 個の原子軌道が同じ位相で重なってできる結合性軌道（bonding orbital）で，もとの原子軌道より低いエネルギーをもつ．もう一つは，逆の位相で重なってできる反結合性軌道（antibonding orbital）で，もとの原子軌道より高いエネルギーをもつ．水素原子の各原子軌道は 1 個の電子をもち，水素分子の各分子軌道は 2 個の電子を収容できるので，分子軌道において合計 2 個の電

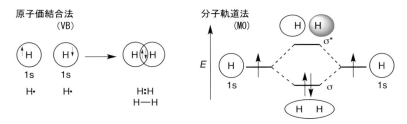

図 1.5　水素分子の結合

子は結合性軌道に入る．その結果，系全体のエネルギーが安定化されるため，2個の水素原子は結合をつくって1個の水素分子になる．水素-水素結合はσ結合であるので，結合性軌道はσ軌道，反結合性軌道はσ*軌道（*は反結合性の意味）と表示できる．反結合性軌道は基底状態では空であるが，電子の励起や電子を受け入れる反応において重要である．

水素分子の分子軌道はすべての分子軌道法の基本となるので，数式を用いてくわしく解説する．分子軌道法では，Schrödinger 方程式（1.1）を解くことになる．

$$H\Psi = E\Psi \tag{1.1}$$

ここで，H はハミルトニアン演算子，Ψ は波動関数，E はエネルギーである．Schrödinger 方程式の両辺に Ψ をかけ全空間で積分すると，E は式（1.2）で示すことができる．

$$E = \int \Psi H \Psi d\tau \Big/ \int \Psi^2 d\tau \tag{1.2}$$

ここで，線形結合（linear combination of atomic orbital：LCAO）法の近似により，分子軌道は原子軌道の線形結合で表現できるとすると，波動関数は式（1.3）のようになる．

$$\Psi = c_A \phi_A + c_B \phi_B \tag{1.3}$$

ここで，ϕ_A と ϕ_B はそれぞれ H_A と H_B の原子軌道，c_A と c_B は定数である．このようにして近似した波動関数を式（1.2）に代入し，展開すると式（1.4）になる．

$$E = \frac{c_A^2 \int \phi_A H \phi_A d\tau + c_B^2 \int \phi_B H \phi_B d\tau + 2 c_A c_B \int \phi_A H \phi_B d\tau}{c_A^2 \int \phi_A \phi_A d\tau + c_B^2 \int \phi_B \phi_B d\tau + 2 c_A c_B \int \phi_A \phi_B d\tau} \tag{1.4}$$

ここで，各積分項は以下のとおりである．

Coulomb 積分（Coulomb integral）： $\int \phi_A H \phi_A d\tau = H_{AA}$, $\int \phi_B H \phi_B d\tau = H_{BB}$

共鳴積分（resonance integral）： $\int \phi_A H \phi_B d\tau = \int \phi_B H \phi_A d\tau = H_{AB}$

重なり積分（overlap integral）： $\int \phi_A \phi_B d\tau = \int \phi_B \phi_A d\tau = S_{AB}$

規格化条件より $\int \phi_A \phi_A d\tau = \int \phi_B \phi_B d\tau = 1$

Coulomb 積分は原子への電子の集まりやすさを，共鳴積分は二つの原子軌道の重なった領域に存在する電子の量を示す．重なり積分は二つの原子軌道の重なりの程度を示し，重なりがないときは0，完全に重なるときは1となる．水素分子ではAとBは同じ原子であるので，以下簡略化のため $H_{AA} = H_{BB} = \alpha$, $H_{AB} = \beta$, $S_{AB} = S$ とすると，式（1.5）になる．

$$E = \frac{c_A^2 \alpha + c_B^2 \alpha + 2c_A c_B \beta}{c_A^2 + c_B^2 + 2c_A c_B S} \tag{1.5}$$

次に，変分原理に従いエネルギー E を最小にするための c_A と c_B の値を求める．すなわち，偏微分関数 $\partial E/\partial c_A = \partial E/\partial c_B = 0$ の条件から，以下の連立方程式（1.6）が得られる．

$$\begin{aligned} c_A(\alpha - E) + c_B(\beta - SE) &= 0 \\ c_A(\beta - SE) + c_B(\alpha - SE) &= 0 \end{aligned} \tag{1.6}$$

この連立方程式が $c_A = c_B = 0$ 以外の解をもつためには，永年方程式とよばれる行列式（1.7）を満たす E を求める．

$$\begin{vmatrix} \alpha - E & \beta - SE \\ \beta - SE & \alpha - E \end{vmatrix} = 0 \tag{1.7}$$

この行列式から二つの解（1.8）が得られる．

$$E_1 = \frac{\alpha + \beta}{1 + S}, \quad E_2 = \frac{\alpha - \beta}{1 - S} \tag{1.8}$$

これらのエネルギーから係数を求めると，E_1 と E_2 に対応する分子軌道 Ψ_1 と Ψ_2 は式（1.9）のようになる．

$$\Psi_1 = \frac{1}{\sqrt{2(1+S)}}(\phi_A + \phi_B), \quad \Psi_2 = \frac{1}{\sqrt{2(1-S)}}(\phi_A - \phi_B) \tag{1.9}$$

ここで，エネルギー E_1 に対応する分子軌道 Ψ_1 が結合性軌道，エネルギー E_2 に対応する分子軌道 Ψ_2 が反結合性軌道である．

上記の水素分子の計算では，組み合わせる原子軌道は二つであるが，複雑な分子の場合，多数の原子軌道を用いることになる．近似の程度によって，考慮する原子軌道の種類や，重なり積分の扱い，波動関数の形式などが異なる．たとえば，Hückel 分子軌道（HMO）法では，重なり積分を0とし，π電子だけを扱う（3.1.1項参照）．

1.3.2 炭素原子の混成

炭素原子の電子状態は $(1s)^2(2s)^2(2p)^2$ であり，このうち 2s と 2p の最外殻軌道の電子が結合をつくるときに重要な役割をはたす．しかし，この電子状態のままで，実際の炭素の結合を説明することはできない．たとえば，メタンは四面体形の四つの等価な C-H 結合をもつ．このような分子の構造は，原子価殻電子対反発則（valence shell electron pair repulsion rule），すなわち原子価軌道上の電子はたがいに反発し，電子対はその反発が最も小さくなるように配置するという原理により説明されていた．原子価結合法では，混成（hybridization）の概念を導入して，分子の形と結合の様式を系統的に理解する．2s 軌道の1個の電子が 2p 軌道に昇位すると，一つの 2s 軌道と三つの 2p 軌道にそれぞれ電子が1個ずつ入る．ここで，2s 軌道と 2p 軌道を

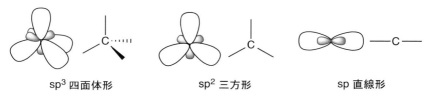

図 1.6 炭素の混成軌道と結合の方向

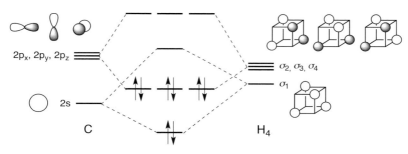

図 1.7 メタン CH_4 の分子軌道

重ね合わせることにより，新しい混成軌道（hybridized orbital）が生じる．混成に関与する 2p 軌道の数により，図 1.6 に示す 3 種類の混成が可能である．

炭素原子の 2s 軌道と三つの 2p 軌道の重ね合わせから，四つの等価な軌道が生じる．この軌道は sp^3 混成軌道（sp^3 hybridized orbital）とよばれ，四つの軌道の軸は正四面体の頂点の方向に向かう．このとき，炭素原子における結合角は $109.5°$ である．四つの sp^3 混成軌道は，式 (1.10) のように 2s と 2p 軌道の原子軌道の線形結合で表示できる．

$$\begin{aligned}
\Psi_1 &= \sqrt{1/4}\,(\phi_{2s} + \phi_{2px} + \phi_{2py} + \phi_{2pz}) \\
\Psi_2 &= \sqrt{1/4}\,(\phi_{2s} + \phi_{2px} - \phi_{2py} - \phi_{2pz}) \\
\Psi_3 &= \sqrt{1/4}\,(\phi_{2s} - \phi_{2px} + \phi_{2py} - \phi_{2pz}) \\
\Psi_4 &= \sqrt{1/4}\,(\phi_{2s} - \phi_{2px} - \phi_{2py} + \phi_{2pz})
\end{aligned} \quad (1.10)$$

炭素の各 sp^3 混成軌道が水素の 1s 軌道と重なりあうと，C と H の間で四つの σ 結合ができ，メタン分子になる．一方，メタンの結合生成の MO 相関図を図 1.7 に示す．炭素の四つの軌道（2s 軌道および三つの 2p 軌道）と仮想的な H_4 分子の四つの軌道との間の相関により，四つの結合性軌道と四つの反結合性軌道ができる．結合性軌道には 2 種類あり，2s 軌道と相関するより安定な一つの軌道と，2p 軌道と相関する三つの縮退した軌道である．実際，X 線光電子分光スペクトルを用いて結合電子の励起エネルギーを測定すると，C–H 結合電子の領域に 2 種類のバンドが観測される．VB

法に基づく混成理論では，四つの sp^3 混成軌道はエネルギー的に等価であるとみなされる．MO 法の表示は煩雑であり直感的に理解しにくいが，この方法を用いることによりはじめて 2 種類のエネルギー準位の存在が説明できる．

炭素原子の 2s 軌道と二つの 2p 軌道の重ね合わせから，sp^2 混成軌道（sp^2 hybridized orbital）とよばれる三つの等価な軌道が生じる．三つの軌道の軸は同一平面内で正三角形の頂点の方向に向かい，炭素原子における結合角は 120° である．三つの sp^2 混成軌道は，式 (1.11) のように 2s と 2p 軌道の原子軌道の線形結合で表示できる．

$$\begin{aligned}\Psi_1 &= \sqrt{1/6}\,(\sqrt{2}\phi_{2s} + 2\phi_{2px}) \\ \Psi_2 &= \sqrt{1/6}\,(\sqrt{2}\phi_{2s} - \phi_{2px} + \sqrt{3}\phi_{2py}) \\ \Psi_3 &= \sqrt{1/6}\,(\sqrt{2}\phi_{2s} - \phi_{2px} - \sqrt{3}\phi_{2py})\end{aligned} \tag{1.11}$$

これらの三つの軌道は他の原子の軌道と重なり合い，σ 結合をつくる．三つの sp^2 混成軌道の平面と垂直な方向に，一つの 2p 軌道が残されている．

エテン（H$_2$C=CH$_2$）は二つの sp^2 混成炭素原子をもち，各炭素原子は sp^2 混成の三つの軌道を使って二つの水素原子ともう一つの炭素原子と σ 結合をつくる．二つの炭素原子はさらに 2p 軌道をもち，これらが同じ方向に向くと側面で重なり合って結合ができる．このような結合を π 結合（π bond）とよぶ．したがって，エテンの二つの炭素原子間の結合は 2 組の共有電子対をもつ二重結合（double bond）であり，σ 結合と π 結合からなる．σ 結合とは異なり，π 結合の重なりは C-C 結合軸について対称ではない特徴をもつので，C-C 結合が回転するにつれて重なりは弱まり，直交するまで回転すると π 結合は切れる．このような理由から，エチレンの二つの炭素原子がつくる sp^2 混成軌道は同一平面内にあり，C=C 結合の回転は非常に起こりにくい．アルケンでシス-トランス異性（*cis-trans* isomerism）が可能であるのはこのためである（2.2.5 項参照）．

分子軌道法に基づくと，二つの 2p 軌道間の重なりにより，二つの新しい分子軌道，すなわち結合性軌道（π 軌道）と反結合性軌道（π* 軌道）ができる（図 1.8）．基底状態では，もとの 2p 軌道の電子 2 個は結合性軌道に入り，反結合性軌道は空のまま

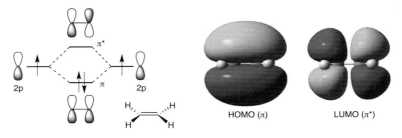

図 1.8　エテンの π 結合の分子軌道

表 1.2 各混成軌道の s 性, p 性と C-H 結合定数

	s 性/%	p 性/%	$^1J_{CH}$/Hz[a]	化合物
sp³	25	75	125	メタン
sp²	33	67	156	エテン
sp	50	50	249	エチン

a) 文献 9.

である．ここで，電子が収容された軌道のうちで最もエネルギーレベルの高い軌道は HOMO（the highest occupied molecular orbital），電子が入っていない軌道のうちでエネルギーレベルが最も低い軌道は LUMO（the lowest unoccupied molecular orbital）とよばれ，エテンでは π 軌道が HOMO，π* 軌道が LUMO となる．

炭素原子の 2s 軌道と一つの 2p 軌道の重ね合わせから，sp 混成軌道（sp hybridized orbital）とよばれる二つの等価な軌道が生じる．二つの軌道の軸は一直線上で反対側に向かい，炭素原子における結合角は 180°である．二つの sp 混成軌道は，式（1.12）のように 2s と 2p 軌道の原子軌道の線形結合で表示できる．

$$\Psi_1 = \sqrt{1/2}(\phi_{2s} + \phi_{2p_x})$$
$$\Psi_2 = \sqrt{1/2}(\phi_{2s} - \phi_{2p_x})$$
(1.12)

各炭素原子には，sp 混成軌道と直交し，かつたがいに直交する二つの 2p 軌道が残されている．エチン（HC≡CH）は 2 個の sp 混成炭素原子をもち，各炭素原子は sp 混成の二つの軌道を使って一つの水素原子ともう一つの炭素原子と σ 結合をつくる．エテンの場合と同様に，同じ方向に向いた 2p 軌道が側面で重なることにより π 結合が生じるが，エチンでは 2 組の重なりが可能であり，二つの π 結合ができる．したがって，エチンの二つの炭素原子間の結合は 3 組の共有電子対をもつ三重結合（triple bond）であり，一つの σ 結合と二つの π 結合からなる．

上記の 3 種類の混成では，各混成軌道の s 軌道と p 軌道の寄与の割合が異なる．これを区別するために s 性（s character）および p 性（p character）という概念が用いられる（表 1.2）．たとえば，sp³ 混成は一つの s 軌道と三つの p 軌道からなるので，s 性と p 性はそれぞれ 25% と 75% である．水素が結合した炭素の混成状態は，NMR スペクトルにおける C-H 間の結合定数 $^1J_{CH}$ から見積もることができる[*2]．結合定数はメタン，エテン，エチンの順に大きくなり，s 性との間に式（1.13）のような比例関係が成り立つ[9]．

$$^1J_{CH}\,(\text{Hz}) = 5 \times \text{s 性}\,(\%)$$
(1.13)

この関係を用いることにより，構造や置換基による混成状態の変化を実験的に調べることができる．たとえば，ベンゼンの結合定数は 158 Hz であり，水素と結合している炭素の混成軌道の s 性は約 32% と見積もられる．

[*2] 結合定数 J の記号の右下に相互作用する原子核の種類を，左上には原子間の結合数をつける．

以上のように，有機化合物が非常に多様な構造をもつのは，炭素原子が上記の3種類の混成状態により多様な結合をつくるためである．また，炭素原子は炭素以外の原子と，単結合だけでなく二重結合や三重結合もつくる．C=O, C=N, C≡N 結合はこのような例である．

1.4 化学結合の性質

1.4.1 結合の分極

エタンの C-C 結合では，結合電子が二つの炭素原子に同等に分布しているので，この結合は極性（polarity）をもたない非極性共有結合（nonpolar covalent bond）である．一方，結合をつくる二つの原子が異なる場合，結合電子の分布はどちらか一方の原子に偏る．この電子の偏りは分極（polarization）とよばれ，結合が極性をもつ原因となる．分極の傾向が強くなると，一方の原子が他方の原子に電子を完全に供与し，イオン結合（ion bond）を生じる．実際に，多くの結合は共有結合とイオン結合の両方の性質をもつ．共有結合のうち結合が分極してイオン結合の性質をもつものを，極性共有結合（polar covalent bond）とよぶ．分極によって生じた部分的な電荷は，$\delta+$ および $\delta-$ の記号で表示する．

結合の分極を予測するとき，分子中の原子が結合電子を引きつける能力の相対的な尺度である電気陰性度（electronegativity）が重要である．最もよく使われるのは Pauling により最初に提案された電気陰性度であり，結合エネルギーの実測値に基づいて各原子の電気陰性度の値が決められた．それ以降，多くの化学者により，さまざまな基準に基づいた電気陰性度の尺度が提案された．たとえば，Mulliken は，原子のイオン化エネルギー（ionization energy）と電子親和力（electron affinity）の平均から電気陰性度を求めた．代表的な原子の Pauling と Mulliken の電気陰性度を表 1.3 にまとめた[10]．どちらの場合も，数値が大きいほど，原子が結合電子を引きつける能力が高く電気的に陰性である．電気陰性度に最も影響を与えるのは，電子を受け入れ

表 1.3 原子の Pauling と Mulliken の電気陰性度[a]

	Pauling	Mulliken		Pauling	Mulliken
H	2.20	3.06	I	2.66	2.88
C	2.55	2.67	Li	0.98	1.28
N	3.04	3.08	Na	0.93	1.21
O	3.44	3.22	K	0.82	1.03
F	3.98	4.44	Si	1.90	2.03
Cl	3.16	3.54	P	2.19	2.39
Br	2.96	3.24	S	2.58	2.65

a）文献 10.

る軌道のエネルギーである．周期表において，同周期では右に進むほど，軌道のエネルギーが低くなり電気陰性度の値は大きくなる傾向がある．同族では下に進むほど，軌道のエネルギーが高くなり電気陰性度の値は小さくなる傾向がある．二つの異なる原子が結合をつくるとき，電気陰性度の値の差が大きいほど結合の分極が大きくなる．Pauling の電気陰性度では，値の差が 1.7 であると共有結合とイオン結合の性質がほぼ等しくなる．この基準によると，C と Li の電気陰性度の差は 1.57 であるため，C-Li 結合は共有結合の性質がやや強いことになる．

　これまでは結合に直接関与する原子の種類だけに注目してきたが，それらの原子に結合した他の原子も結合の分極に影響を与える．エタンの C-C 結合は無極性であるが，1,1,1-トリフルオロエタンでは $H_3C^{\delta+}$-$C^{\delta-}F_3$ のように分極する．電気的に陰性のフッ素が直接結合した炭素原子の電子を求引し，その影響で C-C 結合の結合電子がフッ素側に偏るためである．このように，σ 結合を通して電気陰性の原子または置換基が電子を求引する現象を誘起効果（inductive effect）とよぶ．誘起効果により電子密度を減少させる性質を電子求引性（electron-withdrawing），増加させる性質を電子供与性（electron-donating）という．誘起効果による電子の求引または供与の効果は，経由する σ 結合の数が多くなると急激に減少する．誘起効果は，有機化合物の反応性や酸・塩基性度の説明によく用いられ（4.1 節，4.2 節参照），共鳴効果（3.1 節参照）とともに有機電子論の基本的な概念である．

　置換原子による電気陰性度の影響を定量化するために，置換基の電気陰性度が提案されている．Wells により報告された代表的な置換基の値を表 1.4 に示す[11]．置換メチル基では，電気陰性の原子が置換するほど，その数が多くなるほど，数値が大きくなる．トリフルオロメチル基やシアノ基は，酸素原子に匹敵する電気陰性度を示す．炭素原子の混成に注目すると，sp^3 混成の置換基に比べて，sp^2 混成（フェニル基，ビニル基）および sp 混成（エチニル基）になるに従い置換基の電気陰性度が増加する．これは，混成軌道の s 性が大きくなるほど，結合電子を求引する傾向が高いことを示す．

　分極した結合は，電荷の分布が均一ではないため双極子（dipole）をもつ．双極子の大きさと向きは，電荷の大きさと距離で定義される双極子モーメント（dipole

表 1.4 置換基の電気陰性度[a]

置換基	電気陰性度	置換基	電気陰性度	置換基	電気陰性度
CH_3	2.3	CF_3	3.35	CN	3.3
CH_2Cl	2.75	C_6H_5	3.0	NO_2	3.4
$CHCl_2$	2.8	$CH=CH_2$	3.0	NH_2	3.35
CCl_3	3.0	$C\equiv CH$	3.3	OH	3.7

a) 文献 11．電気陰性度の数値は Pauling の値（表 1.3）と直接比較可能．

moment）で表される．炭素を含む代表的な結合の双極子モーメントは以下のとおりである（単位はデバイ D，1 D = 3.34×10^{-30} C・m，結合の右の原子が電気陰性）．

H-C : 0.4,　C-N : 0.2,　C-O : 0.7,　C-F : 1.4,
C-Cl : 1.5,　C-Br : 1.4,　C-I : 1.2

ここで，C-H 結合を除いて炭素原子に正電荷が分布している．予想どおり，結合した2原子の電気陰性度の差が大きいほど，双極子モーメントの値は大きい．双極子モーメントはふつう負電荷から正電荷への矢印で示されるが，有機化学では結合の分極は正電荷から負電荷への矢印を用いる．これを区別するために，後者の場合 +→ の矢印を用いる．

　分子の双極子モーメントは，分子中の各結合の双極子モーメントのベクトル和で求められる．したがって，大きく分極した結合が存在しても，その向きによっては分子の双極子は非常に小さいかまたはゼロになることがある．代表的な化合物の双極子モーメントを表1.5に示す．クロロメタン類では，クロロメタンの双極子モーメントが最大で，塩素が置換するごとに減少し，テトラクロロメタンでは対称性により結合の双極子は完全に打ち消し合う．シアノ基またはニトロ基をもつ化合物は，大きな双極子モーメントをもつ．1,2-ジクロロエテンでは，*trans* 体は双極子モーメントをもつのに対し，*cis* 体はゼロである．分子の双極子の大きさと向きは，分子間の静電的な相互作用に重要な役割を果たす．たとえば，電子が多く分布する部分には，まわりに存在する分子（たとえば溶媒分子）の電子が不足している部分が接近しやすい．

　上述した結合や分子の分極は，外部の影響を受けない孤立した分子における現象である．電子は負に帯電しているので，分子中の電子の分布は外部電場によって影響を受ける．外部電場が強くなると双極子モーメントは一次的に増加し，その比例定数は分極率（polarizability）とよばれる．分極率は外部電場の変化による分子中の電子の動きやすさを示す尺度である．一般的な傾向として，原子半径が大きい原子およびこのような原子を含む分子ほど分極率は大きく，とくに第3周期以降のリン，硫黄，臭素，ヨウ素は大きな分極率をもつ．ヨウ素は他のハロゲンに比べて電気的に陰性でないにもかかわらず C-I 結合が S_N2 反応を起こしやすいのは，反応の過程で求核剤の

表 1.5　分子の双極子モーメント μ[a]

化合物	μ/D	化合物	μ/D	化合物	μ/D
CH_3Cl	1.9	CH_3Br	1.8	C_6H_5Cl	1.8
CH_2Cl_2	1.6	CH_3I	1.6	$C_6H_5NO_2$	4.0
$CHCl_3$	1.0	CH_3OH	1.7	*cis*-HClC=CHCl	1.9
CCl_4	0.0	CH_3CN	4.0	*trans*-HClC=CHCl	0
CH_3F	1.8	CH_3NO_2	3.4		

a）文献 1d, p.18.　1 D = 3.34×10^{-30} C・m.

接近によりC-I結合の分極が増大するためである．反応だけでなく分子間相互作用や溶媒和においても，分極率は重要な要素の一つである．

1.4.2 結 合 長

結合長は結合をつくる二つの原子の原子核間距離であり，原子の種類，結合次数，原子の混成によって変化する．ここでは，有機化合物中によくみられる結合について，結合の種類ごとの典型的な結合長および結合長に与える要因を述べる．

代表的な結合の結合長を表 1.6 にまとめた．sp^3 混成の炭素原子との単結合を比較すると，第 1 周期の水素との結合は最も短く（1.09 Å），第 2 周期の元素では炭素からフッ素に進むにつれて 1.53 Å から 1.40 Å に短くなる．ハロゲンとの結合は，周期表を下に進むほど長くなり，C-I 結合では 2.16 Å に達する．この傾向は，各原子の原子半径（atomic radius）によく対応している．C-C 単結合では，炭素原子の s 性が増加するほど結合は短くなり，1,3-ブタジエンの sp 混成炭素間の単結合の長さは 1.38 Å である．これは，混成軌道の s 性が高いほど電気陰性度が高く，軌道が原子核の近くに分布するためである．エタン，エテン，エチンの結合長から，結合次数が大きくなるほど C-C 結合が短くなることがわかる．また，ベンゼンの結合長は単結合と二重結合の中間の値であり，共鳴（3.2 節参照）から予想されるように結合次数 1.5 に相当する．このように，結合長は結合次数を見積もるための重要な構造パラメーターである．

同種類の原子が共有結合をつくるとき，結合長の半分で定義されるのが共有結合半径（covalent bond radius）である．表 1.7 は単結合における共有結合半径を示す[12]．結合長の場合と同様に，周期表において，同周期では右に進むにつれて小さくなり，同族では下に進むにつれて大きくなる傾向を示す．異なる原子間の共有結合の長さは，それぞれの共有結合半径の和で見積もることができるが，結合の極性が大きいと数値

表 1.6 炭素を含む種々の結合の結合長[a]

結合	結合長/Å	結合	結合長/Å
$C(sp^3)$-H	1.09	$C(sp)\equiv C(sp)$	1.18
$C(sp^3)$-$C(sp^3)$	1.53	C-C(benzene)	1.40
$C(sp^3)$-$C(sp^2)$	1.51	$C(sp^3)$-N	1.47
$C(sp^3)$-$C(sp)$	1.47	$C(sp^3)$-O	1.43
$C(sp^2)$-$C(sp^2)$	1.48	$C(sp^2)$=N	1.28
$C(sp^2)$-$C(sp)$	1.43	$C(sp^2)$=O	1.21
$C(sp)$-$C(sp)$	1.38	$C(sp^3)$-F	1.40
$C(sp^2)$=$C(sp^2)$	1.32	$C(sp^3)$-Cl	1.79
$C(sp^2)$=$C(sp)$	1.31	$C(sp^3)$-Br	1.97
$C(sp)$=$C(sp)$	1.28	$C(sp^3)$-I	2.16

a) 文献 1c, p. 24.

表 1.7　共有結合半径[a] と van der Waals 半径[b]

原子	共有結合半径/Å	vdW 半径/Å	原子	共有結合半径/Å	vdW 半径/Å
H	0.31	1.20	F	0.57	1.47
C	0.76[c]	1.70[d]	Cl	1.02	1.75
N	0.71	1.55	Br	1.20	1.85
O	0.66	1.52	I	1.39	1.98

a) 文献 12a．単結合の値．b) 文献 12b．c) sp^3 混成炭素．d) 芳香族 sp^2 混成炭素．

のずれが大きくなる．一方，van der Waals 半径（van der Waals radius）は原子のまわりの電子雲の大きさを示し，直接結合していない原子が接近したとき非結合性相互作用がゼロになる距離に相当する．多くの研究者により数値が提案され，そのうち最もよく使われる Bondi による値を表 1.7 に示す[12]．二つの原子がそれらの van der Waals 半径の和より接近したときは反発的なエネルギーが急激に増大し，離れたときは弱い引力的な相互作用が働く．

1.4.3　結 合 角

炭素原子における結合角は，sp^3 混成では 109.5°，sp^2 混成では 120°，sp 混成では 180° が標準的な値である．炭素の置換基がすべて同じであれば，上記の結合角をもつが，置換基が異なると値は変化する．たとえば，フルオロメタン CH_3F では，H-C-H および H-C-F の結合角はそれぞれ 110.2°，108.2° である．フッ素置換基が強い電気陰性であるため，炭素原子の四つの sp^3 混成軌道のうち，フッ素と結合している軌道の s 性が減少（p 性が増加）し，水素と結合している軌道の s 性が増加する．したがって，水素との結合の混成軌道は sp^3 混成より sp^2 混成に近くなるので，H-C-H 結合角は大きくなる．実際，フルオロメタンの $^1J_{CH}$ は 149.1 Hz であり，式 (1.13) の関係から軌道の s 性は 29.8% になる．

1.4.4　結合エネルギー

結合の性質としてその強さを理解しておくことも重要である．結合解離エネルギー（bond dissociation energy：BDE）は，分子中の特定の結合をラジカル的に解離（ホモリシス：homolysis）[*3]するときに必要なエネルギーである．メタンのように C-H 結合が複数ある場合，解離が段階的に進行すると各結合は異なる結合解離エネルギーをもつが，これらを平均化した値が結合エネルギー（bond energy）である．表 1.8 に

---

*3　結合が解離するとき，各原子が結合電子を 1 個ずつもって切断し，2 個のラジカルを生じる様式のことで，均一開裂ともいう．これに対して，一方の原子が 2 個の結合電子をもって切断する様式のことを，ヘテロリシス（heterolysis）または不均一開裂という．電荷をもたない分子がヘテロリシスを起こすと，カチオンとアニオンが生成するので，イオン解離ともいう．

表 1.8 代表的な結合の結合エネルギー[a]

結合	結合エネルギー/kJ mol^{-1}	結合	結合エネルギー/kJ mol^{-1}
C–H	408	C–Br	275
C–C	351	C–I	220
C–N	301	C=C	620
C–O	368	C≡C	835
C–F	485	C=O	740
C–Cl	330	C=N	598

a) 文献 1c, p. 29.

代表的な結合の結合エネルギーを示す．全体的に，結合が短いほど結合が強くなる傾向がある．ハロゲンとの結合では，高周期の原子になるほど結合エネルギーが小さくなる．また，結合次数が大きくなるほど，結合エネルギーが大きくなる．C=C 結合（σ+π 結合）の結合エネルギーは C–C 結合（σ 結合）のものの 2 倍より小さく，π 結合が σ 結合より弱いことを示している．この比較から求められる π 結合の結合エネルギー（620－351＝269 kJ mol^{-1}）は，ジラジカルを経由した二重結合の回転に必要なエネルギーに相当する．

1.5 分子のひずみ

前節では，分子を形づくる結合の性質をいろいろな観点から説明し，構造パラメーターのうち結合長と結合角の特徴を述べた．構造的な理由により，結合長，結合角およびねじれ角が標準的な値をとることができないとき，分子にひずみ（strain）が生じる[13]．本節では，分子のひずみの原因と特徴について，ひずみに密接に関連している分子力学計算の原理を交えながら解説する．節の後半では，構造有機化学および関連の分野で用いられる各種のひずみについて述べる．高ひずみ化合物の具体例は 5.1 節で紹介する．

1.5.1 ひずみの大きさと分類

一般に，ひずみは生じる原因によって三つに分類される．結合角の変化により生じるひずみは，結合角ひずみ（angle strain）または Baeyer ひずみとよばれ，小員環化合物で顕著に現れる．ねじれ角の変化により生じるひずみは，ねじれひずみ（torsion strain）であり，重なり形配座で大きくなる．このひずみは，重なりひずみまたは Pitzer ひずみともよばれる．直接結合していない原子が接近すると，分子内で反発の van der Waals 力が働きひずみが生じる．これは，立体ひずみ（steric strain）または van der Waals ひずみとよばれる．立体ひずみは，非結合原子間の距離によって見積もることができる．上記のひずみは独立に生じるのではなく，分子全体のひずみを

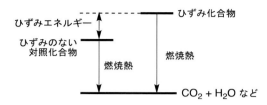

図1.9 燃焼熱からのひずみエネルギーの決定

表1.9 シクロアルカンの燃焼熱 ΔH_c とひずみエネルギー SE[a]

n	$\Delta H_c/n$	SE/n	SE	n	$\Delta H_c/n$	SE/n	SE
3	695.8	37.2	111.6	9	664.4	5.8	52.2
4	685.8	27.2	108.8	10	663.6	5.0	50.0
5	664.0	5.4	27.0	11	662.7	4.1	45.1
6	658.6	0	0.0	12	660.2	1.6	19.2
7	662.3	3.7	25.9	14	658.6	0.0	0.0
8	663.6	5.0	40.0	16	659.0	0.4	6.4

a) 文献1c, p.200. 単位 kJ mol^{-1}.

軽減するように相互に関係する．たとえば，大きな立体ひずみを少しでも避けるために，結合角やねじれ角が変化する．

ひずみの大きさは，同じ原子と同じ種類の結合からなるひずみのない対照化合物との標準エンタルピー差（$\Delta H°$）で熱力学的に評価することができる（図1.9）．適当な対照化合物の実測値がない場合は，仮想的な対照化合物と比較してもよい．シクロプロパンのひずみエネルギーは，燃焼熱のデータから決定された（表1.9）．シクロプロパンのCH_2基あたりの燃焼熱は695.8 kJ mol^{-1}であり，ひずみのない対照化合物の対応する数値より37.2 kJ mol^{-1}大きい．したがって，CH_2基の数を考慮に入れると，シクロプロパンのひずみエネルギーは 37.2×3＝111.6 kJ mol^{-1} となる．ひずみエネルギーは他の熱力学的データ，たとえば生成熱や反応熱から求めることもできる．

1.5.2　分子力学計算[14]

分子力学計算のアプローチは，ひずみの概念と密接に関連している．分子力学計算では，原子の種類と結合の様式ごとに，結合長，結合角，ねじれ角などを変数とした力場関数を定義し，そこから得られるポテンシャルエネルギーの総和を極小化することにより，安定構造を計算する．全体のエネルギーE_{tot}は，以下の各項目のエネルギーの和で求められる（式（1.14））．

$$E_{tot} = E_r + E_\theta + E_\phi + E_{nb} + E_{others} \tag{1.14}$$

ここで，E_rは結合長r，E_θは結合角θ，E_ϕはねじれ角ϕの変化にともなうエネルギーである．E_{nb}は非結合性相互作用のエネルギーで原子間距離の関数である．E_{others}は

その他のエネルギーであり,静電相互作用や水素結合などが含まれる.各エネルギーは,分子中のすべての組み合わせの結合,結合角などについての値を足し合わせたものである.

結合の伸縮,変角,ねじれについて,基本となる力場関数はそれぞれ式 (1.15)〜(1.17) のとおりである.非結合性相互作用 E_{nb} は,Lennard-Jones ポテンシャルとよばれる式 (1.18) の関数で表現されることが多い.

$$E_r = k_r/2 \times (r-r_0)^2 \tag{1.15}$$

$$E_\theta = k_\theta/2 \times (\theta-\theta_0)^2 \tag{1.16}$$

$$E_\phi = V_1/2 \times (1+\cos\phi) + V_2/2 \times (1-\cos 2\phi) + V_3/2 \times (1+\cos 3\phi) \tag{1.17}$$

$$E_{nb} = x[(r_0/r)^{12} - (r_0/r)^6] \tag{1.18}$$

伸縮と変角の関数は調和振動近似に基づき,フックの法則で用いられる関数である.式 (1.15) では,k_r は結合を構成する原子の種類ごとの定数,r_0 は標準的な結合長,r は実際の結合長である.式 (1.16) では,k_θ は結合角を構成する原子の種類ごとの定数,θ_0 は標準的な結合角,θ は実際の結合角である.ねじれのエネルギーはねじれ角の三角関数の合成で表現され,式 (1.17) では V_1, V_2, V_3 はねじれ角を構成する原子の種類ごとの定数,ϕ は実際のねじれ角である.たとえば,エタンに式 (1.15)〜(1.17) を適用してみる.C-C 結合が標準値 1.5247 Å から 0.03 Å 伸縮すると E_r は 1.2 kJ mol^{-1} 増加する.C-C-H 結合が標準値 110.7°から 5°変化すると E_θ は 1.4 kJ mol^{-1} 増加する.また,H-C-C-H のねじれ角では,$V_1 = V_2 = 0$, $V_3 = 1.00$ の定数が与えられ,エネルギーは 120°周期で 1.0 kJ mol^{-1} の振幅で変化する.

式 (1.18) では,r は相互作用する二つの原子間の距離,r_0 は原子の種類ごとの標準値(van der Waals 半径の和に相当),x は原子の種類ごとの定数である.この式に従うと,相互作用は $r=r_0$ のときゼロであり,原子間距離が r_0 より長くなると引力的な相互作用が働く.この安定化はある距離で最大になり,それより長くなると相互作用はゼロに収束していく.一方,原子間距離が r_0 より短くなると,不安定な相互作用が急激に増大する.

実際の分子力学計算では,上記のほかに静電相互作用や水素結合などのエネルギーの項も考慮に入れてエネルギーの最適化を行う.また,実測値との一致をよくするために,高次の項(結合長変化の 3 乗の項など)や交差項(二つ以上の変数が関係した項)が加えられている.

ひずみにより分子が変形して原子の位置が変化するとき,結合長の変化は非常に大きなエネルギーを必要とする.それに比べて,結合角,ねじれ角の順に変化に伴うエネルギーは大幅に小さくなる.したがって,分子にひずみが生じた場合,ねじれ角と結合角が変化してひずみを解消し,それでも十分に解消されない場合,はじめて結合長の変化が起こる.この傾向は,ひずみと分子構造の関係を考えるときに重要である.

1.5.3 結合角ひずみ

結合角ひずみは，標準となる角度（たとえば sp^3 混成炭素原子の場合 109.5°）からの変化にともなうひずみであり，角度が小さくなる場合（狭角ひずみ）と大きくなる場合（広角ひずみ）がある．結合角ひずみの最も一般的な原因は，環形成により生じるひずみすなわち環ひずみ（ring strain）である．小員環（3, 4 員環）化合物では，環内の結合角が小さくなるひずみが顕著であり，とくに小員環ひずみ（small ring strain）とよぶことがある．シクロプロパンの 3 員環は平面の正三角形構造であり，C-C-C の結合角は 60° である．シクロヘキサンを基準として，燃焼熱から計算したひずみエネルギーは 111.6 kJ mol^{-1} である（表 1.9）．sp^3 混成の炭素原子では，p 性の増加した軌道間の結合角は小さくなるので 109.5° より小さくなる．しかし，p 性がもし 100%（混成しない状態）になったとしても，軌道間の角度は 90° までしか小さくなれない．実際のシクロプロパン分子では，環炭素間の結合をつくる混成軌道の p 性（82%）は大きくなるものの，正三角形の辺上で軌道が重なることはできず，各軌道は外側に約 21° 曲がっている（図 1.10）．このような曲がった結合（bent bond）は π 結合に似た性質をもち，種々の試薬と開環をともなう付加反応を起こす．対照的に，水素との結合に使われる軌道の s 性は大きく，結合定数から予想される s 性は 32% である（1.3.2 項参照）．その結果 H-C-H 結合角は 114° に広がっている．シクロプロパン構造が連続した高ひずみ化合物は 5.1.2 項で紹介する．

シクロブタンも大きなひずみをもち，ひずみエネルギーはシクロプロパンの約 70% である．シクロブタンが平面正方形の立体配座をとると，環内の結合角は 90° になる．しかし，実際には隣接炭素に結合した水素どうしの重なりを避けるために，4 員環は非平面に折れ曲がり環内の結合角は 90° より小さくなる．環が大きくなるとこの種のひずみは大幅に軽減し，5〜7 員環の通常環シクロアルカンのひずみエネルギーは小さい．しかし，8〜11 員環の中員環シクロアルカンは，おもに立体ひずみ（1.5.5 項参照）のために，ひずみエネルギーが比較的大きくなる．さらに環が大きい大員環（12 員環以上）では，ひずみはほとんど解消される．

四面体形の sp^3 混成炭素原子は四つの置換基をもち，置換基の組み合わせにより 6 通りの結合角が定義できる．置換基の種類により，結合角は大きくも小さくもなる

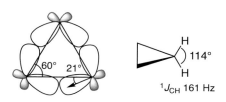

図 1.10 シクロプロパンの結合

(1.4.3項参照).大きい置換基があると,立体障害を軽減するために炭素鎖中の結合角が大きくなる.プロパン (**1**) では,C-C-C 結合角は 112.4°であり,正四面体の角度より 3°だけ大きい(図1.11).しかし,2,2,4,4-テトラメチルペンタン (**2**)(ジ-t-ブチルメタン)では,C2-C3-C4 の結合角

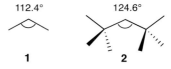

図 1.11　プロパンと 2,2,4,4-テトラメチルペンタンの結合角

は 125°に達する[15].この結合角の変化(変角)は,C3 に結合した二つの t-ブチル基(同じ原子に結合した二つの置換基の位置関係をジェミナルという)の立体障害によるものである.中員環シクロアルカンにおける広角ひずみについては後述する.

　三方形の sp^2 混成炭素原子は三つの置換基をもち,置換基の組み合わせにより 3 通りの結合角が定義できる.変角には面内と面外の二つの様式がある(図1.12).面内の変角では,三つの結合角の和は 360°に保たれるが,個々の結合角が 120°より大きくまたは小さくなる.面外の変角では,三つの結合角の和が 360°より小さくなる.アセトン (**3**) と 2,2,4,4-テトラメチル-3-ペンタノン (**4**)(ジ-t-ブチルケトン)におけるカルボニル炭素原子の回りの結合角を図 1.12 に示す[16].後者では,カルボニル炭素における二つの t-ブチル基の立体障害を避けるために,C-C(carbonyl)-C 結合角が大きくなる.いずれの化合物でも,カルボニル炭素の平面性は保たれている.一方,二環式シクロプロパノン誘導体 **5** では,面内だけでなく面外の変角も顕著である.三つの結合角の和は 356.4°であり,C-C-C のつくる面に対してカルボニル酸素は 12°の角度をなす[17].環状アルケンのひずみについては,5.1.3 項で紹介する.

　直線形の sp 混成炭素原子は二つの置換基をもち,定義される結合角は一つだけである.アルキンの炭素は多くの場合 180°またはそれに近い結合角をもつが,ある程度の変角は容易に起こる.分子力場計算によると,一般的なアルキン炭素の結合角が 180°から 175°に変化しても,必要なエネルギーはわずか 0.72 kJ mol^{-1} である.実際

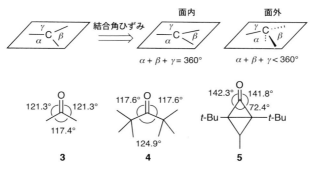

図 1.12　sp^2 混成炭素の結合角ひずみの様式とケトンのカルボニル炭素における結合角

に, 多くのアルキンのX線構造では, sp混成炭素の直線構造からの変角が観測される. 5.1.4項でも述べるように, 160°より小さい結合角をもつアルキンも知られている.

1.5.4 ねじれひずみ

ねじれひずみは, 隣接した炭素原子に結合した（この位置関係をビシナルともいう）二つの置換基が重なり形配座をとるとき, 置換基間の非結合性相互作用により生じる分子内ひずみである. ねじれひずみの大きさは立体配座に依存する. エタンでは, ねじれ形配座 6 に比べて重なり形配座 7 は $12\,\mathrm{kJ\,mol^{-1}}$ 不安定であり, これがねじれひずみの原因となる（図 1.13）.

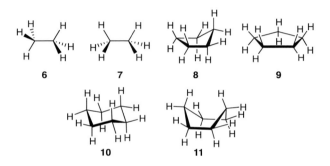

図 1.13 エタンとシクロアルカンの立体配座

シクロペンタンが非平面の封筒形配座 8 をとるのは, ねじれひずみが原因である. もし平面構造 9 をとると, 環炭素の結合角は 108°となり結合角ひずみ小さくなるが, すべての C-C と C-H 結合が重なり形配座になるため, ねじれひずみが最大になる. そこで, 環が非平面になることにより, ねじれひずみが一部解消される. シクロヘキサンにおいて, いす形配座 10 に比べて舟形配座 11 が不安定である原因の一つはねじれひずみであり, 後者では環内に二つの重なり形配座をもつ. シクロアルカンの立体配座については, 2.4節でくわしく説明する.

水素より大きい二つの置換基が重なり形またはそれに近くなると, 大きなひずみが生じる. ブタンでは, 二つのメチル基が近くにあるゴーシュ配座は, 反対側にあるアンチ配座より不安定である. また, 二つのメチル基が重なった立体配座は, エネルギー的に最も不安定である（2.3節参照）.

1.5.5 立体ひずみ

立体ひずみは直接結合していない原子間の反発的な相互作用に基づくので, 原子間の距離に依存する. 原子 X と Y の原子間距離が r の場合, X と Y の van der Waals

半径(表 1.7)の和と比較することにより,非結合性相互作用を評価することができる.両者が等しいとき相互作用はゼロになり,原子間距離が小さくなると反発的な相互作用が増加する.炭素の van der Waals 半径(1.70 Å)は,sp^2 混成炭素(芳香族)の p 軌道方向の値である.sp^3 混成では炭素原子への直接の接近は難しいが,メチル基を原子とみなした場合,van der Waals 半径は 2.00 Å に相当する.van der Waals 半径以外に,種々の置換基の大きさの尺度となるパラメーターが提案されている(2.4.1 項 c 参照).

一般に,立体ひずみが大きくなると,分子は構造(とくに結合角とねじれ角)を変化させて,過度なひずみを解消しようとする.立体ひずみが原因による構造の変化,分子の不安定化や反応の減速は,総称して立体障害(steric hindrance)とよばれる.一般的に,置換基の大きさがひずみ,構造や反応性に与える効果を立体効果(steric effect)という[14c].

立体ひずみには,相互作用する原子の位置関係などにより,多くの種類がある.渡環ひずみ(transannular strain)は,環状化合物で隣接していない環原子に結合した置換基間の非結合性相互作用によるものである.シクロヘキサンの舟形配座 **11** は,内側に向いた二つの接近した水素原子をもつため,渡環ひずみにより不安定になる.置換シクロヘキサンのアキシアル体が不安定であることも,同様な理由による(2.4.1 項参照).環の大きさが 8〜11 の中員環シクロアルカンは比較的大きいひずみエネルギー(表 1.9)をもち,その主要な原因は渡環ひずみであり,結合角とねじれのひずみも関与する.シクロデカンの最安定配座(図 1.14)では,環の内側に向いた水素原子が 6 個あり,そのうち 3 個ずつが接近している[18].最短の原子間距離は 1.91 Å であり,水素原子の van der Waals 半径の 2 倍の 2.40 Å よりかなり短い.渡環ひずみを緩和するために,環内の C-C-C 結合角が明らかに大きくなっている.大員環(12 員環以上)では,分子の自由度が増大して渡環ひずみが軽減されるため,ひずみはほ

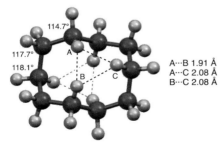

図 1.14 シクロデカンの安定配座(舟-いす-舟形配座 C_{2h} 対称)
結合角と原子間距離を示す.

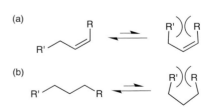

図 1.15 (a) アリルひずみと (b) *syn*-ペンタンひずみ
図中の円弧は置換基の大きさを示し,立体ひずみの原因を示すために使われる.

とんどない.

非環状化合物にみられるひずみとして,アルケンにおけるアリルひずみ（allylic strain）とペンタンにおける *syn*-ペンタンひずみ（*syn*-pentane strain：*syn*-ペンタン相互作用ともいう）がある[19]. 図1.15に示すように,いずれも1,3の位置に結合した置換基の非結合性相互作用に基づく. アリルひずみでは,アルケン炭素に結合した置換基Rと *cis* のアリル位に結合した置換基R'が接近すると,立体ひずみが生じて不安定になる. ペンタンでは,二つのC-C結合の回転により炭素骨格はいろいろな立体配座をとるが,両端のメチル基が接近する立体配座は不利である. これらのひずみによって,立体配座や反応性が影響を受ける.

おもに反応の立体効果で用いられる立体ひずみのいくつかの概念について述べる[20]. トリメチルボラン（ルイス酸）に対してアミン（ルイス塩基）が配位すると,付加体が生成する（図1.16(a)）. アミンの窒素に大きなアルキル基を導入すると,アミンのルイス塩基性が弱くなる傾向がある. これは,付加体において,ホウ素に置換したメチル基と窒素に置換したアルキル基の間に立体ひずみが生じるためである. この立体障害はB-N結合の前面で起こるため,前面ひずみ（front strain, F-strain）とよぶ. 第三級アルキル基に対してS_N2機構による背面攻撃が起こりにくいのも,基質と求核試薬の前面ひずみによるものである. 一方,ハロゲン化第三級アルキルのS_N1反応では,反応中心の炭素に結合した三つのアルキル基が大きくなるほど,反応が速くなる傾向がある. 図1.16(b)においてRがMe基から *t*-Bu基になると,反応速度は10^4倍以上になる. 炭素がsp^3混成の反応物では,脱離基の背面で三つの置換基Rが接近しているため大きなひずみ（背面ひずみ：back strain, B-strain）が生じる. イオン化が進行してカルボカチオン中間体になると炭素はsp^2混成になり,三つ

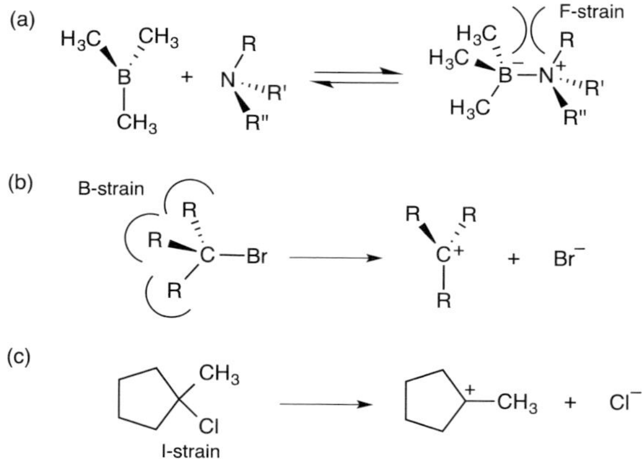

図 1.16 反応における立体ひずみ（(a) 前面ひずみ,(b) 背面ひずみ,(c) 内部ひずみ）

の置換基が離れてひずみが減少する．その結果，反応の始原系が相対的に不安定になり，活性化エネルギーが減少する．この立体効果は立体ひずみが反応を加速する現象であり，立体加速（steric acceleration）とよばれる．また，環状化合物では，環炭素における反応の速度は，環の結合角やねじれのひずみの変化によって影響を受ける．このようなひずみは，内部ひずみ（internal strain, I-strain）とよばれる．たとえば，1-クロロ-1-メチルシクロペンタンの加溶媒分解は，対照化合物である 2-クロロ-2-メチルプロパンより約 40 倍速く進行する（図 1.16(c)）．前者では，反応の進行にともない反応中心の炭素原子が sp^3 混成から sp^2 混成に変化し，始原系におけるねじれひずみがカルボカチオン中間体では軽減される．

1.5.6　結合伸縮ひずみ

立体ひずみが非常に大きいと，まず比較的変化しやすいねじれ角や結合角を変化することによりひずみが軽減されるが，それでも十分でないときには結合が長くなるまたは短くなるような構造変化が起こる場合がある．t-ブチル基が多数結合したメタン誘導体では，中央の炭素と t-ブチル基の第四級炭素の間の結合に明らかな伸長が認められる（図 1.17）．結合長は，トリ-t-ブチル化合物 12 では 1.61 Å，テトラ-t-ブチル化合物 13 では 1.68 Å である[21]．とくに，後者では，変角によるひずみの解消が難しく結合が非常に長くなっている．ヘキサフェニルエタン誘導体も，長い結合長をもつ化合物として知られている．異性化が起こらないように立体的に保護した 3,5-ジ-t-ブチルフェニル基の誘導体 14 では，フェニル基間の立体ひずみ（前面ひずみ）のため，C-C 結合が 1.67 Å と標準値より 0.10 Å 以上長い[22]．さらに長い C-C 結合をもつ化合物および短い C-C 結合をもつ化合物は，5.2 節で述べる．

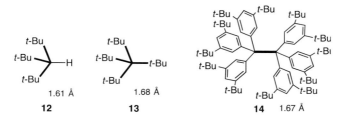

図 1.17　長い C-C 結合をもつ化合物（太線で示した結合長を示す）

1.6　弱い相互作用

本章でこれまでに述べた局在化した共有結合は，3 章で述べる非局在化結合とともに，大きな結合エネルギーにより分子の骨格を形づくり，電子状態や性質を決めるた

めに重要である．これらの強い結合に加えて，分子の間にはさまざまな弱い相互作用が働く[23]．固体や液体中では分子間の距離が近いため，弱い相互作用が効果的に働く傾向にある．弱い相互作用は分子内でも働き，比較的容易に回転する結合の立体配座に影響を与える場合がある．本節では，このような相互作用として静電相互作用，水素結合，π電子がかかわる相互作用などについて概説する．

1.6.1 静電相互作用

電荷をもつ化学種や電荷の偏りをもつ結合の間に働く相互作用を総称して，静電相互作用（electrostatic interaction）とよぶ．相互作用する電荷の分布として代表的なものは点電荷，双極子と四極子であり，それぞれの組み合わせで相互作用が可能である．以下，点電荷と双極子にかかわる相互作用について述べる（図1.18）．

二つの点電荷の間の相互作用はCoulomb力（Coulomb force）とよばれ，符号が異なる場合は引力，同じ場合は斥力が働く．Coulomb力は，二つの点電荷q_1, q_2に比例し，距離rおよび溶媒の誘電率εに反比例する．すなわち，$q_1 q_2 / r\varepsilon$に比例する．距離に反比例することから，他の静電的相互作用に比べて比較的離れても働き，方向性のない相互作用である．塩化テトラアルキルアンモニウムのようなイオン化合物において重要な相互作用であり，一般に相互作用のエネルギーは200～300 kJ mol^{-1}の範囲にある．誘電率が大きい水中では，相互作用が小さくなる．

永久双極子がかかわる相互作用は，距離だけでなく方向にも依存する．点電荷と双極子間の相互作用は，点電荷qと双極子モーメントμに比例し，距離の2乗に反比例する．双極子の軸と，双極子の中点と点電荷を結ぶ直線のなす角θにも依存する．すなわち，$\mu q \cos\theta / r^2 \varepsilon$に比例する．クラウンエーテルとアルカリ金属イオンの錯体でみられる相互作用であり，相互作用のエネルギーは50～200 kJ mol^{-1}の範囲にある．一方，二つの双極子間の相互作用は，双極子モーメントμ_1, μ_2に比例し，双極子の中点間の距離の3乗に反比例する．さらに，二つのベクトルの方向を示す角度にも依存し，反対に近い方向の場合は引力，同じに近い方向の場合は斥力が働く．上記の二つの相互作用に比べて弱く，エネルギーは5～50 kJ mol^{-1}の範囲にある．

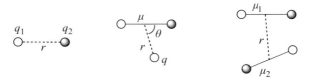

点電荷-点電荷相互作用　　点電荷-双極子相互作用　　双極子-双極子相互作用

図1.18　点電荷と双極子間の静電相互作用
q：電荷，μ：双極子，r：距離，θ：角度．

1.6.2 誘起双極子相互作用

単独では永久双極子をもたない分子でも，近くにある点電荷や双極子の電場の作用により電子の偏りが生じ，双極子をもつことがある．このようにして生じた双極子を，誘起双極子（induced dipole）とよぶ．このとき誘起双極子との間にはつねに引力的な相互作用が働く（図1.19）．点電荷と誘起双極子の相互作用は，点電荷 q の2乗と誘起双極子の分極率 α（1.4.1項参照）の積に比例し，距離の4乗に反比例する．永久双極子と誘起双極子の相互作用は，永久双極子の双極子モーメント μ の2乗と誘起双極子の分極率 α の積に比例し，距離の6乗に反比例する．いずれの場合も，分極率が大きいほど誘起双極子による相互作用は大きくなる．

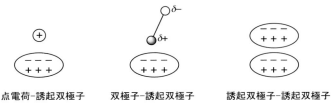

　点電荷-誘起双極子　　双極子-誘起双極子　　誘起双極子-誘起双極子

図 1.19 誘起双極子の相互作用

電荷も双極子ももたない中性の分子においても，電子はたえず運動しているので，瞬間的には電子の分布に偏りが生じる．このようにして生じた双極子が，隣接の分子の双極子を誘起すると，二つの誘起双極子間に引力的な相互作用が働く．この相互作用は分散力（dispersion force）またはLondon分散力とよばれる．分散力の強さは，相互作用する分子の分極率 α の積に比例し，距離の6乗に反比例し，分子のイオン化エネルギーにも依存する．分散力は他の相互作用に比べて非常に弱く（2 kJ mol^{-1} 以下），分子の大きさや表面積が大きくなるにつれて強くなる．窒素やアルゴンのような気体でも低温で液体になるのは，分散力による引力的な相互作用のためである．

電気的に中性の分子間に働く力を総称してvan der Waals力（van der Waals force）という．van der Waals力には，双極子-双極子相互作用，双極子-誘起双極子相互作用，分散力が含まれる．van der Waals力の引力的な要因の大部分は分散力であり，希ガスや無極性分子ではとくに重要である．このため，分子力場計算において，van der Waals力の引力項はLennard-Jonesポテンシャル（式(1.18)）における $(1/r)^6$ の項で近似されている．

1.6.3 水素結合

電気陰性原子に結合した水素原子と電気陰性原子の間に働く引力的な相互作用を水素結合（hydrogen bond）とよぶ[24]．水素結合をつくる電気陰性原子として代表的な

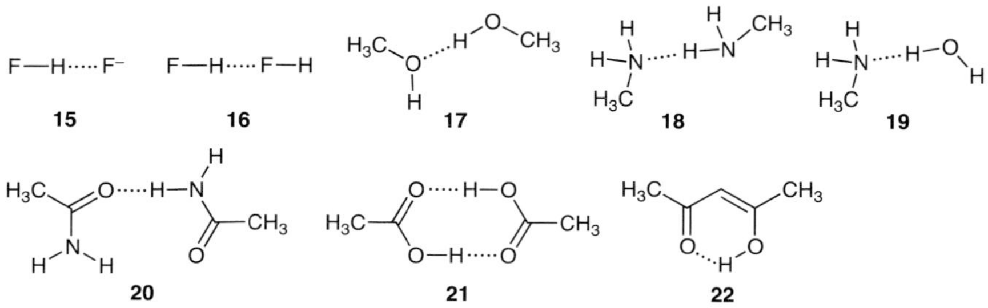

図 1.20 代表的な水素結合

ものは,窒素,酸素,フッ素である.構造式中では,水素結合は点線…で表示する(構造式作図ソフトに点線がない場合は破線を用いてもよい).水素結合は主に静電相互作用に起因し,$X^{\delta-}-H^{\delta+}\cdots Y^{\delta-}$ のように正に分極した水素原子と負に分極した電気陰性原子の間に働く.ここで,電気陰性原子 X と Y は同種でも異種でもよい.供与原子(H)と受容原子(Y)は異なる分子中にあっても同じ分子中にあってもよく,区別が必要なときそれぞれ分子間水素結合および分子内水素結合とよぶ.分子間水素結合では,同種の分子間で働く場合と,異種の分子間で働く場合がある.代表的な水素結合の例を図 1.20 に示す.

水素結合の強さは X と Y の種類に依存する.Y が負の形式電荷をもつとき,あるいは,X が正の形式電荷をもち水素の電子不足性が大きい場合,水素結合は非常に強くなる.たとえば,F-H$\cdots$F$^-$(15)の水素結合の結合エネルギーは $160\,\mathrm{kJ\,mol^{-1}}$ であり,共有結合の強さに匹敵する.その他の一般的な水素結合では,結合エネルギーは 5〜$30\,\mathrm{kJ\,mol^{-1}}$ の範囲にあり,一般的な共有結合の結合エネルギーの 10 分の 1 程度以下である.アルコール,カルボン酸,アミド類(第三級を除く)は分子中に水素結合の供与部と受容部をもつので,同種の分子間で水素結合を形成する.カルボン酸は二つの水素結合で二量体(酢酸の例 21)を形成することが知られている.水やフッ化水素と同様に,分子間で水素結合を形成する化合物(カルボン酸,アミド,アルコール,アミンなど)は,分子量から予想されるより高い沸点をもつ.また,水素結合は溶媒への溶解性にも関係し,たとえば水と強い相互作用を形成する化合物(メチルアミンの例 19)は水に対して高い溶解性を示す.分子内水素結合の例として,2,4-ペンタンジオンの互変異性体 22 を示す.一般にはケト形が安定であるが,分子内水素結合によりエノール形が安定化される.

水素結合 X-H$\cdots$Y における H$\cdots$Y の距離は結合の強さと Y の種類に依存し,一般的な水素結合では通常 1.5〜2.0 Å である.また,X-H$\cdots$Y 結合角は,強い水素結合の場合 180° に近いことが多いが,中程度以下の水素結合では 130〜180° の広い範

囲に分布する．したがって，水素結合はある程度の方向性をもつ結合である．分子内では，一般的には5員環または6員環となる水素結合（すなわちXとYが1,4または1,5の位置）の形成が有利である．

水素結合の形成は，化合物の物理的なデータ（沸点，溶解度，結合エネルギーなど）あるいは化学的な平衡や反応のデータから知ることができる．構造的には，X線解析などにより決定された構造において，水素原子と受容原子との距離を調べればよい．ただし，中性子線回折などによる精密な測定を行わない限り水素原子の位置を正確に決めることは容易ではないので，判定には注意が必要である．水素結合は分光学的な性質にも大きな影響を与える．IRスペクトルでは，水素結合によりX-H伸縮振動の吸収は低波数に移動し幅広くなる．この変化はO-H結合において特徴的であり，アルコールでは水素結合していない鋭い吸収が3650〜3600 cm^{-1}に現れるのに対し，水素結合したものは3500〜3200 cm^{-1}の範囲に幅広く現れる．また，水素結合によりHの電子密度は減少するので，^{1}H NMRスペクトルにおいて脱しゃへい化（シグナルの低磁場シフト）が観測される．このため，カルボン酸のプロトンシグナルは非常に低磁場（10〜13 ppm）に観測される．これらの傾向は一般的なものであり，水素結合の環境や測定条件によっては必ずしも成り立たない．

電気陰性度がそれほど大きくない原子に結合した水素も，弱い水素結合を形成することができる[25]．炭素に結合した水素では，C-H⋯OとC-H⋯N水素結合が知られており，結合エネルギーは数 kJ mol^{-1}程度以下である．C-H⋯O水素結合では，ヒドロキシ酸素，エーテル酸素やカルボニル酸素が水素結合の受容原子になる．H⋯Oの距離は2.2〜2.8 Åの範囲にあり，水素の酸性度が大きいほど短くなる傾向がある．たとえば，ジメチルエーテルは気相中で三つのC-H⋯O水素結合（H⋯O距離約2.6 Å）により2量体 **23** を形成し，水素結合一つあたりのエネルギーは2 kJ mol^{-1}である（図1.21）．また，*N, N*-ジメチルニトロアミンは，結晶中でC-H⋯N水素結合を介してリボン状のネットワーク **24** を形成する．

1.6.4 π電子が関与する相互作用

芳香族化合物，アルケンやアルキンなどのπ電子は電子豊富で分極しやすい性質を

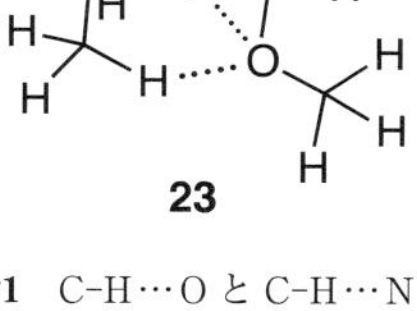

図1.21 C-H⋯OとC-H⋯N水素結合の例（**24**は2分子間の水素結合のみ示す）

もつため，さまざまな相互作用にかかわることができる．π電子が水素結合の供与体として，O-H や N-H と相互作用することは，以前から知られていた．IR スペクトルにおいて，フェノールの O-H 伸縮振動の吸収は電子密度の高い芳香族化合物中で低波数シフトし，この事実は O-H···π 相互作用の存在を支持する．O-H···π や N-H···π 相互作用の強さは，8 kJ mol^{-1} 程度またはそれ以下と見積もられている．一般的な水素結合と同様に，C-H 結合の水素も π 電子と引力的な相互作用（C-H···π 相互作用）をすることが知られている．水素の酸性度が低いため相互作用は弱い（6 kJ mol^{-1} 程度以下）が，立体配座の制御や結晶中の分子集積において重要な役割を果たす[26]．精密な理論計算により得られたベンゼンとメタンの錯体 **25** では，メタンの C-H 結合の一つがベンゼン環の中心に向いている（図 1.22）．相互作用のエネルギーは約 6 kJ mol^{-1} 程度と計算され，引力的な相互作用の大部分は分散力に起因する．

分子間の相互作用の観点から，ベンゼンの二量体の構造が理論的に研究されている．大別すると，二つの分子が平行な配置と直交した配置の 2 種類が可能である．直交配置のうち安定であるのは，一方のベンゼンの C-H 結合が他方のベンゼン環の中央に向く T 形配置 **26a** であり，C-H···π 相互作用によるものと考えることができる．平行配置では，完全な重なり形 **26b** ではなく互いに少しずれた配置 **26c** が安定である．このような二つの π 電子が向かい合う平行配置を安定化する相互作用は，π···π 相互作用（π···π interaction）とよばれる．**26a** と **26c** の配置はほぼ同じエネルギーをもち，会合エネルギーは 10～12 kJ mol^{-1} と計算されている[27]．平行配置で見られる π···π 相互作用は，多くの芳香族化合物とくに π 電子系の平面が広い多環式芳香族化合物で重要であり，π 電子系がスタッキング（π スタッキング）しやすい主要な要因と考えられている．実験的および理論的結果から π···π 相互作用の原因が議論され，分散力と静電相互作用の両方が重要とされている．

芳香環の π 電子は，アルカリ金属などの金属イオンと強く会合し，**27** のような錯体を形成する．これはカチオン···π 相互作用（cation···π interaction）とよばれ，おもに静電的相互作用により生じる[28]．アルカリ金属イオンとベンゼンの会合エネルギーが実験的に決定され，Li$^+$ (159 kJ mol^{-1})，Na$^+$ (117 kJ mol^{-1})，K$^+$ (80 kJ mol^{-1})

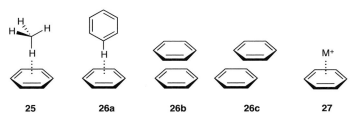

図 1.22 ベンゼンの π 電子がかかわる相互作用

と周期表を下に進むほど会合は弱くなる．カチオン…π相互作用は，超分子化学や生体物質化学で重要な役割を果たしている．

1.6.5 電荷移動相互作用

電子を供与しやすい分子種（電子供与体，ドナー：D）と電子を受容しやすい分子種（電子受容体，アクセプター：A）が接近すると，電子が移動して電荷が偏る．この現象は電荷移動（charge-transfer：CT）とよばれ，分子種の間に引力的な相互作用が働く原因になる[29]．ドナーとアクセプター間の電荷移動により生じた錯体は，電荷移動錯体（charge-transfer complex）とよばれる．

Mullikenによる電荷移動理論では，電荷移動錯体における電荷移動前後の構造の共鳴混成体を考慮することで説明できる（式（1.19））．D…Aは電荷移動による相互作用がない錯体（状態X）を，D^+-A^-は1電子が完全に移動した錯体（状態CT）を示す．実際の電荷移動錯体は，二つの共鳴構造の中間の状態にあり，電荷移動錯体の寄与の割合は分子の電子状態などの条件によって決まる．

$$D\cdots A \longleftrightarrow D^+\text{---}A^- \tag{1.19}$$
$$\quad\;\text{X} \qquad\qquad\qquad \text{CT}$$

原子価結合法に基づくと，実際の電荷移動錯体の波動関数 Ψ は，電荷移動前の錯体の波動関数 Ψ_X と電荷移動後の錯体の波動関数 Ψ_{CT} の線形結合で表示できる（式（1.20））．

$$\Psi = a\Psi_X + b\Psi_{CT} \tag{1.20}$$

この式をSchrödinger方程式に代入して解くと，係数 a と b を求めることができる（1.3.1項参照）．ここでは計算の詳細は省略するが，計算結果から実際の電荷移動錯体は状態Xよりも安定化されることがわかる（図1.23(a)）．近似的に，安定化エネルギー ΔE は状態Xのエネルギー E_X と状態CTのエネルギー E_{CT} の差に反比例する．

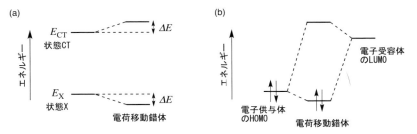

図 1.23　電荷移動相互作用
(a) 原子価結合法（電荷移動理論）によるエネルギー図，(b) 分子軌道法による軌道間相互作用のエネルギー図．

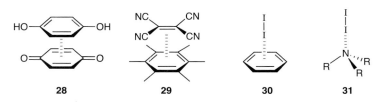

図 1.24　代表的な電荷移動錯体

したがって，電荷移動相互作用を大きくするためには，$E_{CT}-E_X$ を小さくすればよく，これはドナーのイオン化ポテンシャルを小さくするか，アクセプターの電子親和力を大きくすることに相当する．

　分子軌道法的には，電荷移動相互作用はドナーの HOMO とアクセプターの LUMO の混合により説明できる．図 1.23(b) の模式図に示すように，軌道の混合により HOMO より低い準位に結合性軌道ができ，この軌道に電子が収容されることにより系全体が安定化される．また，LUMO より高い準位に新しい反結合性軌道ができ，基底状態ではこの軌道は空のままである．電荷移動錯体において，結合性軌道から反結合性軌道への電子の遷移が起こると，特徴的な吸収スペクトルが観測される．この吸収は電荷移動吸収帯とよばれ，ドナーにもアクセプターにも見られない吸収が現れるため，電荷移動錯体形成の有力な証拠となる．ドナーの HOMO としては，π電子系のπ軌道，非共有電子対の n 軌道が，アクセプターの LUMO としては，π電子系のπ*軌道，σ電子系のσ*軌道が典型的である．

　たとえば，無色のヒドロキノン（D）と黄色のベンゾキノン（A）を溶液中や固体で混合すると，キンヒドロンとよばれる濃い色をもつ電荷移動錯体 28 を形成する（図 1.24）．また，ヘキサメチルベンゼン（D）とテトラシアノエチレン（A）も濃い紫色の電荷移動錯体 29 を形成する．これらの錯体では，ドナーのπ軌道とアクセプターのπ*軌道の相互作用が寄与している．また，ヨウ素（A, σ*軌道）をベンゼンなどの芳香族溶媒（D, π軌道）に溶解すると，電荷移動錯体 30 の形成により，紫外可視吸収スペクトルに新しい吸収帯が現れる．ヨウ素（A, σ*軌道）はアミン（D, n 軌道）と強く相互作用した電荷移動錯体 31 を形成し，トリメチルアミンとヨウ素の相互作用は 50 kJ mol^{-1} に達する．

文　　献

1) 構造有機化学に関する一般的な教科書・参考書
　　(a) 野依良治，鈴木啓介，中筋一弘，柴崎正勝編，大学院講義有機化学 I，東京化学同人 (1999); (b) 村田一郎，有機化合物の構造，岩波書店 (2000); (c) M. B. Smith,

文　　献

March's Advanced Organic Chemistry：Reactions, Mechanisms, and Structure, 7th ed., Wiley, Hoboken (2013)；(d) E. V. Anslyn and D. A. Dougherty, Modern Physical Organic Chemistry, University Science Books, Sausalito (2004)；(e) F. A. Carey and R. J. Sundberg, Advanced Organic Chemistry：Part A：Structure and Mechanisms, 5th ed., Springer, New York (2007).
2) (a) J. Brecher, *Pure Appl. Chem.*, **78**, 1897 (2006)；(b) J. Brecher, *Pure Appl. Chem.*, **80**, 277 (2008).
3) A. R. Leach 著, 江崎俊之訳, 分子モデリング概説―量子力学からタンパク質構造予測まで, 地人書館 (2004).
4) 日本化学会編, 第4版実験化学講座, 10. 回折, 3.3.2, 丸善 (1992).
5) (a) R. M. Silverstein, F. X. Webster and D. Kiemle 著, 荒木　峻, 益子洋一郎, 山本　修, 鎌田利紘訳, 有機化合物のスペクトルによる同定法, 第7版, 東京化学同人 (2006)；(b) M. Hesse, H. Meier and B. Zeeh 著, 野村正勝監訳, 馬場章夫, 三浦雅博他訳, 有機化学のためのスペクトル解析法, 第2版, 化学同人 (2010).
6) (a) E. G. Lewars, Computational Chemistry：Introduction to the Theory and Applications of Molecular and Quantum Mechanics, 2nd ed., Springer, Dordrecht (2011)；(b) C. J. Cramer, Essentials of Computational Chemistry：Theories and Models, 2nd ed., Wiley, Chichester (2004)；(c) K. I. Ramachandran, G. Deepa and K. Namboori, Computational Chemistry and Molecular Modeling：Principles and Applications, Springer, Heidelberg (2010)；(d) 平尾公彦監修, 武次徹也編, すぐできる量子化学計算ビギナーズマニュアル, 講談社 (2006).
7) S. S. Chaik and P. C. Hiberty, A Chemist's Guide to Valence Bond Theory, Wiley, Hoboken (2007).
8) I. Flemming, Molecular Orbitals and Organic Chemical Reactions, Reference Edition, Wiley, Chichester (2010).
9) H.-O. Kalinowski, S. Berger and S. Braun, Carbon-13 NMR Spectroscropy, Wiley, Chichester (1988), p 495.
10) L. C. Allen, *J. Am. Chem. Soc.*, **111**, 9003 (1989).
11) P. R. Wells, *Prog. Phys. Org. Chem.*, **6**, 111 (1968).
12) (a) B. Cordero, V. Gómez, A. E. Platero-Prats, M. Revés, J. Echeverría, E. Cremades, F. Barragán and S. Alvarez, *Dalton Trans.*, 2832(2008)；(b) A. Bondi, *J. Phys. Chem.*, **68**, 441 (1964).
13) (a) H. Dodziuk, ed., Strained Hydrocarbons, Wiley-VCH, Weinheim (2009)；(b) K. B. Wiberg, *Angew. Chem. Int. Ed. Engl.*, **25**, 312 (1986).
14) (a) 日本化学会編, 第5版実験化学講座, 12. 計算化学, 3章, 丸善 (2004)；(b) ブルケルト, アリンジャー著, 大沢映二, 竹内敬人訳, 分子力学, 啓学出版 (1986)；(c) N. L. Allinger, Molecular Structure：Understanding Steric and Electronic Effects from Molecular Mechanics, Wiley, Hoboken (2010).
15) M.-F. Cheng and W.-K. Li, *J. Phys. Chem. A*, **107**, 5492 (2003).
16) S. Liedle, H. Oberhammer and N. L. Allinger, *J. Mol. Struct.*, **317**, 69 (1994).
17) S. Bhargava, J. Hou, M. Parvez and T. S. Sorensen, *J. Am. Chem. Soc.*, **127**, 3704 (2005).
18) K. B. Wiberg, *J. Org. Chem.*, **2003**, 68, 9322.
19) (a) R. W. Hoffmann, *Chem. Rev.*, **89**, 1841(1989)；(b) R. W. Hoffmann, M. Stahl, U.

Schopfer and G. Frenking, *Chem. Eur. J.*, **4**, 559 (1988).
20) N. S. Isaacs, Physical Organic Chemistry, Longman, Essex (1987), p. 285.
21) M.-F. Cheng and W.-K. Li, *J. Phys. Chem. A*, **107**, 5492 (2003).
22) B. Kahr, D. Van Engen and K. Mislow, *J. Am. Chem. Soc.*, **108**, 8305 (1986).
23) (a) 西尾元宏, 有機化学のための分子間力入門, 講談社サイエンティフィク (2000); (b) 菅原　正, 木村榮一編, 菅原　正, 村田　滋, 堀　顕子執筆, 超分子の化学, 裳華房 (2013); (c) G. Desiraju and T. Steiner, The Weak Hydrogen Bond in Structural Chemistry and Biology, Oxford University Press, Oxford (1999).
24) G. A. Jeffrey, An Introduction to Hydrogen Bonding, Oxford University Press, New York (1997).
25) I. Alkorta, I. Rozas and J. Elguero, *Chem. Soc. Rev.*, **27**, 163 (1988).
26) M. Nishio, M. Hirota and Y. Umezawa, The CH/π Interaction: Evidence, Nature, and Consequences, Wiley-VCH, New York (1998).
27) (a) C. R. Martinez and B. L. Iverson, *Chem. Sci.*, **3**, 2191 (2012); (b) M. O. Sinnokrot and C. D. Sherrill, *J. Phys. Chem. A*, **110**, 10656 (2006).
28) (a) D. A. Dougherty, *Acc. Chem. Res.*, **46**, 885 (2013); (b) A. S. Mahadevi and G. N. Sastry, *Chem. Rev.*, **113**, 2100 (2013).
29) 伊藤　攻, 電子移動（化学の要点シリーズ5）, 共立出版 (2013).

2
立 体 化 学

　大部分の有機分子は三次元の構造をもち，その構造に応じて特徴的な性質を示す．三次元な視点を考慮に入れて，分子の構造あるいは構造と化学的・物理的性質の関連を調べる分野は「立体化学（stereochemistry）」とよばれ，有機化学のみならず分子（高分子を含む）または分子集合体を扱うすべての領域において重要な概念である．分子の三次元の構造は分子を構成する原子の配置によって決まり，原子の結合順が同じであるが原子の三次元的配置が異なる異性体は立体異性体（stereoisomer）とよばれる．すなわち，立体異性体の立体構造を決定し，物性や反応性との関連性を調べていくのが立体化学研究の方法論である．

　有機分子が三次元になるために最も重要な幾何学的要因は，sp^3混成の四面体形炭素である．したがって，1874年にvan't HoffとLe Belによって独立に提案された「炭素四面体説」が立体化学の出発点といえる[1]．この説により，1848年にPasteurによって発見されていた旋光性の符号だけが異なる酒石酸の異性体は，実像と鏡像の関係にある立体異性体であることが合理的に理解された．それ以降，実験法や理論の発展に伴い立体化学の分野は進歩を続け，現在においても重要な研究分野として注目されている．本章では，分子の対称性と立体異性の二つの立場から立体化学の基本事項を，最近の研究例も交えながら解説する．

　多くの一般的な有機化学の教科書では，独立した章として立体化学の基礎が解説されている．立体化学の分野の総合的な参考書として，Elielらによる"Stereochemistry of Organic Compounds"がある[2a]．シリーズ出版物である"Topics in Stereochemistry"では，立体化学に関連した分野の総説がまとめられている．その他の教科書および参考書を章末に紹介する[2]．立体化学の分野では，用語や記号の定義，構造式の表記の取り決めが重要であり，本章では基本的にIUPACの推奨を採用する[3]．

2.1　立体化学の基礎

2.1.1　立体異性体の分類

　同じ分子式をもち異なる性質をもつ異性体は，構成する原子の結合順が同じで

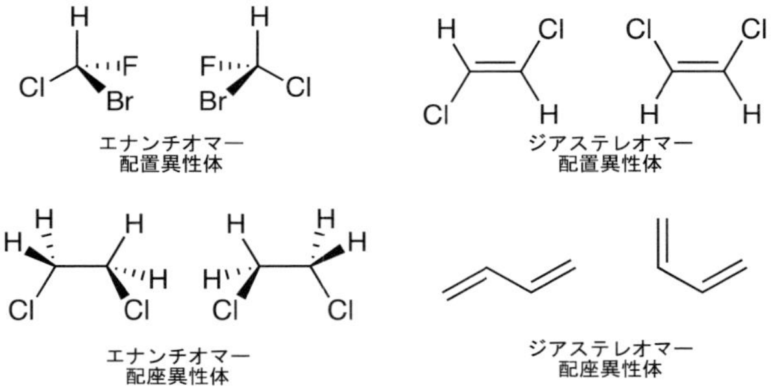

図 2.1 さまざまな立体異性体

ある立体異性体とそうでない構造異性体に分類できる．本章で主に扱うのは立体異性体であり，立体異性体が存在することまたは立体異性体の関係を立体異性（stereoisomerism）という．立体異性体は以下の二つの基準にしたがって，さらに分類される．

　最初の分類は分子の幾何学的性質に基づくものである．立体異性体のうち，たがいに鏡像関係であり重ね合わすことのできないものはエナンチオマー（enantiomer）とよばれる（鏡像異性体ともよばれるが，本書ではエナンチオマーの用語を用いる）．1組のエナンチオマーでは，分子を構成する原子間の距離はすべて同じであるが，三次元的な配置が異なる．立体異性体のうち，たがいに鏡像関係ではない（すなわちエナンチオマーではない）ものはジアステレオマー（diasteromer）とよばれる．1組のジアステレオマーでは，分子を構成する原子間の距離はすべてが同じではない．この定義によると，立体異性体はエナンチオマーかジアステレオマーのどちらかに必ず分類される．旋光性などを除いて，エナンチオマーはまったく同じ性質を示すのに対し，ジアステレオマーは異なる性質を示す．エナンチオマーおよびジアステレオマーの立体異性を，それぞれエナンチオ異性（enantiomerism）およびジアステレオ異性（diastereomerism）という．

　もう一つの分類は，立体異性体間の変換方法によるものである．単結合の回転だけによってたがいに変換可能な立体異性は立体配座（conformation），立体配座によらない立体異性は立体配置（configuration）と定義される．これらに対応して，立体配座が異なる立体異性体は配座異性体（conformational isomer, conformer），立体配置が異なる立体異性体は配置異性体（configurational isomer）とよばれる．すなわち，配座異性体は単結合の回転によってたがいに変換できるが，配置異性体はそうではなく変換するためには結合の切断と形成が必要である．

　上記2種類の立体異性は別の基準に基づくので，エナンチオマーまたはジアステレオマー，配座異性体または配置異性体のすべての組み合わせが可能である．図2.1に

例を示す．

2.1.2 立体構造の表示

三次元の分子構造を紙面に表示するためには，一定の取り決めが必要である．従来からくさびを用いた立体構造表示が普及しているが，くさびの使い方は必ずしも統一されていなかった．このような状況で，IUPAC は 2006 年に，標準的な立体化学表示法を発表した[3b]．前述したように（1.1.1 項参照），紙面内にある結合（または立体化学に関係しない結合）は実線（——），紙面内の中心原子から手前に伸びる結合は実線のくさび（◤），奥に伸びる結合は破線のくさび（⋯⋯）で示す．破線（----），太線（■■），ハッシュ線（ⅠⅠⅠⅠⅠ）の使用は勧められていない．立体化学が明確でないことを示す必要があるとき，波線（～）を使うことがある．

四面体形炭素の表示を図 2.2 に示す．炭素から伸びる四つの結合のうち，二つを平面内に置き，残りの二つを手前と奥へのくさびを用いて表示する方法 A が最も一般的である．四つの結合のうち三つを平面内に近い方向に伸びるようにおき，残りの一つを手前または奥へのくさびを用いて表示することもできる（B, C）．許容できる表示の一つとして，四面体形炭素からの四つの結合が十字に見える方向に置き，手前への二つの結合を実線のくさびで，奥への二つの結合を破線のくさびで示すことができる．D のように左右の結合が手前に，上下の結合が奥に向かうように見た図をすべて実線で示したのが Fischer 投影式（Fischer projection）である．Fischer 投影式は糖類の立体配置を表示するときによく用いられ，複数のキラル中心があるときは，炭素主鎖を上下に置き，主鎖の末端基のうち酸化状態の高い炭素を上に置くように示す．

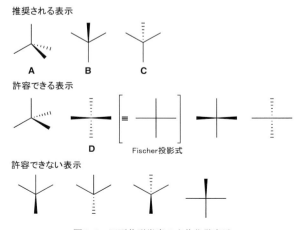

図 2.2　四面体形炭素の立体化学表示

図2.2には許容できない表示例も示す．重要なことは，誰がみても容易に間違いなく立体化学がわかる立体構造式を書くことである．

この他に，非環状分子に使われるジグザグ投影式（zig-zag projection），立体配座の表示に使われるNewman投影式（Newman projection）などがあり，以降必要に応じて用いる（2.3.1項参照）．

化合物名中に立体異性体の絶対配置および相対配置を表示するために，立体化学表示記号（stereodescriptor）が用いられる．命名するときは化合物名の前に立体化学表示記号をつけて立体化学を表示する．

2.1.3 キラリティー

分子の三次元的な構造を議論するときに，重要な二つの概念がある．一つは分子の対称性に基づくキラリティー（chirality）である．もう一つは立体異性を生じる構造的性質であり，ステレオジェネシティー（stereogenicity）とよばれる．この二つは異なる概念に基づくので，両者の違いをはっきりと意識しておくべきである．本節では，キラリティーについて述べる．

キラリティーは実像と鏡像を重ね合わすことができない幾何学的性質であり，この性質をもつかどうかは物体の対称性によって決まる．キラリティーの性質もつ物体はキラル（chiral）である．エナンチオマーをもつ分子は必ずキラルである．一方，キラリティーの性質をもたない物体，すなわち実像と鏡像を重ね合わすことができる物体はアキラル（achiral）である．

分子の対称性を点群（point group）の理論に基づいて分類すると，キラルかアキラルかを確実に判定することができる．点群を分類するための対称操作には以下の4種類がある．

・回転（rotation）： 回転軸の回りに（360/n）°回転操作をしたとき，もとの形と同一になる性質．C_nの記号で表示．

・鏡映（reflection）： 対称面に対して鏡映操作をしたとき，もとの形と同一になる性質．σの記号で表示．

・反転（inversion）： 対称心に対して反転操作をしたとき，もとの形と同一になる性質．iの記号で表示．

・回映（rotation-reflection）： 回転軸の回りに（360/n）°回転操作を，さらにその軸に直交する平面で鏡映操作をしたとき，もとの形と同一になる性質．この回転軸を回映軸という．S_nの記号で表示．

ここで，回転軸，対称面，対称心，回映軸のことを対称要素（symmetry element）という．鏡映と反転はそれぞれS_1とS_2と等価であり回映操作に含まれるので，対称操作は回転と回映の二つに大別できる．幾何学的には，回映（鏡映と反転を含む）の

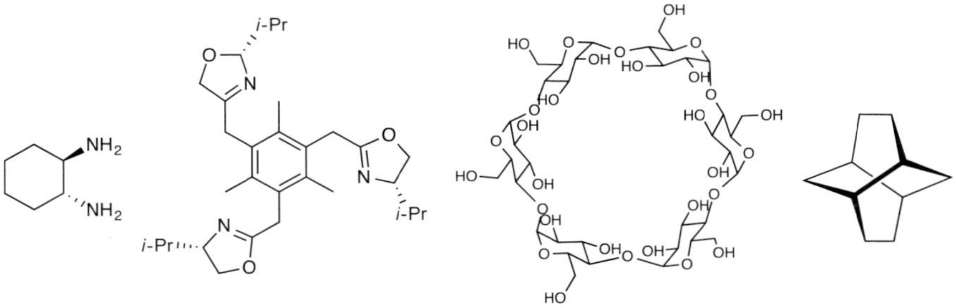

1 (C_2) $C_2 \times 1$ **2** (C_3) $C_3 \times 1$ **3** (C_6) $C_6 \times 1$ **4** (D_2) $C_2 \times 3$

図 2.3 回転軸をもつキラルな分子（カッコ内は点群の表示記号）

対称要素をもてば，その物体はアキラルである．したがって，キラルな物体は，すべての対称要素をもたないか，回転軸（C_n, $n>2$）だけをもつかのどちらかである．物体がもつ対称要素の組合せによって，その対称性を点群で表示することができる．点群の分類法は本書の範囲外とし，必要に応じて参考書を参照してほしい[4]．代表的なキラルな点群には，C_1（対称要素なし），C_n（C_n 軸のみ），D_n（C_n 軸と C_2 軸のみ）がある．

回転軸をもつキラルな分子の例を図2.3に示す．シクロヘキサン誘導体**1**は C_2 軸を一つ，キラル中心を含むオキサゾリンをもつベンゼン誘導体**2**は C_3 軸を一つもつ．六つの D-グルコースが環状に連結したシクロデキストリン**3**は C_6 軸を一つもつ．ツイスタンとよばれる三環式化合物**4**は，分子中に互いに直交する3本の C_2 軸をもち，やはりこれもキラルである．

分子の構造的な観点から，構造がキラルであるときキラル要素（chirality element）が存在する．キラル要素になることができるのは点，線，面であり，それぞれキラル中心（chirality center），キラル軸（chirality axis），キラル面（chirality plane）とよぶ．

ある原子にいくつかの置換基が結合してキラルな空間配列をつくるとき，その原子はキラル中心である．典型的な例は，四つの異なる置換基が結合した四面体形炭素であり，キラル中心が炭素原子である場合，キラル炭素（chiral carbon）とよぶことがある[*1]．炭素以外の元素，たとえば窒素やリンもキラル中心になることができる．ある軸の回りにいくつかの置換基が結合してキラルな空間配列をつくるとき，その軸はキラル軸である．アレンはキラル軸をもつことができる代表的な構造である．ある面に対して面外に向いた置換基を導入し，キラルな空間配列をつくるとき，その面はキラル面とよばれる．シクロファンはキラル面をもつことができる代表的な構造である．

[*1] このような炭素は不斉炭素（asymmetric carbon）ともよばれる．厳密には，「不斉」は対称要素をもたない C_1 対称のことを意味するので，回転軸だけをもつキラルな分子の場合も考慮して，ここではキラル中心の用語を用いる．

このようなキラル要素をもつ立体異性体の例と命名法は 2.2.3 項で解説する．

2.1.4 旋　光　性

キラルな構造をもつ化合物には 1 組のエナンチオマーが存在し，ほとんどの物理的・化学的性質（融点，沸点など）はまったく同じであるが，直線偏光を回転させる性質すなわち旋光性（optical rotation）または光学活性（optical activity）だけは異なる[5]．旋光性は旋光計を用いて，溶液または液体の状態で測定する．直線偏光が試料を通過したとき，回転する角度のことを旋光角 α とよぶ．このとき，右回りの旋光性を示す性質を右旋性（dextrorotatory）とよび，左回りの旋光性を示す性質を左旋性（levorotatory）とよぶ．命名法などでは，右旋性と左旋性はそれぞれ（＋）と（－）の記号で示す．旋光角は条件によって変化するので，セル長 10 cm あたり試料 1 g/溶液 100 cm^3 の濃度で標準化した比旋光度 $[\alpha]$（specific rotation）がエナンチオマー固有の値として用いられる．比旋光度には，温度，光の波長，濃度および溶媒の種類も付記される．1 組の純粋なエナンチオマーの比旋光度は，絶対値が同じで符号が異なる．このような性質から，エナンチオマーは光学異性体（optical isomer）とよばれていたが，現在では推奨されていない用語である．

円二色性（CD）スペクトル（circular dichroism（CD）spectrum）も，エナンチオマーの性質を調べるためによく用いられている[6]．この測定法では円偏光を用い，右円偏光と左円偏光が試料を通過したときの屈折率の違いを検出する．実際のスペクトルでは，モル楕円率 θ またはモル円二色性 $\Delta\varepsilon$ が光の波長に対してプロットされる．旋光性が単一あるいはいくつかの固定の波長で測定するのに対し，CD スペクトルは紫外可視吸収スペクトルが観測される広い波長範囲で測定できるので，より多くの情報を提供する．比旋光度の絶対値がゼロか非常に小さい場合も，CD スペクトルはエナンチオマーの確認に有効である．CD スペクトルは分子中の原子の三次元的な配列に依存するので，理論的および経験的な方法に基づき，絶対配置を予測するために用いることができる（2.6.3 項参照）．

2.1.5 ステレオジェネシティー

分子が立体異性体をもつためには特定の構造的な性質をもつ必要があり，このような性質をステレオジェネシティー（形容詞はステレオジェニック）とよぶ[7]．立体異性を生じる原因となる分子内の部分構造がステレオジェン単位（stereogenic unit）であり，その部分構造が中心，軸，面の場合それぞれステレオジェン中心，ステレオジェン軸，ステレオジェン面とよぶ．代表的なステレオジェネシティーの形式を図 2.4 に示す．

第 1 の形式は，中心原子にいくつかのリガンドが結合しているとき，二つのリガン

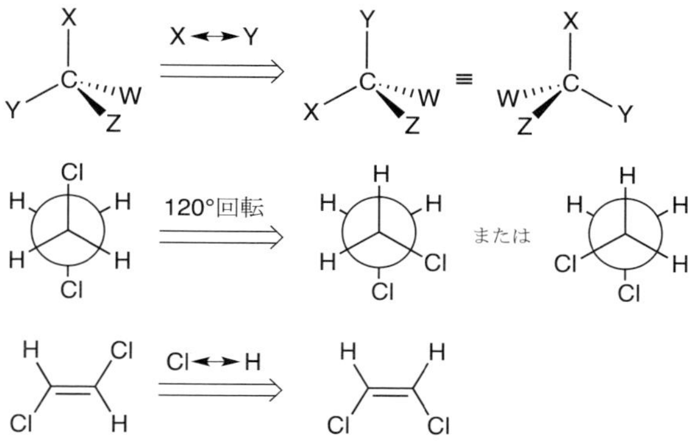

図 2.4　さまざまなステレオジェネシティー

ドを入れ替えたときに立体異性体になる場合である．この中心原子はステレオジェン中心である．典型的な例は四つの異なるリガンドが結合した四面体形炭素であり，上記の入れ替えの操作を行うともとの分子はそのエナンチオマーになる．

　第2の形式は，結合軸の回転により立体異性体が生じる場合である．たとえば，1,2-ジクロエタンの *ap* 配座（命名法2.3.1項参照）中のC–C結合を120°回転すると，+*sc*（または–*sc*）配座になる．*ap* 配座と +*sc* 配座はたがいに立体異性体（ジアステレオマー）である．このとき，回転したC–C結合を含む軸はステレオジェン軸である．

　最後の形式は，シス-トランス異性を生じるような置換基をもつ二重結合を含む構造単位である．*trans*-1,2-ジクロロエテンにおいて，一方のアルケン炭素に結合した水素と塩素を入れ替えると *cis* 体になる．*trans* 体と *cis* 体はたがいに立体異性体（ジアステレオマー）である．したがって，このアルケンの二つの炭素原子はどちらもステレオジェン中心である．

　上記の例からわかるように，ステレオジェネシティーは立体異性を生じるための構造的性質であり，それにより生じる立体異性体は必ずしもキラルであるとは限らない．

2.2　立体配置

2.2.1　絶対配置と相対配置

　立体配置を考える場合，絶対配置（absolute configuration）と相対配置（relative configuration）の区別を明確にしておく必要がある．絶対配置は，キラルな分子における原子の三次元的な配列を意味する．したがって，絶対配置は鏡映操作により変化し，エナンチオマーを区別するための立体配置である．これに対して，相対配置は複数のステレオジェン中心（または軸，面）をもつ分子に適用し，あるステレオジェン

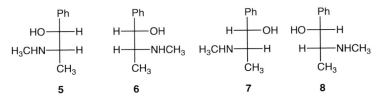

図 2.5 エフェドリンの立体異性体（Fischer 投影式）

中心に対する他のステレオジェン中心の相対的な立体配置を意味する．したがって，相対配置は鏡映操作に対して不変であり，ジアステレオマーを区別するための立体配置である．

具体例として，2-(メチルアミノ)-1-フェニル-1-プロパノール（エフェドリン）の立体異性体を考える（図2.5）．この化合物はキラル中心を2個もち，合計4種類の立体異性体が存在する．5 と 6（または 7 と 8）はたがいにエナンチオマーであり，相対配置は同じであるが絶対配置は異なる．それ以外の組み合わせ（5 と 7，5 と 8，6 と 7，6 と 8）はたがいにジアステレオマーであり，相対配置が異なる．

2.2.2 立体配置の表示法

実験的に初めて絶対配置が決定されたのは1951年である．Bijvoet らは酒石酸のナトリウムルビジウム塩のX線回折実験を行い，異常分散効果から絶対配置の決定に成功した（図2.6）[8]．それ以前は基準化合物の立体配置に基づいて任意に絶対配置が表示されていたが，この成果によって分子中の原子の三次元な配置が確定したので，一般的な絶対配置表示法が必要となった．本節では，Bijvoet 以前から使われていた古典的な表示法を概説したのち，現在広く用いられている *RS* 表示法について述べる．

a. DL 表示法

糖類の立体配置の研究に基づいて，Fischer および Rosanoff により D と L（小型大文字）の記号を用いた DL 表示法（Fischer-Rosanoff 表示法ともよばれる）が提案された．グリセルアルデヒド（2,3-ジヒドロキシプロパナール）の立体配置を基準とし，(+) 体および (−) 体はそれぞれ Fischer 投影式 9 および 10 の立体配置をもつと任意に仮定した（図2.7）．炭素鎖を上下にならべかつ酸化状態の高いホルミル基を

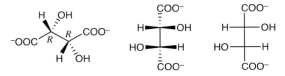

図 2.6 X線異常分散効果により決定された (+)-酒石酸塩の絶対配置（金属イオンは省略）

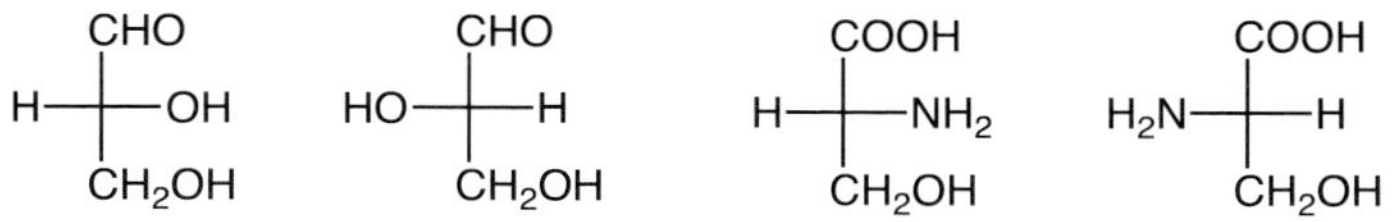

```
    CHO              CHO             COOH            COOH
H ──┼── OH      HO ──┼── H      H ──┼── NH₂     H₂N ──┼── H
    CH₂OH            CH₂OH           CH₂OH           CH₂OH

    9   D            10  L           11  D           12  L
```

図2.7　グリセルアルデヒドとセリンのエナンチオマー

上側に置いたとき，キラル中心に結合した OH が右側にある場合は D，左側にある場合は L と表示する．この表示法は他の糖類にも適用され，アルドースでは CHO 基から最も遠いキラル中心について上記の規則を適用する．α-アミノ酸でも DL 表示法は用いられ，基準となるのはセリン (11, 12) である．COOH を Fischer 投影式の上側に置いたとき，NH$_2$ が右側にある場合は D，左側にある場合は L と表示する．天然に存在するほとんどの糖類は D 体，アミノ酸は L 体である．この表示法は，糖類とアミノ酸の絶対配置を表示するために現在でも使われている．

b. *RS* 表示法

キラル中心の立体配置を表示するために現在幅広く使われている *RS* 表示法 (*RS* system) は Cahn, Ingold, Prelog により考案された[9]．二つの手続きからなり，まずキラル中心に結合した四つの置換基に優先順位をつけ，続いてそれらの三次元的配置を *R* または *S* の記号で表示する．優先順位をつける規則は考案者の名前にちなんで，CIP 順位則 (CIP priority rule) ともよばれる．すべての置換基の優先順位が決まるまで，以下の規則を 1 から順番に適用する．

　規則 1．原子番号：結合した原子の原子番号が大きいものが優先する（必要があれば，非共有電子対は原子番号 0 とみなす）．まず，直接結合している原子の原子番号を比較する．それで順位が決まらない場合，その先に結合した原子で比較する．以降，順位が決まるまでその先に結合している原子に進む．

　規則 2．同位体：原子番号が同じで質量数が異なる場合，質量数が大きい原子が優先する．

　規則 3．立体化学（ジアステレオ異性（シス-トランス異性））：アルケン置換基の *EZ* だけが異なる場合，*Z* は *E* に優先する．また，環状化合物の *cis/trans* だけが異なる場合，*cis* は *trans* に優先する．

　規則 4．立体化学（ジアステレオ異性）：キラル中心を 2 個含む置換基において相対配置だけが異なる場合，*R,R*（または *S,S*）は *R,S*（または *S,R*）に優先する．

　規則 5．立体化学（エナンチオ異性）：置換基の *RS* だけが異なる場合，*R* は *S* に優先する．

　上記の規則を適用するときの二重結合および三重結合をもつ置換基の取り扱いにつ

いて補足する．二重結合の場合，一つの二重結合を二つの単結合とみなす．すなわち C=O の場合，C には二つの O がそれぞれ単結合で結合し，O には二つの C がそれぞれ単結合で結合しているとみなす．このとき仮に置いた原子はレプリカ原子（replica atom）とよばれ，その先には何も結合していないものとする．三重結合の場合，一つの三重結合を三つの単結合とみなす．

このようにして四つの置換基に優先順位 1, 2, 3, 4（1 が最も高く，4 が最も低い）をつけ，4 をキラル中心の奥に置いたとき，1→2→3 が時計回りであれば R，反時計回りであれば S とする．

命名法で絶対配置を表示する場合，(S)-2-ブタノールのように，RS の記号をカッコで囲み化合物名の前につける．複数のキラル中心をもつ場合は，命名法における位置番号ごとに RS を表示する．たとえば，図 2.5 の化合物 **5** は $(1R,2S)$-2-(メチルアミノ)-1-フェニル-1-プロパノール，図 2.6 の酒石酸塩は $(2R,3R)$ となる．

キラル中心以外のキラル要素をもつ分子については，追加または独自の規則により RS 表示が行われる．以下に，キラル要素ごとに絶対配置の表示の具体例を示す．

2.2.3　さまざまなキラル化合物
a.　キラル中心をもつ化合物

キラル中心としては四面体形炭素が最も一般的である．キラル炭素に結合した四つの置換基に優先順位をつけ，上記の手続きで RS を決める．ほとんどの場合，規則 1 すなわち原子番号の大小により優先順位が決まる．ここでは，規則 2 以下を適用する例だけをいくつか示す（図 2.8）．1 位の炭素に結合した水素の一つが重水素（^{2}H または D）である $(1$-^{2}H$)$-エタノール（**13**）では，1 位の炭素がキラル中心である．規則 2 を用いると D が H に優先するので，**13** の絶対配置は R となる．**14** では，キラル中心に E と Z の 1-プロペニル基が一つずつ置換している．規則 3 を適用すると Z が E に優先するため，絶対配置は R となる．四面体形の結合様式をもつ他の原子，たとえばケイ素，アンモニウム塩の窒素，ホスフィンオキシドのリンなどのキラル中心についても同様な方法で RS を表示する．

四面体形の中心原子 X がキラル中心になるためには，必ずしも四つの置換基がすべて異なる X$abcd$ 型（X は中心原子，a–d は X に結合した置換基）化合物である必

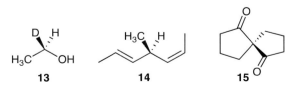

図 2.8　キラル中心をもつ化合物

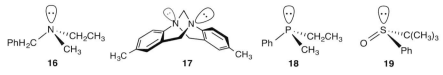

図 2.9 三角錐形のキラル中心をもつ化合物

要はない．構造的に分子が回映軸をもたなくなると，X はキラル中心になることがある．このような例として，2 種類の置換基が二つずつ結合した Xaabb 型のスピロ化合物（2.4.2 項参照）がある．化合物 15 の分子は C_2 軸を一つもつが，対称面はもたないのでキラルである．二つの環状部分は構造的に同じであるので，優先順位を決めるためには追加の規則が必要である．まず，優先順位の高いカルボニル炭素のどちらか一方を 1 とし他方を 2 とする．次に，中心炭素に結合した二つのメチレン炭素に優先順位をつけるが，このとき 1 に選んだカルボニル炭素と同じ環内にある方を 3 とし，そうでない方を 4 とする．したがって，スピロ化合物 15 の絶対配置は R となる．

中心原子が 3 価で非平面のとき分子は三角錐形となり，中心原子はキラル中心になることができる．このとき，中心原子上にある非共有電子対を 4 番目の置換基とみなせば，四面体形の原子の場合と考え方は同じである．置換基の順位をつけるとき，非共有電子対は原子番号 0 の置換基とする．典型的な例は，三つの異なる置換基をもつアミン類である（図 2.9）．たとえば，ベンジルアミン誘導体 16 は非共有電子対の優先順位が最も低いので，絶対配置は S となる．一般に，非環状のアミンは平面形の構造を経由して非常に速く反転しラセミ化するので，エナンチオマーを分割することはできない．しかし，Tröger 塩基とよばれる環状アミン 17 では環構造の制約により反転ができないため，エナンチオマーを分割することが可能である．この構造中では二つの窒素原子はともにキラル中心であり，絶対配置は S,S である．ホスフィンやスルホキシドも三角錐形構造をもち，反転は非常に遅いことが知られている．ジアルキルフェニルホスフィン 18（図は S 体）とアルキルフェニルスルホキシド 19（図は R 体）はいずれもエナンチオマーが単離されている．

b. キラル軸をもつ化合物

分子中の軸の周辺に置換基が三次元的に配列することによりキラルになる場合，その軸はキラル軸である．キラル軸をもつ化合物として，アレンとビアリールについて説明する．

アレン（allene）は二つの二重結合が連続した化合物で，両端の sp^2 混成炭素のつくる平面はたがいに直交している（図 2.10）．各 sp^2 混成炭素に結合した二つの置換基が異なる場合（abC=C=Cxy, a≠b, x≠y），分子はキラルになる．置換基 ab と xy は同じ組み合わせでもよく，このとき abC=C=Cab 型のアレンは C_2 軸をもつ．キ

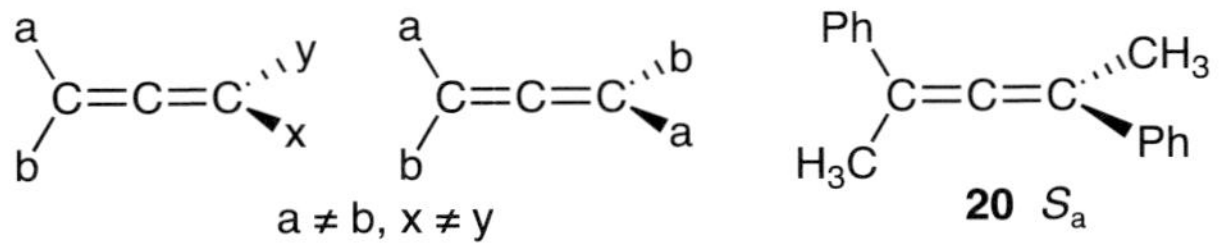

図 2.10 キラルなアレン誘導体

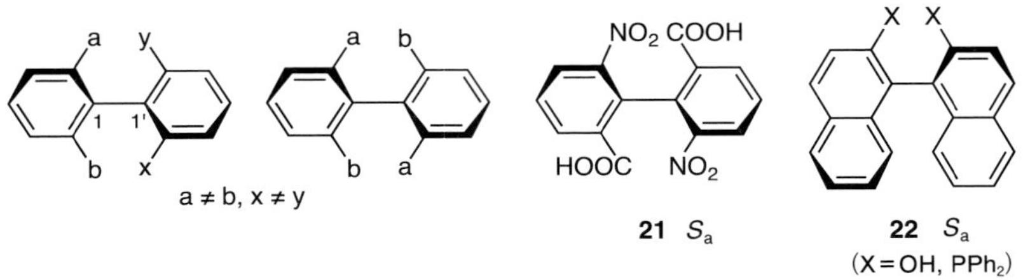

図 2.11 キラルなビアリール誘導体

ラル軸をもつ化合物の絶対配置を表示するために，規則1より上位にある規則0「近い置換基は遠い置換基に優先する」を導入する．まず，キラル軸に直結した四つの置換基を選び，それを結んだ伸びた四面体を考える．化合物 20 の場合，二つのフェニル基と二つのメチル基を結ぶ四面体において，優先順位の高いフェニル基の一方を任意に選び1とする．ここで規則0を適用し，軸の同じ側にある近いメチル基を2とする．残ったフェニル基とメチル基はふつうの規則に従い順位をつける．この手続きにより，20 の絶対配置は S_a となる．ここで，下付きのa（axisの頭文字）はキラル軸の絶対配置であることを意味する．

キラル軸をもつビアリール誘導体は厳密にいえば配座異性体であるが，ここで説明する．ビフェニル（biphenyl）のオルト位に置換基を導入すると，二つのフェニル基がC-C結合の軸に対してねじれた構造が安定になる．一方のフェニル基にaとb（a≠b）の置換基を，他方のフェニル基にxとy（x≠y）の置換基を導入すると分子はキラルになり，二つのフェニル基を連結するC1-C1′結合がキラル軸となる（図2.11）. abとxyの組合せは同じでもよい．化合物 21 は各フェニル基のオルト位にニトロ基とカルボキシ基をもち，ねじれた構造はキラルな C_2 対称である．アレンの場合と同様に規則0を適用して優先順位をつけると，21 の絶対配置は S となる．この化合物において，一方のフェニル基に対して他方のフェニル基を180°回転すると，絶対配置は R になる．しかし，二つのフェニル基が同一平面になる構造はオルト置換基間の立体障害により不安定化されるため，このようなエナンチオマー間の変換（ラセミ化）は非常に起こりにくい．エナンチオマーが分割されているビアリール誘導体の多くは，すべてのオルト位に置換基をもつ．このように，単結合の回転が遅くなることにより単離できる配座異性体のことをアトロプ異性体（atropisomer）とよぶ[10]．

フェニル基以外のアリール基をもつキラルなビアリール誘導体も知られている．実用的に広く利用されているのは2,2′-置換1,1′-ビナフチル誘導体 **22** である．置換基 X = OH の 1,1′-ビ（2-ナフトール）はキラル補助剤として，X = PPh$_2$ のホスフィン二座配位子は BINAP ともよばれ，金属触媒を用いたエナンチオ選択的反応のキラル配位子として使用されている．

c. らせん構造をもつ化合物

ある軸に沿ってその周囲を回転しながら進むような形状をもつ，らせん形化合物が知られている．らせんの巻き方には右巻きと左巻きがあり，これらは互いに鏡像の関係にある．したがって，らせん状の構造をもつ分子には巻き方の違いによりエナンチオマーが存在する．らせん軸をキラル軸とみなすこともできる．

代表的ならせん形化合物はヘリセン（helicene）である[11]．ヘリセンはベンゼン環がらせん構造をもつように連続的に縮合した化合物の総称であり，ベンゼン環が n 個の場合 [n]ヘリセンとよぶ．n が 5 より大きくなると両端のベンゼン環の立体障害が大きくなり，分子はもはや平面構造をとれなくなる．化合物 **23** は [6]ヘリセンであり，らせんの軸を手前から奥に進むとき，ベンゼン環の骨格は右巻きまたは左巻きになる（図 2.12）．らせん構造をもつ化合物の絶対配置は *PM* の記号で表示し，右巻きは *P*（プラス），左巻きは *M*（マイナス）とする．[6]ヘリセンでは立体障害が非常に大きいため，平面に近い構造を経由した *M* と *P* 体の間の交換すなわちラセミ化は非常に起こりにくい（障壁 155 kJ mol^{-1}）．エナンチオマーの比旋光度の絶対値は非常に大きく，*M* と *P* 体の値はそれぞれ [α]$_D$ −3640, +3640 である．さらに多くの芳香環が縮環したヘリセンについては，5.1.5項 c で紹介する．

d. キラル面をもつ化合物

キラル面をもつ化合物は，芳香環などの平面的な部分構造とその平面を面外で連結する架橋部からなる．代表的な例は，*trans*-シクロオクテン（**24**）とパラシクロファン誘導体 **25** である（図 2.13）．前者では，炭素六つのメチレン鎖がアルケンのトランス位を環状に連結している．この鎖はアルケンの面のどちらか一方にあり，構造的

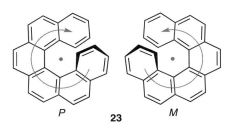

図 2.12 ［6］ヘリセンのエナンチオマー
図中の点は紙面に対して垂直ならせん軸を示す．

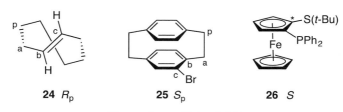

図 2.13 キラル面をもつ化合物

に反対側の面に移動することはできない．このようなキラル面をもつ化合物の絶対配置を表示するために，独自の規則を用いる．まず，キラル面内の原子に直接結合した面外の原子のうち最も優先順位の高いものを選び（ここでは二つの候補があるがどちらでもよい），パイロット原子 p とする．次に，パイロット原子に結合した面内の原子 a から出発して，優先順位の高い方に沿って面内の三つの原子（a, b, c）を選ぶ．パイロット原子からキラル面を見たとき，a→b→c が時計回りであれば R，反時計回りであれば S とする．この規則に従うと，*trans*-シクロオクテン（**24**）の絶対配置は R_p となる．ここで，下付きの p（plane の頭文字）はキラル面の絶対配置であることを意味する．

シクロファン誘導体のうち，化合物 **25** は二つのベンゼン環のパラ位を二つのエチレン鎖で連結した［2.2］パラシクロファンである[12]．置換基をもつベンゼン環を含む面がキラル面であり，他方のベンゼン環を含む架橋がキラル面の一方の面に固定されている．上記の手順により，**25** の絶対配置は S_p と表示することができる[*2]．

芳香環やアルケン配位子をもつ有機金属化合物にもキラル面をもつものがある．フェロセンでは，一方のシクロペンタジエニル（Cp）配位子に二つの異なる置換基を導入すると構造がキラルになる．化合物 **26** はキラル配位子として利用されているフェロセン誘導体の例である．この場合，鉄原子が Cp 配位子のすべての炭素原子に単結合しているとみなし，優先順位の高いアルキルチオ基が結合した炭素のキラル中心に注目すると，絶対配置は S となる[*3]．

[*2] 有機化学命名法 2013 勧告では，キラル面の立体配置をらせん構造に基づいて表示する方法が推奨されている．右図のように，a-b-x で規定されたキラル面と，キラル面内にある x-y の軸に結合した面外の結合 y-z を考える．x-y の軸に対して z を回転して b より優先順位の高い a に重ねるとき，方向は反時計回りになるので M となる（時計回りのときは P）．同様に **24** は P となる（H. A. Favre, W. H. Powell, Nomenclature of Organic Chemistry : IUPAC Recommendations and Preferred Names 2013, The Royal Society of Chemistry, Cambridge, 2014, Chapt. P-9）．

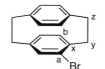

[*3] フェロセン誘導体では，古くから使われている別の表示法が現在でも使われていることがある

2.2.4 ジアステレオマー

ジアステレオマーはエナンチオマー以外の立体異性体であり，異なる相対配置をもつ．ジアステレオマーが存在する典型的な例は，分子中に複数のキラル中心（または他のキラル要素）をもつ場合である．分子中に n 個のキラル中心がある場合，各中心に対して R または S の立体配置が可能であるので，立体異性体は最大 2^n 個存在する．この中には $2^{(n-1)}$ 組のエナンチオマーが含まれるので，ジアステレオマーの数は $2^{(n-1)}$ 個である．

まず，$n=2$ の場合として 2,3,4-トリヒドロキシブタナールを考える（図 2.14）．四つの立体異性体のうち 27 と 28 はたがいにエナンチオマーであり，これらの相対配置は rel-(2R, 3R) または $(2R^*, 3R^*)$（いずれも $(2R, 3R)$ または $(2S, 3S)$ の意味）と表示する．同様に 29 と 30 の相対配置は rel-(2R, 3S) または $(2R^*, 3S^*)$ と表示する[*4]．また，化合物 27 と 28 はエリトロース，化合物 29 と 30 はトレオースの慣用名をもつ．これに由来して，Fischer 投影式で炭素鎖を上下に並べたとき，二つの置換基が同じ側にある方を *erythro*（エリトロ），反対側にある方を *threo*（トレオ）と表示することがある．

炭素鎖を左右方向に紙面内でジグザグに表示した場合，鎖中の炭素に結合した置換基は手前または奥に向かう．このとき，二つの置換基が紙面に対して同じ側にあるとき *syn*（シン），反対側にあるとき *anti*（アンチ）とよぶ．化合物 27 と 28 は *anti* 体，化合物 29 と 30 は *syn* 体である．これらの記号は，鎖状化合物の相対配置を表示するときによく使われる．Fischer 投影式とジグザグ表示で炭素主鎖の置き方が違うこ

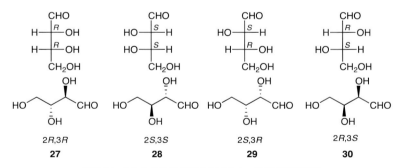

図 2.14 2,3,4-トリヒドロキシブタナールの立体異性体

(D. Marquarding, H. Klusacek, G. Gokel, P. Hoffmann and I. Ugi, *J. Am. Chem. Soc.*, **92**, 5389 (1970)). 二置換の Cp 配位子を鉄原子の反対側からみたとき，優先順位の高い置換基から低い置換基への向きが時計回りのとき R，反時計回りのとき S とする．この方法に従うと，26 の絶対配置は R となる．
[*4] 相対配置の表示では RS の記号に任意性があるが，命名の規則として R の記号が優先的に現れるようにする．

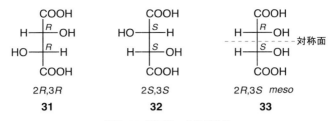

図 2.15 酒石酸の立体異性体

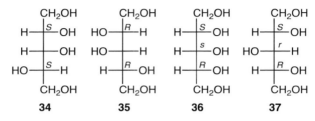

図 2.16 1,2,3,4,5-ペンタンペンタオールの立体異性体

とに注意が必要である．

　キラル中心を2個もつ化合物の構造が対称的なとき，可能な立体異性体の数は4（＝2^2）個より少なくなる．このような例として，酒石酸の3種類の立体異性体を図2.15に示す．化合物 31 と 32 はたがいにエナンチオマーであり，33 はこれらのジアステレオマーである．Fischer 投影式中に対称面が存在するため，33 はアキラルである．キラル中心が2個以上あるが，分子内に対称面があり分子がアキラルな化合物をメソ化合物（meso compound）またはメソ体（meso form）とよび，meso の記号を用いて表示する．

　化合物が最大3個のキラル中心をもち構造が対称的なとき，可能な立体異性体は4個だけである．1,2,3,4,5-ペンタンペンタオールの立体異性体を図2.16に示す．34 と 35 はたがいにエナンチオマーであり，中央の炭素原子は同一の置換基をもつのでキラル中心ではない．36 と 37 は分子内に対称面をもつため，どちらもメソ体である．これらのメソ体の3位の炭素の立体配置を表示するためには，CIP 順位則の規則5（置換基の RS だけが異なる場合，R は S に優先する）を適用する必要がある．このような中心原子のことを擬不斉中心（pseudo-asymmetric center）とよび，小文字の rs の記号を用いて立体配置を表示する．RS 表示とは異なり，擬不斉中心の rs 表示は鏡映操作に対して不変である．

2.2.5 二重結合をもつ化合物

炭素-炭素二重結合はσ結合とπ結合からなり，結合を回転させるためには方向性のあるπ結合を切断する必要がある（1.4.4項参照）．したがって，ふつうの条件では二重結合の回転は非常に起こりにくく，置換基の様式によりシス-トランス異性（*cis-trans* isomerism）が生じる[*5]．*cis*異性体（*cis* isomer）と*trans*異性体（*trans* isomer）は単結合ではなく二重結合の回転により変換可能であるので，シス-トランス異性は立体配置に分類される．

一般に，アルケン abC=Cxy において，a≠b かつ x≠y の場合 *cis* 異性体と *trans* 異性体が存在する．ここで，ab と xy の組み合わせは同じでもよい．1,2-二置換アルケンでは，二つの置換基がアルケンの同じ側にある場合が *cis*（シス），反対側にある場合が *trans*（トランス）である．三置換および四置換アルケンでは，混乱を避けるために *cis-trans* 表示ではなく *EZ* 表示法（*EZ* convention）を用いる．この表示法では，まず各アルケン炭素に置換している二つの置換基のうち，CIP順位則に従い優先順位の高いものを基準置換基とする．二つのアルケン炭素の基準置換基が，二重結合の同じ側にある場合は*Z*，反対側にある場合は*E*とする．図2.17に示すように，2-ペンテン（**38**）では *cis-trans* または *EZ* で立体配置を表示することができる．三置換アルケンである 2-クロロ-2-ブテン（**39**）では *EZ* 表示法を用い，右側のアルケン炭素ではクロロ基，左側のアルケン炭素ではメチル基が基準置換基である．

炭素以外の原子を含む二重結合でもシス-トランス異性が可能である．窒素原子を含む二重結合をもつ化合物として，オキシムとジアゼンの例を図2.17に示す．これらの化合物の立体配置も *EZ* の記号を用いて表示する．窒素上の置換基の一つは非共有電子対とみなして，基準置換基を選ぶ．アセトアルデヒドのオキシム（**40**）ではヒドロキシ基とメチル基が，アゾベンゼン（**41**）では二つのフェニル基が基準置換

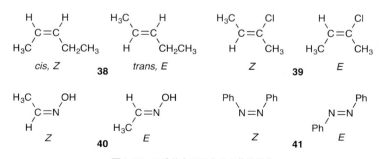

図2.17 二重結合に関する立体異性体

[*5] 幾何異性（geometric isomerism）または幾何異性体（geometric isomer）とよばれることがあるが，この用語は推奨されていない．

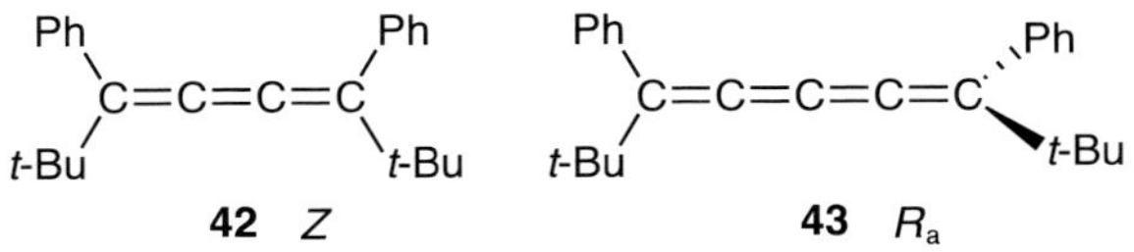

図 2.18　クムレンの立体異性体（一方の立体異性体のみ示す）

基である．

　二重結合が三つ以上連続した構造をもつ化合物はクムレン（cumulene）とよばれ，二重結合の数が奇数か偶数かによって構造的な特徴が異なる[13]．奇数の場合は，アルケンの場合と同様に，両端の sp^2 混成炭素のつくる平面は同じ面内にあり，シス-トランス異性が可能である．一方，偶数の場合は，前述したアレンの場合と同様に，両端の sp^2 混成炭素のつくる平面はたがいに直交し，キラル軸をもつことができる．このようなクムレンとして，ブタトリエン誘導体 42 のシス-トランス異性体（ジアステレオマー），ペンタテトラエン誘導体 43 のエナンチオマーが単離されている（図 2.18）．

2.3　立体配座

2.3.1　立体配座の基礎

　単結合の回転によって変換可能な三次元的な原子の配置を立体配座という．配座異性体は立体配座が異なる立体異性体であり，エネルギー極小に相当する場合に用いる．立体配座を表示するとき，一般的な立体構造式を用いることもできるが，最も効果的であるのは Newman 投影式（Newman projection）である．この投影式では，注目する単結合 X-Y を視線の方向に置き，その結合軸を中心とした円を書く．そして，近くにある原子 X から伸びる結合を円の中心から，遠くにある原子 Y から伸びる結合を円の奥にあるように示す．図 2.19 にエタンの 2 種類の立体配座を示す．44 はねじれ形配座（staggered conformation）とよばれ，手前と奥の炭素に結合した水素原子が最も離れた位置にある．45 は重なり形配座（eclipsed conformation）とよばれ，手前と奥の炭素に結合した水素原子がすべて重なっている．エタンの場合，ね

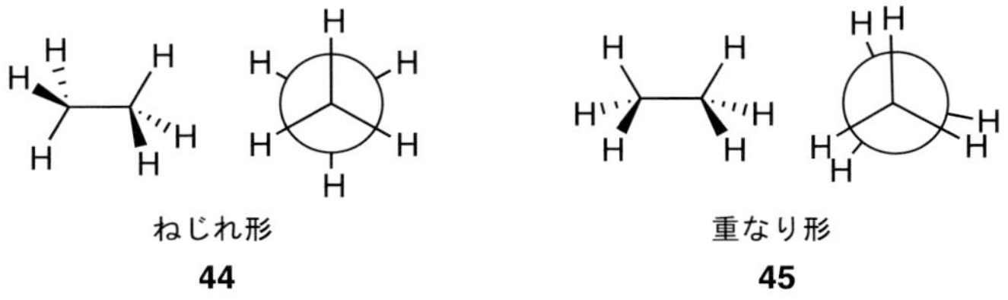

図 2.19　エタンの立体配座

2.3 立体配座

じれ形配座は重なり形配座に比べて 12 kJ mol^{-1} 安定である．このエネルギーはエタンのC-C結合の回転に必要な障壁，すなわち回転障壁（rotational barrier）に相当する．エタンにおいて回転障壁が生じる原因は，重なり形配座における隣接する二つのC-H結合間の立体反発であるとされてきたが，最近ではねじれ形配座における立体電子効果（2.3.2項参照）による安定化が支配的であると理解されている[14]．

ブタンのC2-C3結合（数字は命名の位置番号）の立体配座については，二つのメチル基の位置関係によって3種類のねじれ形配座がある（図2.20）．最も安定なのは二つのメチル基が反対側にある **46** であり，アンチ配座（anti conformation）とよばれる．他の二つの立体配座 **47** と **48** では，二つのメチル基はねじれ角60°の位置にあり，ゴーシュ配座（gauche conformation）とよばれる．この二つはたがいにエナンチオマーの関係にあり，同じ安定性をもつ．ブタンでは，アンチ配座はゴーシュ配座に比べて4 kJ mol^{-1} 安定であり，ゴーシュ配座における二つのメチル基の立体障害が不安定化の要因である．このエネルギー差と配座異性体の数を考慮すると，室温付近におけるアンチ配座とゴーシュ配座の存在比は約7:3となる．

複雑な構造をもつ化合物の立体配座を系統的に表示するために，Klyne-Prelog表示法（Klyne-Prelog system）が用いられる（図2.21）[15]．この方法では，A-B-C-Dの4原子の結合鎖について，中央のB-C結合軸におけるAとDのねじれ角の値に注目する．BとCにはふつう複数の置換基（sp^{3}混成炭素の場合，候補となる置換基はそれぞれ三つ）が結合しているので，どの置換基を基準にするかを決める必要がある．

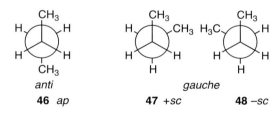

図 2.20 ブタンの配座異性体

$-30°\sim+30°: sp$ (*synperiplanar*)
$-30°\sim-90°: -sc$ (*-synclinal*) $+30°\sim+90°: +sc$ (*+synclinal*)
$-90°\sim-150°: -ac$ (*-anticlinal*) $+90°\sim+150°: +ac$ (*+anticlinal*)
$-150°\sim-180°, +150°\sim+180°: ap$ (*antiperiplanar*)

図 2.21 Klyne-Prelog表示法による立体配座の表示

以下の規則にしたがい，基準となる置換基を選ぶ．
 ①置換基が三つとも異なる場合，CIP 順位則で最も優先順位が高いもの．
 ②置換基が二つ同じでもう一つが異なる場合，その異なる置換基．
 ③置換基が三つとも同じ場合，ねじれ角が最も小さくなるもの．

基準置換基間のねじれ角 θ の値がどの範囲にあるかによって，$+(0°<\theta<+180°)/-(-180°<\theta<0°)$，syn $(0°<|\theta|<90°)/$anti $(90°<|\theta|<180°)$，periplanar $(0°<|\theta|<30°, 150°<|\theta|<180°)/$clinal $(30°<|\theta|<150°)$ の符号と記号の組み合わせで立体配座を表示する．ねじれ角の符号がとくに重要でない場合，$+sc$ と $-sc$ をまとめて sc のように表示してもよい．この方法に従うと，ブタンでは二つのメチル基が基準となり，図 2.20 のねじれ形配座 **46**〜**48** の表示はそれぞれ ap, $+sc$, $-sc$ となる．ブタンのゴーシュ配座は単に sc と表示することがある．

立体配座の変化による配座異性体間の交換は，ふつう非常に速く起こる．したがって，大部分の化合物は配座異性体の混合物として存在する．配座異性体の立体配座を同定し，存在比を決定し，さらには配座異性体間の変換の速度と機構を研究することを配座解析（conformational analysis）という[16]．分光法を用いて測定するとき，用いる電磁波の時間尺度と配座異性体間の交換速度の関係により，得られる情報が異なる．交換速度が非常に遅いときは配座異性体のスペクトルが別々に現れるのに対し，それが非常に速いときは各配座異性体の存在比で加重平均されたスペクトルが現れる．

以下，本節では鎖式アルカン，不飽和化合物および芳香族化合物の立体配座について述べる．環式アルカンの立体配座は 2.4 節で解説する．

2.3.2 鎖式アルカンの立体配座

ブタンより長い直鎖のアルカンにおいても，各 C-C 結合がすべて ap の伸びたジグザグ形の立体配座が最も安定である．炭素鎖の中に $+sc$ または $-sc$ 配座が増えるほど，ゴーシュ相互作用のために不安定になる．ペンタンでは，末端の C-C 結合を除く二つの C-C 結合の立体配座が炭素鎖の形を決める（図 2.22）．最も安定であるのは，両方とも ap の **49** である．**50** はらせん形の炭素鎖をもつキラルな立体配座である．**51** は，両端のメチル間の立体ひずみ（syn-ペンタン効果，1.5.5 項参照）のため，他

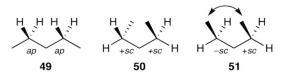

図 2.22　ペンタンの立体配座

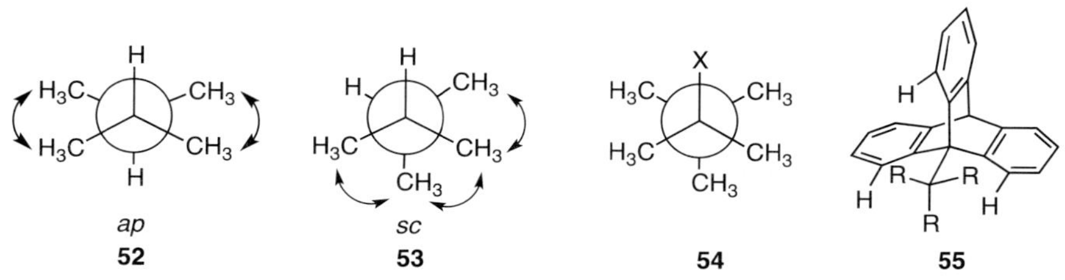

2.3 立体配座

図 2.23 置換エタン誘導体の立体配座

の配座異性体に比べて不安定である.

エタンの水素原子をアルキル基やハロゲン原子などの置換基に置き換えていくと，配座異性体の分布と回転障壁が変化する. 2,3-ジメチルブタンでは，C2-C3 結合の軸について 2 種類の配座異性体（エナンチマーを除く）が存在する（図 2.23）. メチル基間のゴーシュの相互作用は ap 体 52 では 2 組, sc 体 53 では 3 組あるが，実際には両者の安定性はほぼ同じ（存在比約 1:2）である. C2 および C3 炭素にはそれぞれ二つのメチル基が置換し, CH_3-CH-CH_3 結合の結合角が大きくなる傾向がある. したがって, ap 体ではゴーシュの位置にあるメチル基間の距離が短くなり，ゴーシュ相互作用による不安定化が増大する. 一方, sc 体はこのような不安定化をあまり受けない. これらの要因を合わせると，両配座異性体の安定性が理解できる. 2,3-ジメチルブタンが ap 体から sc 体に結合が回転するとき，メチル基どうしの重なりがあるにもかかわらず，回転障壁は 16 kJ mol^{-1} であり，エタンのものより少し高いだけである. 上記の構造の変化により, C2 と C3 に結合した置換基が同時に重ならないため, 遷移状態の不安定化がそれほど大きくならないことにより説明できる.

エタンの一方の炭素に三つ置換基が結合すると, 2,3-ジメチルブタンのような変形が起こりにくく, 回転障壁は高くなる. 化合物 54 の回転障壁は X = H:29, X = CH_3:36, X = Cl:44, X = Br:45（kJ mol^{-1}）であり, エタンの場合よりかなり高くなる. 剛直な架橋構造をもつ 9-トリプチシル基は, C-C 結合の内側に向いたペリ位の水素原子の立体障害のため, 回転障壁を非常に高くする効果をもつ[17]. 9-t-アルキルトリプ

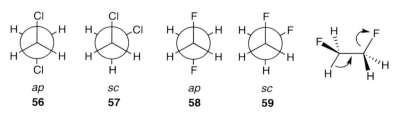

図 2.24 1,2-ジハロエタンの立体配座

チセン誘導体 55 では C-C 結合の回転は非常に遅く，室温で配座異性体を単離するために十分な回転障壁（約 130 kJ mol^{-1}）をもつ．

1,2-ジクロロエタンでは，C-Cl 結合が分極しているため，立体配座により分子の極性が変化する（図 2.24）．二つの C-Cl 結合の方向を考慮すると，sc 体 57 は比較的大きな双極子モーメント（$\mu = 2.7$ D）をもつのに対し，ap 体 56 の値はゼロになる．溶液中では ap 体の方が安定ではあるが，溶媒の極性が高くなるほど sc 体の比率が増加する．これは，極性溶媒が極性の大きな sc 体を溶媒和により安定化するためである．ブタンや 1,2-ジクロロエタンと対照的に，1,2-ジフルオロエタンでは sc 体 59 が ap 体 58 より約 3 kJ mol^{-1} 安定である．この安定性の主要な原因は，超共役による sc 体の安定化である．C-F 結合とそのビシナル位にある C-H 結合の間では，反結合性軌道 σ^*(C-F)-結合性軌道 σ(C-H) 型の安定化の軌道間相互作用が働く．この相互作用は関与する両結合が anti に位置するとき最も有効であり，これが可能なのは sc 体である．このように，ビシナル位に結合した置換基の影響で，ゴーシュ配座が安定化（または不安定化）されることをゴーシュ効果（gauche effect）とよび，これは特定の立体化学でのみ働く軌道間の相互作用に基づく立体電子効果の一種である[18]．

2.3.3 不飽和化合物，芳香族化合物の立体配座

これまでは鎖式アルカンの C-C 単結合に注目してきたが，本節では一方または両方の炭素が sp^2 混成または sp 混成である単結合について考える．混成の違いにより置換基の数と方向が異なることに加えて，π 電子間の相互作用が関与するため，立体配座の様式は多様になる．

a. アルケン

プロペンの C2(sp^2)-C3(sp^3) 単結合については，メチル基の C-H 結合と C=C 結合が重なる sp 体 60 と，ねじれている sc 体 61 の二つの立体配座があり，前者が 8.4 kJ mol^{-1} 安定である（図 2.25）．ねじれ形はエネルギー極大であり，このエネルギーが回転障壁に等しい．1-ブテンにおいても，C2(sp^2)-C3(sp^3) 単結合について C3 の置換基が C=C 結合と重なる立体配座が安定である．このとき，CH$_3$ が重なる sp 体 62 と H が重なる ac 体 63 が可能であるが，エネルギーはほぼ同じである．

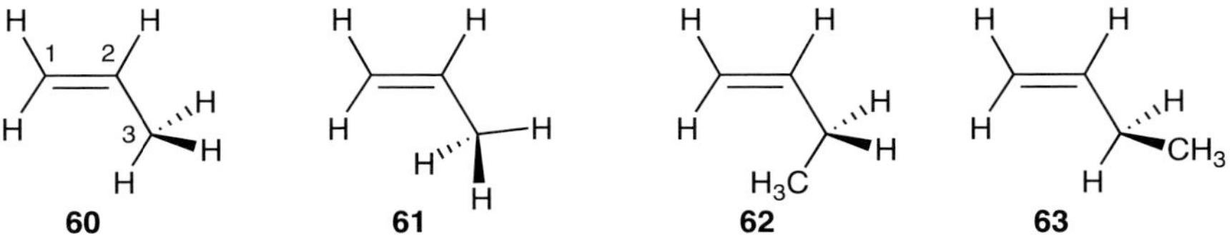

図 2.25 プロペンと 1-ブテンの立体配座

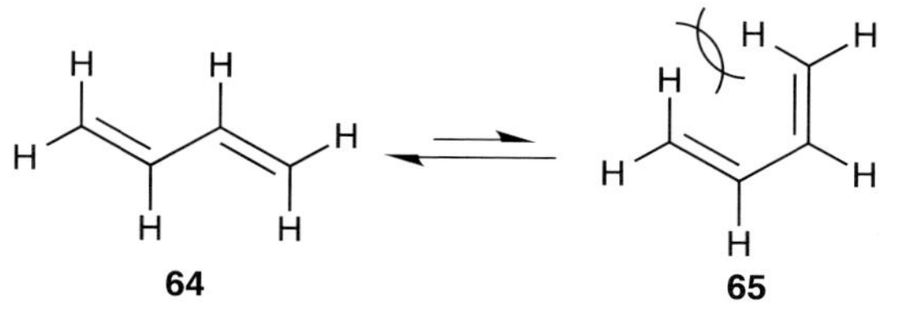

図 2.26　1,3-ブタジエンの立体配座

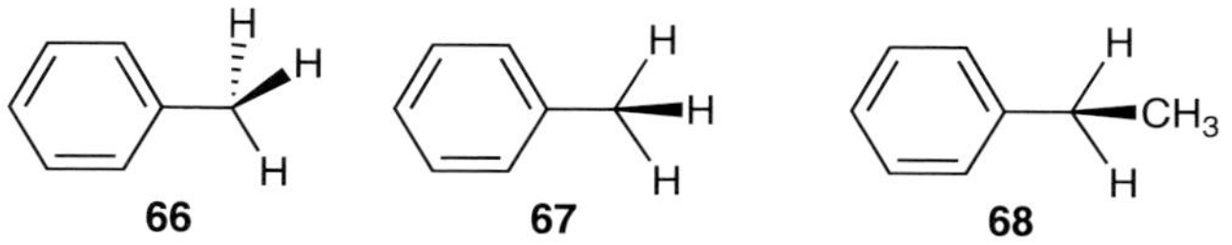

図 2.27　アルキルベンゼンの立体配座

共役ジエン中の $C(sp^2)$-$C(sp^2)$ 単結合の立体配座では，二つの二重結合間の共役の効果も考慮しなければならない．二つの二重結合が同一平面になるとき，π 軌道の重なりによる共役安定化が最大になる．1,3-ブタジエンには 2 種類の同一平面配座（coplanar conformation）があり，二つの二重結合が反対側にある *ap*（s-*trans*）体 **64** と，同じ側にある *sp*（s-*cis*）体 **65** である（図 2.26）．カッコ内の記号は共役ジエンにおける単結合の立体配座を表示するときに使われることがあり，s は単結合を意味する．*sp* 体では 1, 4 位のビニル水素が接近して立体障害が生じるため，*ap* 体の方が 12 kJ mol^{-1} 安定である．1,3-ブタジエンの *ap* 体から *sp* 体への回転障壁は 29 kJ mol^{-1} であり，エタンの値の 2 倍以上である．この障壁の増大も，共役の効果により説明できる．共役による安定化は同一平面配座で最大であり，C-C 結合が回転するにつれて減少し，二つの二重結合が直交した遷移状態では最小になる（3.1 節参照）．

b. 芳香族化合物

芳香族化合物の $C(sp^2)$-$C(sp^3)$ 結合の例として，アルキルベンゼンの立体配座を考える．トルエンでは，メチル基の一つの C-H 結合がベンゼン環と同一平面になる配座 **66** と，直交する配座 **67** が可能である（図 2.27）．ベンゼン環に対してメチル基が 360° 回転すると，2 種類の立体配座が 6 回ずつ現れる．二つの立体配座のエネルギー差は非常に小さくほぼゼロであり，トルエンのメチル基はベンゼン環に対して自由に回転していると考えてよい．エチルベンゼンでは，立体障害を最小にするために，メチル基がベンゼン環と垂直な立体配座（二分形配座）**68** が最も安定である．

ビフェニルの $C(sp^2)$-$C(sp^2)$ 単結合の立体配座は，共役ジエンの場合と同様に，共役と立体効果のバランスによって決まる．共役による安定化は同一平面配座 **69** で最大になるが，オルト位の水素間の立体障害による不安定化も最大になる（図 2.28）．

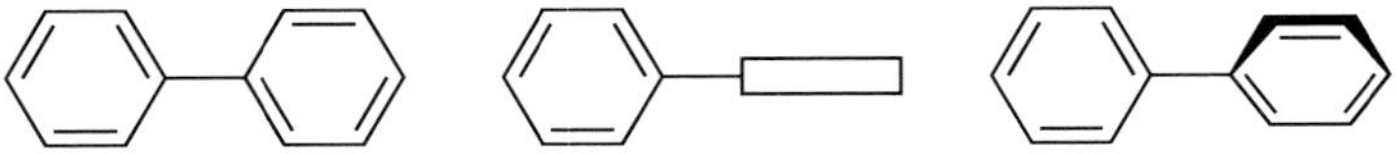

図 2.28 ビフェニルの立体配座

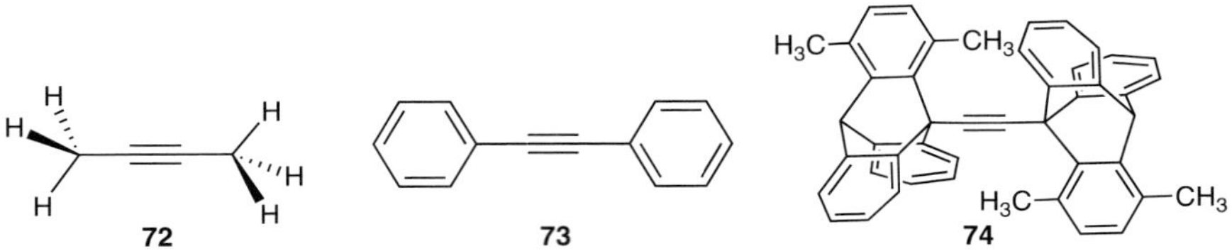

図 2.29 アルキンの立体配座

結合が回転して二つのベンゼン環の二面体角が大きくなるほど，共役が減少し，立体障害が緩和される．最安定の構造 **71** では，二つのベンゼン環の二面角は 44°であり，同一平面配座 **69**（二面体角 0°）と二分配座 **70**（二面体角 90°）はエネルギー極大である．どちらの遷移状態を経由した場合も障壁は低く，約 $8\,\mathrm{kJ\,mol^{-1}}$ である．オルト位に水素以外の置換基を導入すると，立体ひずみにより同一平面配座が非常に不安定化される．2.2.3 項 b で述べたように，すべてのオルト位に置換基があると，配座異性体が室温で単離できるほど障壁が高い．

c．アルキン

アルキンの C-C≡C-C 軸についても C-C 結合と同様に立体配座を考えることができる[19]．しかし，アルキン軸の両端の炭素原子の距離は 4.2 Å と長いため，両端の置換基が回転してもエネルギーの変化は非常に小さいことが予想される．実際，2-ブチン（**72**）のアルキン軸回転の障壁は約 $70\,\mathrm{J\,mol^{-1}}$ であり，エタンの障壁の約 1/200 である（図 2.29）．アセチレン軸の両端にフェニル基が置換したジフェニルエチン（**73**）では，共役の効果のためエネルギー変化は多少増加するが，それでも回転障壁は $2\sim3\,\mathrm{kJ\,mol^{-1}}$ しかない．したがって，アセチレン軸の回転を遅くするためには，軸の両端に非常に嵩高い置換基を導入する必要がある．2.3.2 項で示した 9-トリプチシル基を用いると，回転障壁をある程度高くすることができる．化合物 **74** はアセチレン軸の内側に向いたメチル基をもち，回転障壁は $64\,\mathrm{kJ\,mol^{-1}}$ に達する．

2.3.4 炭素-ヘテロ原子結合

ヘテロ原子を含む単結合では，原子の種類に応じて置換基の数や結合の長さが変わるので，立体配座の安定性や回転障壁が影響を受ける．ここでは，いくつかの C-N および C-O 結合の立体配座について解説する．

メチルアミン（**75**）とメタノール（**76**）では，それぞれ C-N 結合および C-O 結合についてねじれ形配座が安定である（図 2.30）．これらの結合の回転障壁はエタンの C-C 結合のものより低く，メチルアミンが $8.2\,\mathrm{kJ\,mol^{-1}}$，メタノールが $4.5\,\mathrm{kJ\,mol^{-1}}$ である．結合長は C-C，C-N および C-O 結合の順に短くなる（表 1.6 参照）．それにもかかわらず，エタン，メチルアミン，メタノールの順で回転障壁が低くなることは，各原子に結合した水素原子の数に基づくねじれひずみが重要であることを示す．重なり形配座における H と H の重なりは，エタンでは 3 組あるのに対し，メチルアミンでは 2 組，メタノールでは 1 組である．嵩高い置換基を導入することにより，これらの結合の回転障壁を高くすることができる．ナフチルアミン誘導体 **77** では C-N 結合の回転が遅く，NMR の測定により回転障壁が $82\,\mathrm{kJ\,mol^{-1}}$ と決定された．ジナフチルエーテル **78** はキラルな立体配座をとり，C-O 結合の回転を伴うラセミ化が非常に遅いため，エナンチオマーが単離可能である．

次に，カルボン酸誘導体におけるカルボニル炭素とヘテロ原子間の結合の立体配座を考える．アミドの C-N 結合は，**79** のように形式的には単結合で示されるが，**80** の共鳴構造の寄与により部分的に二重結合の性質をもつ（図 2.31）．このような部分二重結合（partial double bond）のため，平面配座が安定になり，結合の回転障壁も

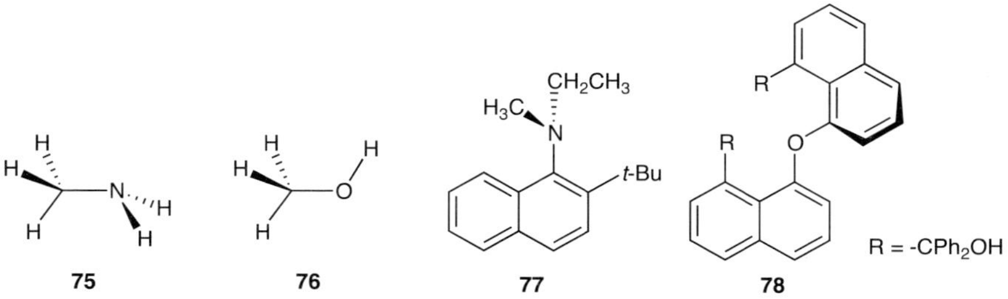

図 2.30 C-N 結合と C-O 結合に関する立体配座

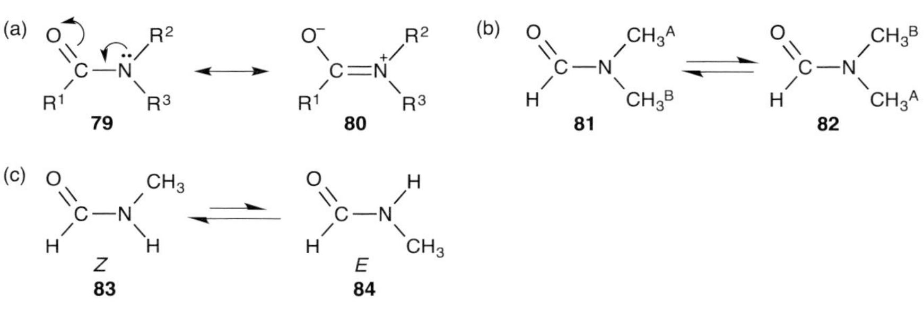

図 2.31 アミドの共鳴と立体配座

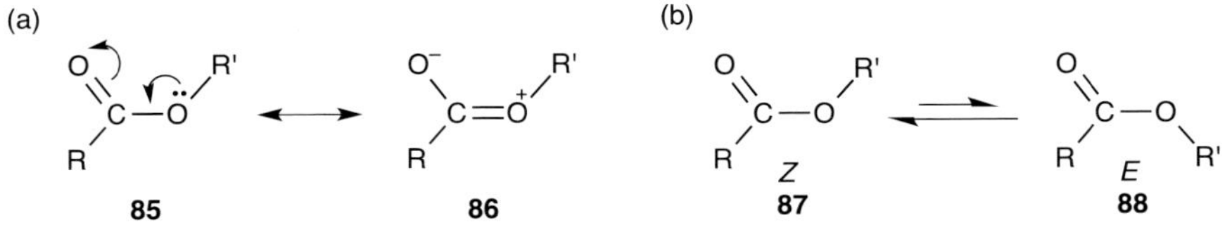

図 2.32　エステルの共鳴と立体配座

単結合に比べて高くなる．N,N-ジメチルホルムアミドでは，C-N 結合の回転が遅いため，室温で ^{1}H NMR スペクトルを測定すると二つのメチル基（CH_3^A と CH_3^B）のシグナルが別々に観測される．温度が高くなると回転が速くなり，2 本のシグナルは幅広くなり，最終的には 1 本のシグナルになる．この線形変化の過程を解析することにより，C-N 結合の回転障壁は 87 kJ mol^{-1} と決定された．N,N-ジメチルホルムアミドでは，回転の前後の構造（81 と 82）は同一であり，二つのメチル基の環境が相互に交換する．一方，窒素に異なる置換基がある場合，エネルギーが異なるジアステレオマーを与える．N-メチルホルムアミドの交換の過程を図 2.31(c) に示す．ここで，アミドの C-N 結合のような部分二重結合の立体配座は，二重結合にならって EZ を用いて表示される．メチル基とカルボニル酸素が同じ側にある Z 体 83 は，反対側にある E 体 84 より安定であり，回転障壁は 86 kJ mol^{-1} である．

アミドの C-N 結合と同様に，エステルの C-O 結合は共鳴構造 86 の寄与により部分二重結合の性質をもつ（図 2.32）．一般的なエステルでは，O-アルキル基とカルボニル酸素が同じ側にある Z 体 87 は，反対側にある E 体 88 より安定である．ギ酸メチル（R = H, R′ = CH$_3$）の場合，Z 体は E 体より 8 kJ mol^{-1} 安定であり，Z 体から E 体への回転障壁は 41 kJ mol^{-1} である．

2.4　環式化合物の立体化学

本節では，少なくとも一つの環構造をもつ環式化合物の立体配置および立体配座について説明する[19]．環式化合物の立体化学は，基本的には鎖式化合物の場合と同様に議論することができるが，構造的な要因によりいくつかの特徴をもつ．環構造を形成することにより分子の自由度が減少し，置換基の位置関係が異なる立体異性体が生じる．また，環の大きさ，数や連結方法に応じて特徴的な立体配座をとる．環式化合物は，環を構成する原子がすべて炭素である炭素環化合物とヘテロ原子が含まれる複素環化合物に分類される．また，環の数により単環式化合物，二環式化合物などに分類され，それぞれシクロ，ビシクロなどの接頭語を用いて命名する．

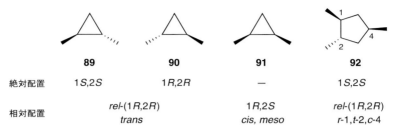

図 2.33　置換シクロアルカンの立体異性体と立体化学表示

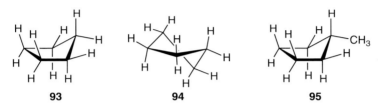

図 2.34　シクロペンタン誘導体の立体配座

2.4.1　単環式化合物

a.　シクロアルカンのシス-トランス異性

　シクロアルカンの異なる炭素に置換基が結合したとき，置換基の位置関係により立体異性体が生じる．環の平均平面に対して二つの置換基が同じ側にあるときは cis，反対側にあるときは $trans$ と表示する．図 2.33 は 1,2-ジメチルシクロプロパンの三つの立体異性体を示す．$trans$ 体 89 と 90 はたがいにエナンチオマーであり，相対配置は rel-$(1R,2R)$ と表示できる．cis 体 91 は対称面をもつアキラルな $meso$ 体であり，相対配置は $1R,2S$ と表示できる．

　置換基が三つ以上のシクロアルカンでは，2 組以上の $cis/trans$ の関係を示す必要があり，前述の RS を用いた方法または $cis/trans$ を用いた方法で命名できる．化合物 92 は 1,2,4-トリメチルシクロペンタンの立体異性体の一つであり，絶対配置は $1S,2S$，相対配置は rel-$(1R,2R)$ または r-1, t-2, c-4（r：基準，t：$trans$, c：cis の意味）となる．

b.　シクロペンタン誘導体

　すでに 1.5.4 項で述べたように，シクロペンタンはねじれひずみを解消するために，非平面の立体配座をとる．封筒形配座（envelope conformation）93 は C_s 対称で，四つの炭素原子が同一平面内にあり，残りの一つが平面外にある（図 2.34）．半いす形配座（half-chair conformation）94 は C_2 対称で，三つの炭素原子が同一平面にあり，その平面の反対側に二つの面外の炭素原子が位置する．半いす形配座に比

べて封筒形配座の方がわずかに（2 kJ mol^{-1}）安定である．シクロペンタンの封筒形配座は，半いす形配座を経由して別の封筒形配座に変化し，この配座変換は循環的に可能な 10 種類の封筒形配座間で非常に速く起こる．このような配座変換を擬回転（pseudorotation）とよぶ．置換シクロペンタンでは，置換基の位置によってエネルギーの異なる配座異性体が可能になる．メチルシクロペンタンの場合，最安定の構造 **95** は封筒形配座であり，メチル基は平面外にある環炭素のエクアトリアル方向にある．

c. シクロヘキサン誘導体

シクロヘキサンの炭素環も非平面であり，最も安定であるいす形配座（chair conformation）**96** のほかにねじれ舟形配座（twist-boat conformation）**97** と舟形配座（boat conformation）**98** がある（図 2.35）．いす形配座では，C-C-C 結合角は 111.4°であり，環内の炭素鎖はすべてゴーシュの関係にある．いす形シクロヘキサンには 12 個の C-H 結合があり，結合の方向により 2 種類に分類される．炭素環の平均平面と垂直な六つの結合をアキシアル（axial），その平面とほぼ平行な六つの結合をエクアトリアル（equatorial）とよぶ．図中に，アキシアル結合とエクアトリアル結合の水素をそれぞれ H_a, H_e で示す．アキシアル水素は，隣接した炭素で平均平面に対して上下交互になっていることがわかる．

いす形シクロヘキサンは環反転を起こし，別のいす形シクロヘキサンに変化する（図 2.36）．この過程は不安定なねじれ舟形配座と舟形配座を経由して起こることが知られている．環反転により，アキシアル水素とエクアトリアル水素は相互に交換する．

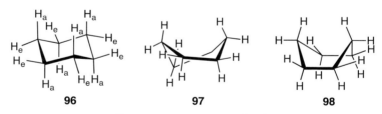

図 2.35 シクロヘキサンの立体配座

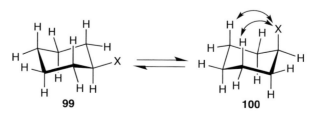

図 2.36 シクロヘキサンのいす形配座の環反転
曲がった両矢印は 1,3-ジアキシアル相互作用を示す．

2.4 環式化合物の立体化学

　無置換のシクロヘキサンでは，環反転の前後の構造は等価（トポマー）であるが，置換基を導入するとそうではなくなる．一置換シクロヘキサンでは，置換基がエクアトリアルにあるいす形配座 99 が反転すると，置換基はアキシアルに移動して別のいす形配座 100 になる．この二つのいす形配座は異なる安定性をもつジアステレオマーであるため，置換基の種類によって存在比が異なる．一般に，置換基がエクアトリアルにあるよりアキシアルにある方が不安定である．これは，置換基（1 位に置換）と環内の 3,5 位の炭素の立体配座の関係が，エクアトリアル体ではともにアンチであるのに対し，アキシアル体ではともにゴーシュであることで説明できる．とくに，アキシアル体の置換基は 3,5 位のアキシアル水素と接近しているため，立体ひずみが大きい．このようなひずみを 1,3-ジアキシアル相互作用といい，アキシアル体が不安定である主要な要因である．

　実験的には，置換シクロヘキサン誘導体の配座異性体の存在比および交換速度は NMR を用いて測定することができる．低温で ^{1}H NMR スペクトルを測定すると，配座異性体間の交換が遅くなるためシグナルが別々に観測される．シグナルの強度比から存在比を決定することができる．この状態から試料の温度を上げていくと，環反転が徐々に速くなり NMR のシグナルが幅広くなる．シグナルの形は交換速度によって決まるので，線形を解析することにより交換速度を決定することができる（動的 NMR 法）．シクロヘキサン-d_{11} を用いるとシグナルの様式が簡単になり，線形変化の追跡から環反転の活性化自由エネルギーが 43 kJ mol^{-1} と求められた．

　種々の一置換シクロヘキサンについて，エクアトリアル体とアキシアル体の存在比が測定され，その値から両配座異性体の自由エネルギー差が計算できる．置換基が大きいほど立体ひずみによりアキシアル体が不安定になり，自由エネルギー差が増大する傾向にある．この自由エネルギー差は A 値（A value）とよばれ，置換基の大きさを評価するための指標の一つとして用いられる．表 2.1 に代表的な置換基の A 値を示す．定義により H の A 値は 0 となる．第二周期元素の置換基では，CH$_3$, NH$_2$, OH, F の順で A 値が減少し，これは van der Waals 半径の傾向と一致する．17 族元素では，A 値と原子半径の間に相関がみられない．高周期の Br と I では，炭素との結合が長

表 2.1 代表的な置換基の A 値[a]

置換基	A 値 /kJ mol^{-1}	置換基	A 値 /kJ mol^{-1}
H	0	Br	2.1
CH$_3$	7.3	I	2.1
NH$_2$[b]	6.2	CH$_2$CH$_3$	7.5
OH[b]	2.5	CH(CH$_3$)$_2$	9.3
F	1.1	C(CH$_3$)$_3$	20
Cl	2.5	Ph	11.7

a) 文献 2a．b) 非極性溶媒中の値．溶媒効果が大きい．

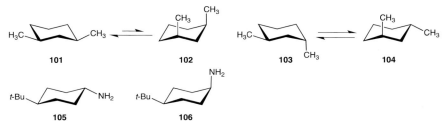

図 2.37　二置換シクロヘキサンの立体配座

く分極しやすいため、1,3-ジアキシアル相互作用を受けにくくなる。アルキル基では、メチル、エチル、イソプロピル基の順にわずかに増加するのに対し、t-ブチル基は非常に大きな数値をもつ。これは、t-ブチル基がどのような立体配座をとっても、先端の三つのメチル基のうち少なくとも一つが環の内側に向き、立体ひずみを軽減することができないためである。A 値を指標にすると、フェニル基はイソプロピル基より少し大きいことがわかる。

二置換シクロヘキサンの立体配座は、置換基の種類、結合位置および立体配置によって決まる。たとえば、cis-および trans-1,3-ジメチルシクロヘキサンについて考えみる（図 2.37）。cis 体では、二つのメチル基が同時にエクアトリアルになることができる。この立体配座が環反転して二つのメチル基がアキシアルになると、1,3-ジアキシアル相互作用が非常に大きくなる。したがって、ジエクアトリアル体 101 がジアキシアル体 102 に比べて圧倒的に安定である。trans 体では一方のメチル基はエクアトリアル、他方のメチル基はアキシアルにある。環反転によりエクアトリアルとアキシアルの結合は相互に入れ替わるので、同じ安定性の立体配座に変化する。したがって、環反転で平衡にある 2 種類の配座異性体 103 と 104 が 1:1 で存在する。異なる種類の置換基をもつ二置換シクロヘキサンでは、A 値が大きい置換基が優先的にエクアトリアルにある立体配座が有利になる。4-t-ブチルシクロヘキシルアミンでは、非常にかさ高い t-ブチル基がエクアトリアルにあるため、cis 体 105 および trans 体 106 のアミノ基はそれぞれアキシアル、エクアトリアルに固定される。これらは立体配座が固定されたシクロヘキシルアミンのモデル化合物とみなされる。

環内に二重結合をもつ環状アルケンとして、シクロヘキセンの立体配座を考える。シクロヘキセンの最も安定な立体配座は半いす形配座 107（図 2.38）であり、二つのアルケン炭素（1,2 位）とそれらに隣接する二つのアリル炭素（3,6 位）が平面内にあり、残りの二つの sp^3 混成炭素（4,5 位）はその面の上と下に位置している。アリル炭素からの二つの結合は、シクロヘキサンのアキシアルおよびエクアトリアルと向きが少し異なるので、それぞれ擬アキシアル（pseudo axial：図中 a′）および擬エ

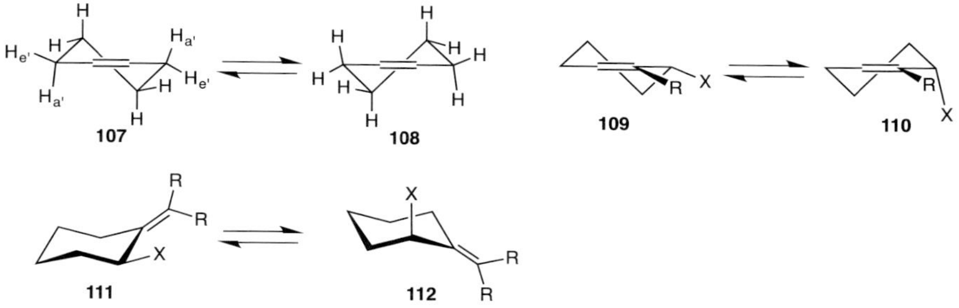

図 2.38 シクロヘキセンとメチレンシクロヘキサンの立体配座

クアトリアル（pseudo equatorial：図中 e′）とよぶ．半いす形配座 **107** が環反転すると，エナンチオマーの関係にあるもう一つの半いす形配座 **108** になる．このとき，擬アキシアルと擬エクアトリアルの置換基の環境は相互に交換する．環反転の障壁は $22\,\mathrm{kJ\,mol^{-1}}$ であり，シクロヘキサンの場合よりやや低い．シクロヘキセンのアリル位に置換基を導入すると，置換基 X が擬アキシアルまたは擬エクアトリアルにある配座異性体が存在する．メチル基の場合は，擬エクアトリアル体 **109** がやや安定である．1,6-二置換シクロヘキセン（R≠H）では，置換基 R と X の立体障害を避けるために，擬アキシアル体 **110** が有利になる．この立体効果も一種のアリルひずみであり，置換基の位置関係にしたがい 1,2-アリルひずみとよばれる．

環外に二重結合をもつメチレンシクロヘキサンでは，いす形配座が安定であり，反転障壁は $32\,\mathrm{kJ\,mol^{-1}}$ である．2 位に置換基があると，エクアトリアル体 **111** とアキシアル体 **112** が存在する．置換基 R が水素より大きいと，R と X の間の立体障害を避けるために，アキシアル体 **112** が安定になる．これは，1.5.5 項で述べたアリルひずみと同じであり，置換基の位置関係を示す必要があるとき 1,3-アリルひずみとよばれる．

2.4.2 二環式化合物

二環式化合物は，二つの環が共有する炭素数により，以下の 3 種類の構造に分類できる．共有炭素数が 1 個の構造はスピロ環（spiro ring）とよばれ，spiro（スピロ）の接頭語と環を架橋する炭素数を用いて命名する．二つの架橋の炭素数が x, y ($x \leq y$) のとき，スピロ[x, y]アルカンとなる．共有炭素数が 2 個の構造は縮合環（fused ring），3 個以上の構造は架橋環（bridged ring）とよばれる．縮合環と架橋環では，環構造の架橋の起点となる位置を橋頭位（bridgehead position）とよぶ．bicyclo（ビシクロ）の接頭語と二つの橋頭位炭素を結ぶ三つの架橋の炭素数（$x \geq y \geq z$）を用いて，ビシクロ[x, y, z]アルカンのように命名する．ここで，縮合環化合物では $z=0$，架橋

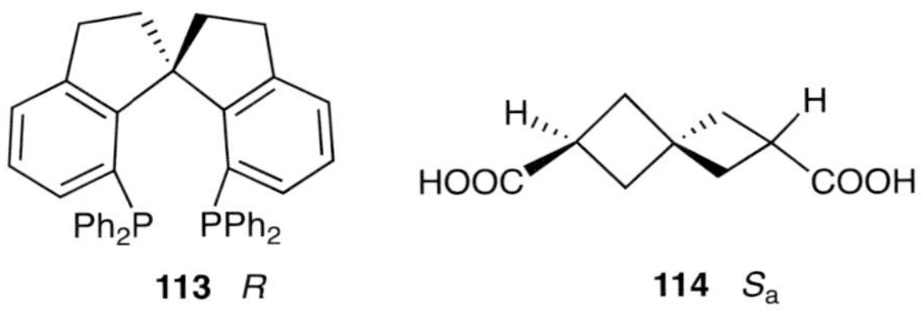

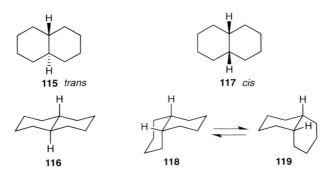

図 2.39 キラルなスピロ化合物

図 2.40 *trans*- および *cis*-デカリンの立体化学

環化合物では $z \geq 1$ である．各種類の構造ごとに，代表的な化合物を紹介して，立体化学的な特徴を説明する．

a. スピロ化合物

スピロ環の構造をもつ化合物は，スピロ化合物またはスピランとよばれる．スピロ中心の炭素は sp^3 混成であるため，二つの環のつくる平面はほぼ直交している．環炭素に置換基を導入すると，立体異性体が生じる．図 2.39 に示すのは，キラルなスピラン誘導体の例である．化合物 113 はスピロ[4.4]ノナン骨格をもつ二座配位子であり，2.2.3 項 a で示したスピロ化合物と同様な方法で立体配置を表示する．化合物 114 はスピロ[3.3]ヘプタン骨格をもち，2 組の両端の置換基（H と COOH）がねじれた関係にあるので，キラル軸をもつ分子とみなすことができる．アレン誘導体の場合と同じ方法により，114 の立体配置は S_a と表示することができる．

b. 縮合環化合物

代表的な縮合環化合物として，二つの 6 員環が縮合したビシクロ[4.4.0]デカン（デカリン）の立体化学を考える（図2.40）．縮合の様式が *cis* であるか *trans* であるかによって，2 種類の立体配置の異なる立体異性体が存在する．*trans*-デカリン（115）では，縮合部が両方ともエクアトリアルにあるいす形配座 116（C_{2h} 対称）が安定である．もしこの立体配座が環反転すると，置換基がすべてアキシアルの非常に不安定な構造

なる．したがって，*trans*-デカリンは強固な環構造をもち，橋頭位の水素置換基はアキシアルに固定されている．一方，*cis*-デカリン（**117**）は，縮合部の一方がエクアトリアル，他方がアキシアルであるいす形配座 **118**（C_2 対称）をとる．環反転すると，エクアトリアルとアキシアルの関係が相互に入れ替わった，もうひとつのいす形配座 **119**（**118** のエナンチオマー）になる．*cis*-デカリンの環反転の障壁は 52 kJ mol^{-1} であり，シクロヘキサンの障壁よりやや高い．

c. 架橋環化合物

天然物でよく見られるビシクロ[2.2.1]ヘプタン骨格では，架橋鎖の置換基の向きによって，ジアステレオマーが生じる．長い架橋鎖の置換基については，短い架橋に近い側にあるときは *exo*（エキソ），遠い側にあるときは *endo*（エンド）で相対配置を表示する．また，二つの長い架橋が区別できるとき，そのうち小さい位置番号をもつ架橋に対して，短い架橋鎖の置換基が近くにあるときは *syn*（シン），遠くにあるときは *anti*（アンチ）で表示する．図 2.41 の二つの立体異性体では，2 位のヒドロキシ基と 7 位（短い架橋）のメチル基の向きが異なり，**120** は *endo* と *syn*，**121** は *exo* と *anti* の立体配置をもつ．これらの立体異性体の相対配置は，2.2.4 項で述べた *rel* を用いた記号で表示することもできる．

二環式の架橋環化合物において，架橋鎖が十分に長くなると，橋頭位の置換基が環構造の内側と外側のどちらに向くかによって立体異性体が生じる．このような異性体は *in-out* 異性体（*in-out* isomer）とよばれる[21]．ビシクロアルカン系の化合物で

120　**121**

図 2.41　架橋環化合物の立体異性体

122　**123**　**124**　**125**

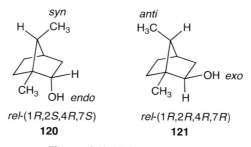

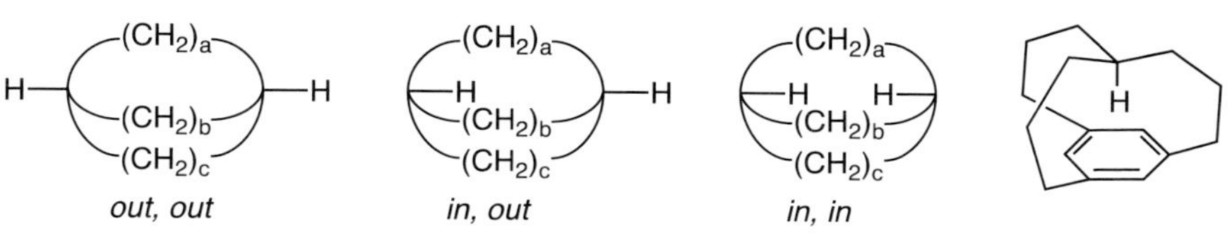

図 2.42　*in-out* 異性体

は，二つの置換基について両方とも外側 122 (*out, out*)，一方は内側で他方は外側 123 (*in, out*)，両方とも内側 124 (*in, in*) の3種類の立体異性体が可能である（図2.42）．ビシクロ[*n.n.n*]アルカンにおいて，各異性体のひずみエネルギーが計算されている（表2.2）．*in, in* 異性体は $n=6$ のときは最も安定であるが，環が小さくなるにつれて不安定になる．$n=4$ のときは，*in, out* 異性体が最も安定である．ビシクロ[4.4.4]テトラデカン

表2.2 ビシクロ[*n.n.n*]アルカン化合物の *in-out* 異性体のひずみエネルギー SE[a]

n.n.n	SE/kJ mol^{-1}		
	out, out	*in, out*	*in, in*
3.3.3	156	—[b]	500
4.4.4	287	236	301
5.5.5	255	227	208
6.6.6	198	183	152

a) 文献21b．MM計算値．b) 安定配座が得られないためデータなし．

の *in, out* 異性体は立体選択的に合成され，^{1}H NMR では2種類の橋頭位プロトンが観測された．

三脚形の架橋をもつシクロファン誘導体においても，*in-out* 異性体が存在する．架橋が比較的短い場合，*out* 異性体に比べて *in* 異性体が安定である．炭素架橋をもつ *in*-シクロファン 125 は Pascal らにより合成された[22]．内側に向いた橋頭位の水素はベンゼン環に非常に近接しており（水素とベンゼン環中心の距離：1.78 Å），環電流の効果により著しくしゃへいされていることが，^{1}H NMR の化学シフト（-4.0 ppm）からわかる．他にも種々の橋頭位原子と置換基をもつシクロファン誘導体が合成され（5.2.2項参照），ベンゼン環と置換基の相互作用が研究された．

2.4.3 複素環式化合物

ヘテロ原子を含む環式化合物の立体化学は，相当する炭素環化合物と同様に考えることができるが，ヘテロ原子の種類によって立体効果，静電相互作用，立体電子効果など新しい要素を考慮に入れる必要がある．非常に多くの複素環式化合物のうち，酸素原子または窒素原子を含む飽和6員環化合物の立体化学的な特徴を述べる．

窒素原子を一つ含むピペリジン（126）では，窒素に結合した水素原子がエクアトリアル位にあるいす形配座が安定であり，環反転の障壁はシクロヘキサンとほぼ同じ高さ（42 kJ mol^{-1}）である（図2.43）[23]．N-メチルピペリジンでは，エクアトリアル体 127 がアキシアル体 128 より 11 kJ mol^{-1} 安定である．このエネルギー差はシクロ

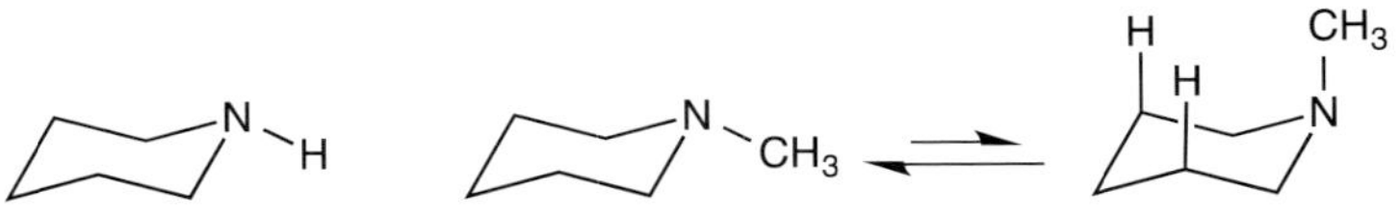

126 **127** ⇌ **128**

図2.43 ピペリジンの立体配座

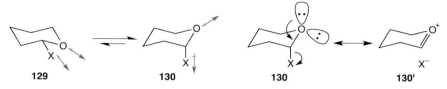

図2.44 2-置換テトラヒドロピランの立体配座（アノマー効果）

ヘキサンにおけるメチル基の A 値（$7.3\,\mathrm{kJ\,mol^{-1}}$）より大きい．この違いは，C-C 結合に比べて C-N 結合が短いため，アキシアル体 128 における 1,3-ジアキシアル相互作用がピペリジン環で大きくなることによる．127 から 128 の異性化は，環反転または窒素の反転により起こる．環反転の障壁は $51\,\mathrm{kJ\,mol^{-1}}$ であり，窒素の反転の障壁はこれより少し低い．

酸素原子を一つ含むテトラヒドロピラン（オキサン）（129（X=H））においても，いす形配座が安定であり，環反転の障壁は $43\,\mathrm{kJ\,mol^{-1}}$ である（図 2.44）．テトラヒドロピラン誘導体で特徴的なのは，2 位に電気陰性度の大きな置換基 X を導入すると，エクアトリアル体 129 に比べてアキシアル体 130 の安定性が増大することである．たとえば，2-ブロモテトラヒドロピランでは，アキシアル体の方が $11\,\mathrm{kJ\,mol^{-1}}$ 以上安定である．糖類のピラノースでは，アノマー炭素（2 位）に結合したヒドロキシ基の立体配座に関係するため，このような現象をアノマー効果（anomeric effect）とよぶ[18,24]．

アノマー効果は，極性結合の双極子の効果により理解されていた．すなわち，C-O 結合と C-X 結合の双極子の向きを考えると，エクアトリアル体では同方向に近く反発するのに対し，アキシアル体では反対向きに近く安定化に働く（図 2.44）．現在では，軌道間の相互作用によるアキシアル体の安定化で説明されることが多い．酸素原子の非共有電子対の軌道（n）と C-X 結合の反結合性軌道（σ^*）間の相互作用による安定化は，両軌道がアンチになるアキシアル体で効果的に働く．共鳴式で示すと，130' の共鳴構造の寄与により，アキシアル体 130 が安定化される．立体配座により軌道間の相互作用が異なるので，これも立体電子効果の一つである（2.3.2 項参照）．

2.5 トピシティー

これまでは分子の立体化学的な関係を考えてきたが，本節では分子中の部分構造（リガンドまたは面）の立体化学的な関係を説明する．このような同一な部分構造の立体化学的な関係はトピシティー（topicity）とよばれる[25]．トピシティーは，立体選択性の分類やスペクトルの帰属と密接に関係している．

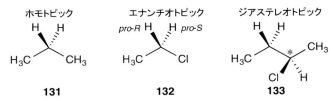

図 2.45　リガンドのトピシティー（*はキラル中心）

2.5.1 リガンドのトピシティー

　分子中の二つの構造的に等価なリガンド（原子または原子団）があるとき，対称性に基づいて以下のようにトピシティーを分類する．回転操作 C_n によって入れ替えできるときはホモトピック（homotopic），回映操作 S_n によってはじめて入れ替えできるときはエナンチオトピック（enantiotopic），対称操作によって入れ替えできないときはジアステレオトピック（diastereotopic）である．具体的な例を図 2.45 に示す．プロパン（**131**）の C2 に結合した二つの水素はホモトピック，クロロエタン（**132**）の C1 に結合した二つの水素はエナンチオトピックである．2-クロロブタン（**133**）の C3 に結合した二つの水素は，その対称操作によっても入れ替えることができないため，ジアステレオトピックである．また，対象となるリガンドを仮想的に同位体置換することにより，簡便に分類することができる．リガンドが水素の場合，一方の水素を重水素に置換した化合物と，他方を重水素に置換した二つの化合物を考える．これらの立体化学的な関係がホモマー，エナンチオマー，ジアステレオマーのとき，リガンドの関係はホモトピック，エナンチオトピック，ジアステレオトピックになる．NMR スペクトルにおいて，ジアステレオトピックなリガンドのシグナルが非等価（異なる化学シフト）をもつことは，帰属をするときに役立つ原理である．

　エナンチオマーの絶対配置を RS で区別したように，エナンチオトピックなリガンドを記号で区別することができれば便利である．上記の同位体置換法を用いて，トピシティーを表示する方法がある．たとえば，1-クロロエタンの CH_2 について考える．一方の H を D（=^{2}H）に置換すると C1 はキラル中心となり，順位則に基づいて RS を帰属することができる．絶対配置が R であれば重水素に置換したもとの水素を pro-R で，S であれば pro-S で表示する．ここでの pro は，もとの分子はアキラルであるが置換によってキラルになる構造的性質，プロキラリティー（prochirality）に由来する．すなわち，1-クロロエタンはプロキラル（prochiral）であり，C1 炭素はプロキラル中心である．水素以外のリガンドについても同様に帰属でき，たとえば CH_3 基は CD_3 基に置き換えて判定する．エナンチオトピックなリガンドが反応に関与するとき，一般に pro-R と pro-S のリガンドは同じ速度で反応する．しかし，エナンチオピュア（2.6.1 項参照）な試薬や触媒を用いたキラルな環境では反応速度が

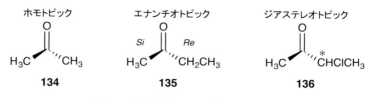

図2.46 面のトピシティー（*はキラル中心）

異なる．

2.5.2 面のトピシティー

　アルケンやカルボニル化合物における sp^2 混成炭素がつくる面についても，同様にトピシティーを適用することができる．対称性による判別では，回転操作 C_n により構造がもとの形と重ね合せられるときはホモトピック，回転操作 C_n により構造がもとの形と重ね合せられないが鏡映操作 σ でもとの形と重ね合せられるときはエナンチオトピック，どの対称操作でも構造がもとの形と重ね合せられないときはジアステレオトピックである．それぞれの代表的な例として，プロパノン（**134**），2-ブタノン（**135**），3-クロロ-2-ブタノン（**136**）を示す（図2.46）．面のトピシティーの分類にも簡便な方法があり，面の中心原子（カルボニル基の場合炭素）へ仮想的に付加反応を行い，生じた2種類の付加生成物の立体化学的な関係を調べる．たとえば，2-ブタノンの二つの面からそれぞれ D^- を付加すると，両生成物はたがいにエナンチオマーであり，このとき二つの面はエナンチオトピックである．生成物の関係がホモマー，ジアステレオマーのとき，二つの面はそれぞれホモトピック，ジアステレオトピックである．

　エナンチオトピックな面のトピシティーを区別するための表示法もある．対象となる面を紙面上に置き，中心の原子に結合した三つのリガンドに CIP 順位則に従って優先順位をつける．順位の高いものから低いものが時計回りの順に配列しているときは *Re*，反時計回りの順に配列しているときは *Si* と表示する．2-ブタノンのカルボニル炭素に付加が起こると，この炭素は四面体形のキラル中心になるので，2-ブタノンもプロキラルである．付加反応によるエナンチオ選択的反応では，付加する試薬が *Re* 面と *Si* 面のどちらから接近しやすいかが重要になる．

2.6　エナンチオマー

2.6.1　エナンチオマーの組成

　キラルな化合物では，エナンチオマーの組成もその物質の性質を理解するために

重要な要因である[26]. 一方のエナンチオマーだけからなる試料をエナンチオピュア (enantiopure), 二つのエナンチオマーが等量含まれる試料をラセミ体 (racemate) とよぶ. これらの中間の組成をもつ試料, すなわち二つのエナンチオマーが異なる量含まれるものをエナンチオエンリッチ (enantiomerically enriched または enantioenriched) と表現する.

定量的にはエナンチオマーの組成はエナンチオマー比 (enantiomeric ratio) またはエナンチオマー過剰率 (enantiomeric excess：ee) で表現する. エナンチオマー比が $x:y$ ($x+y=100$) のとき, エナンチオマー過剰率は式 (2.1) で計算できる.

$$|x-y|/(x+y) \times 100 = \%ee \tag{2.1}$$

たとえば, ある化合物のエナンチオマー比が $R:S=80:20$ のとき, エナンチオマー過剰率は 60 %ee である. 必要な場合, 過剰なエンチオマーを RS または比旋光度の符号で示す. ラセミ体のエナンチオマー過剰率は 0 %ee である. エナンチオマー過剰率が減少するような変化はラセミ化 (racemization) であり, 最終的にラセミ体になるものを完全ラセミ化という. ラセミ体を記号で示すとき, (±), rac または RS が使われる.

エナンチオマーの組成を決定するためには, 現在ではキラルな充填剤を用いるキラル HPLC がよく用いられる. 多様なキラル HPLC のカラムが市販されており, 紫外可視吸収などの検出器を用いて定量する. また, エナンチオピュアなキラル誘導剤と反応させてジアステレオマーに変換するか, キラルシフト試薬を試料に添加して, ^{1}H NMR のシグナル強度から定量することもできる. 上記の方法では, ピークまたはシグナルの分離がよければ, 正確に定量することが可能である. 一方, 光学純度 (optical purity：op) は比旋光度 (2.1.4 項参照) の測定値から式 (2.2) により求められる.

$$[\alpha]_{obs}/[\alpha]_{max} \times 100 = \%op \tag{2.2}$$

ここで, $[\alpha]_{obs}$：測定試料の比旋光度, $[\alpha]_{max}$：エナンチオピュアな試料の比旋光度である. 従来, 光学純度はエナンチオマー組成を見積もるために用いられていたが, 分子会合などの理由により必ずしもエナンチオマー過剰率と一致しないこと, 誤差が比較的大きいことから最近ではあまり用いられない.

2.6.2 エナンチオマーの調製

エナンチオピュアな試料を得るためには, 大別して二つの方法がある. アキラルな化合物から必要なエナンチオマーだけを合成する方法とラセミ体から二つのエナンチオマーを分ける方法である. 酵素を用いた生体反応やキラル触媒を用いたエナンチオ選択的反応の多くが前者に該当する. ここでは, 後者, すなわちラセミ体のエナンチオマーへの分割 (resolution) について, いくつかの方法を説明する.

ジアステレオマーの生成を経由した, ジアステレオマー法による分割の手順を図

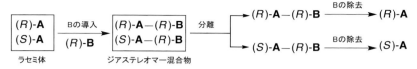

図 2.47　ジアステレオマー法によるエナンチオマーの調製

図 2.48　速度論的分割によるエナンチオマーの調製

2.47に示す．Aのラセミ体をエナンチオピュアな試薬(R)-B(分割剤)と作用させると，イオン結合，共有結合またはそれ以外の相互作用によりジアステレオマー混合物を与える．ジアステレオマーは物理的性質が異なるので，再結晶やクロマトグラフィーによって分離することができる．分離した各ジアステレオマーから分割剤由来の部分を除去すると，エナンチオマーが得られる．この方法は，誘導体化の手間はかかるが，比較的多くの官能基をもつ化合物に確実に適用することができる．

エナンチオピュアな試薬や触媒を用いてラセミ体を反応させると，ラセミ中のR体とS体は異なる速さで反応する．この反応速度の差を利用して分割する方法は速度論的分割(kinetic resolution)とよばれる．図 2.48はR体が非常に速く反応する場合であり，変換率50%で反応を停止するとR体はすべて消費され，S体は原料のまま残る．この生成物を一般的な方法で分離すると，反応後のR体と未反応のS体が得られる．必要があれば，R体の生成物をもとの化合物に変換することができる．一般に，酵素を用いた生体内の反応は両エナンチオマーに対して非常に高い選択性を示すので，多くの天然物はエナンチオピュアである．

前述したキラル HPLC を用いると，クロマトグラフィーによりラセミ体が直接分割できる．従来は基質の構造や溶媒の選択など制限が多かったが，最近では多様なカラムが市販されており，応用範囲が広くなっている．

ラセミ体を結晶化させると，多くの場合結晶中で両エナンチオマー分子が規則的に配列したラセミ化合物(racemic compound)が得られる．また，各結晶が一方のエナンチオマーだけからなるコングロメラート(conglomerate)を生成することもある．このとき各結晶はエナンチオピュアであり，旋光性(場合によっては結晶の形状)をもとに結晶を分けると各エナンチオマーに分割できる．この現象は自然分晶(spontaneous resolution)とよばれる．Pasteurが(±)-酒石酸塩を分割したのはこ

の方法によるもので,幸運にもエナンチオマーを結晶の形状で区別することができた.

2.6.3 絶対配置の決定法

前述したように（2.2.2項参照），直接的に絶対配置を決定することができるのは，X線の異常分散を利用した方法だけである．いったん絶対配置が決まれば，絶対配置既知の構造を内部標準として分子中に組み込み，X線構造中の相対的な立体配置を調べることにより，間接的に絶対配置を知ることができる．この内部標準法により，多くの化合物の絶対配置が決定されている．上述の方法ではX線解析が必要であるが，NMRや円二色性（CD）スペクトルを用いて，スペクトルの特徴から経験的に絶対配置を決定する方法も知られている．とくに，一定の条件を満たせば，CDスペクトルの励起子キラリティー法や理論計算法は信頼できる結果を与える[6]．

2.7 位相立体異性体

これまで分子中における原子の三次元配列により生じる立体異性体について解説してきたが，本節では分子のつくる空間の位相的性質（点と線の連結様式）の違いにより生じる位相異性体（topological isomer）を考える[27]．位相異性体の関係を位相異性（topological isomerism）という．立体異性体のうち，立体異性の原因が位相の違いだけによるものを，位相立体異性体（topological stereoisomer）という．代表的な位相異性体としては，一つの環が絡み合ったノット（knot），二つ以上の環が相互に連結したカテナン（catenane），環に棒が通り抜けたロタキサン（rotaxane）がある（図2.49）．このような化合物を合成するためには，前駆体の構造を高度に制御して環化または貫通する必要がある．従来は，統計的な方法で生じたごくわずかの異性体を単

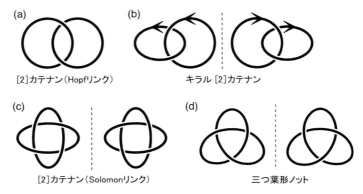

図2.49 さまざまな位相立体異性体

2.7 位相立体異性体

離していた（統計的合成）．現在では，さまざまな手法で前駆体を都合のよい構造に前組織化することが可能であり，選択的な合成法が普及している（テンプレート合成）．また，必要なユニットを一度に混ぜるだけで，高度な位相異性体が生成する例も知られている（ワンポット合成）．ここでは，位相異性の様式とキラリティーについて，カテナンとノットを例として説明する．

2.7.1 カテナン

二つ以上の環が鎖のように相互に連結し，結合を切断しないで分離することができない位相異性体をカテナンとよぶ[28]．連結した環の間には共有結合などの強い相互作用はないが，構造的に分離することはない．このような結合は機械的結合（mechanical bond）とよばれる．カテナンは，環の数と交差点（環が交わる点）の数によって特徴づけられ，環の数が n のカテナンは [n] カテナンと表示される．ここでは，[2] カテナンのいくつかの例を紹介する．

交差点2の [2] カテナンは Hopf リンクともよばれ，最も単純なカテナンである．最初の合成は，確率に依存した方法で行われた．両末端にエステル官能基をもつ長鎖化合物のアシロイン縮合を大環状シクロアルカン中で行うと，ごくわずかの長鎖化合物は環を通り抜けて分子内で環化する．生成物のスペクトルから [2] カテナンの存在が確認された．

選択的にカテナンを合成するためには，二つの環が連結するのに都合のよい構造をもつ前駆体をつくり，その後大環状化する方法が効率的である．図 2.50 は，1,10-フェ

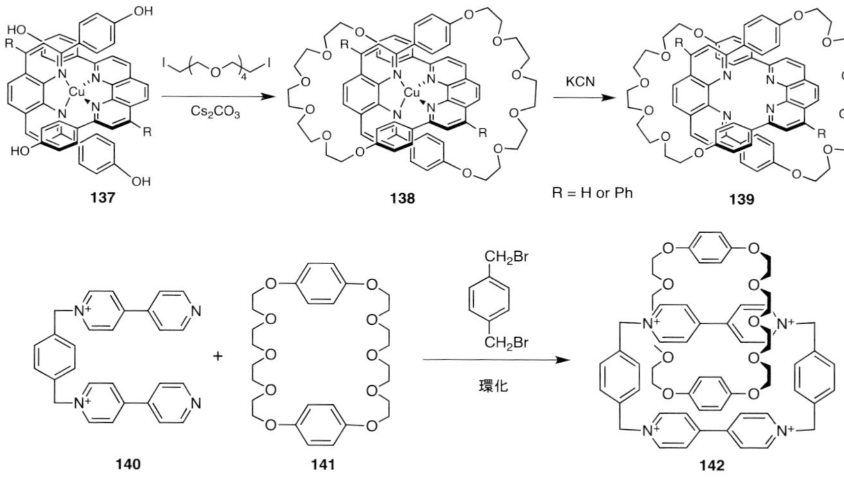

図 2.50　[2] カテナンのテンプレート合成

ナントロリン (phen) と Cu^+ が $[Cu(phen)_2]^+$ の四面体形錯体を形成することを利用したテンプレートを経由した合成法である．化合物 **137** はアルキル化可能な官能基をもつカテナン前駆体錯体であり，これを長鎖エチレングリコール鎖で環化するとカテナン **138** が選択的に生成する．ここから銅イオンを除去すると，二つの環の間に強い相互作用のないフリーのカテナン **139** になる．図 2.49(b) のように，置換基の導入などによりカテナンを構成する環が方向性をもつと，[2]カテナンの構造はキラルになる．フェニル基を導入したキラル誘導体 **139** (R = Ph) が実際に合成され，エナンチオマーの存在が NMR により確認された．もう一つの例は，芳香環の間の強い相互作用をテンプレート化に利用する方法である．化合物 **140** と **141** の混合物に 1,4-ビス (ブロモメチル) ベンゼンを加えて環化すると，鎖が環を通り抜けたのちに環化したカテナン **142** が選択的に得られる．ここでは，電子不足性のビビリジニウムと電子豊富性のジメトキシベンゼンの間の電荷移動相互作用が，カテナン形成に有利なテンプレート形成に重要な役割を果たしている．この手法を応用して，多数の環が連結した [n]カテナンが合成されている．

　交差点が四つある [2]カテナンは Solomon リンク (図 2.49(c)) ともよばれ，Hopf リンクより二つの環が高度に交差しているので，より精密な分子設計が必要である[29]．金属配位を利用した方法では，phen 配位子を三つ連結した鎖を 2 本用いて二重らせん錯体をつくり，末端をエチレングリコール鎖で環化すると目的の [2]カテナン **143** が得られる (図 2.51)．最近では，必要なユニットを一度に混合することにより，選択的に合成する方法が知られている．その一例は，ピリジン配位子をもつジアミンとジアルデヒド，および Zn^{2+} と Cu^{2+} イオンを混合する方法である．金属配位によるテ

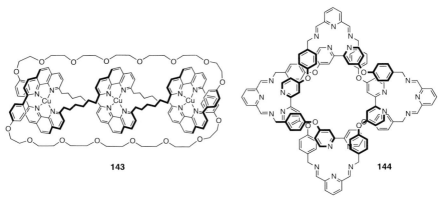

図 2.51　金属配位のテンプレートを利用して合成された Solomon リンク (**143** は金属イオン除去前の構造)

2.7 位相立体異性体

ンプレート化，縮合によるイミン生成が連続的に起こり，最終的に［2］カテナン **144** が生成する．このような［2］カテナンは位相的にキラルであり，エナンチオマーが存在することが確認された．

2.7.2 ノット

ノットは結び目の異なる単環式化合物の位相異性体であり，鎖状の前駆体が絡み合って環化し，結合の切断なしでは相互に変換できない性質をもつ[30]．最も代表的なノットは三つ葉形ノット（trefoil knot）であり，環を平面に投影

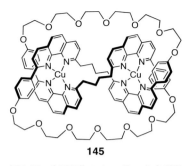

図2.52 金属配位のテンプレートを利用して合成された三つ葉形ノット（金属イオン除去前の構造）

したとき三つの交差点をもつ．三つ葉形ノットとその鏡像は，同じ空間内で相互に変換することができないので，位相的にキラルである．

カテナンの場合と同様に，最初のノットの合成は金属配位を用いたテンプレート化を利用して行われた（図2.52）．ここでは phen 配位子を二つ連結した鎖を2本用いて二重らせん銅（I）錯体をつくり，末端を環化するとノット **145** が得られる．用いる配位子の配位部位の数を変えるだけで，さまざまな位相を分子で実現できることは，たいへん興味深い．この環状化合物から金属イオンを除去すると，フリーのノットが得られる．キラルな構造をもつことは，NMRスペクトルおよびX線解析から明らかにされている．

ワンポットのノット合成の例を図2.53に示す．酸塩化物 **146** とジアミン **147** を混合するだけで，三つ葉形ノットの構造をもつ環状化合物 **148** が最高20%の収率で得

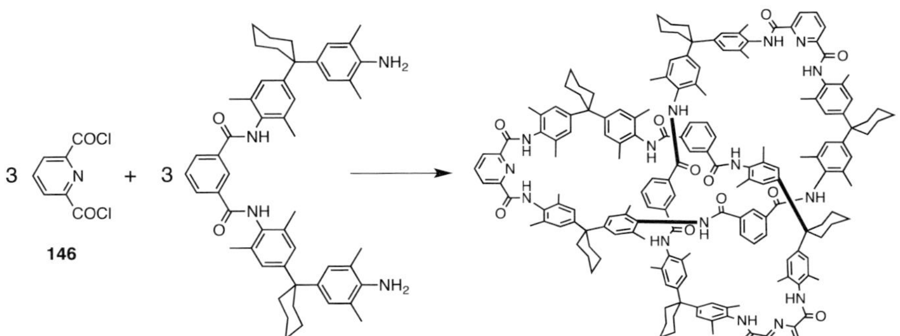

図2.53 三つ葉形ノットのワンポット合成

られる．この化合物のエナンチオマーは，キラル HPLC で分割され，CD スペクトルの特徴から絶対配置も決定されている．合成が非常に容易なため，このノット構造を複数集積した複雑な立体異性体も合成されている．

文　　献

1) 日本化学会編，化学の原典，有機立体化学，東京大学出版会（1975）．
2) 立体科学に関する一般的な教科書・参考書
   (a) E. L. Eliel and S. H. Wilen, Stereochemistry of Organic Compounds, Wiley, New York (1994); (b) E. Juaristi, Introduction to Stereochemistry and Conformational Analysis, Wiley, New York (1991); (c) C. Wolf, Dynamic Stereochemistry of Chiral Compounds, RSC Publishing, Cambridge (2008); (d) F. A. Carroll, Perspectives on Structure and Mechanism in Organic Chemistry, 2nd ed., Wiley, Hoboken (2010); (e) 大木道則，立体化学，第 4 版，東京化学同人（2002）; (f) 豊田真司，有機立体化学，丸善（2002）; (g) M. J. T. Robinson 著，豊田真司訳，立体化学入門―三次元の有機化学，化学同人（2002）; (h) 竹内敬人，よくある質問 立体化学入門，講談社サイエンティフィク（2007）．
3) (a) G. P. Moss, *Pure Appl. Chem.*, **68**, 2193 (1996). http://www.chem.qmul.ac.uk/iupac/stereo/（立体化学の基本用語）; (b) J. Brecher, *Pure Appl. Chem.*, **78**, 1897 (2006)（立体化学式の表記法）; (c) H. A. Favre and W. H. Powell eds., Nomenclature of Organic Chemistry: IUPAC Recommendations and Preferred Names 2013, Royal Society of Chemistry, Cambridge (2014)（最新の IUPAC 有機化合物命名法）．
4) (a) 中崎昌雄，分子のかたちと対称―その表示法―，南江堂（1969）; (b) A. Vincent 著，崎山博史，柴原隆志，鈴木孝義，半田　真訳，演習で理解する分子の対称と群論入門，丸善（2012）．
5) 日本化学会編，第 4 版実験化学講座 1．基本操作［I］，丸善（1990），3.4.2.
6) (a) N. Berova, K. Nakanishi and R. W. Woody eds., Circular Dichroism: Principle and Applications, 2nd ed. Wiley-VCH, New York (2000); (b) N. Berova, P. L. Polavarapu, K. Nakanishi and R. W. Woody, eds., Comprehensive Chiroptical Spectroscopy, Volume 2: Applications in Stereochemical Analysis of Synthetic Compounds, Natural Products, and Biomolecules, Wiley, Hoboken (2012).
7) K. Mislow and J. Siegel, *J. Am. Chem. Soc.*, **106**, 3319 (1984).
8) J. M. Bijvoet, A. F. Peerdeman and A. J. van Bommel, *Nature*, **168**, 271 (1951).
9) (a) R. S. Cahn, C. K. Ingold and V. Prelog, *Angew. Chem. Int. Ed. Engl.*, **5**, 385 (1966); (b) V. Prelog and G. Helmchen, *Angew. Chem. Int. Ed. Engl.*, **21**, 567 (1982).
10) M. Ōki, *Top. Stereochem.*, **14**, 1 (1983).
11) Y. Shen and C.-F. Chen, *Chem. Rev.*, **112**, 1463 (2012).
12) F. Vögtle, Cyclophane Chemistry, Wiley, Chichester (1990).
13) M. Ōki, Application of Dynamic NMR Spectroscopy to Organic Chemistry, VCH, Deerfield Beach (1985), Chapt. 3.
14) (a) V. Pophristic and L. Goodman, *Nature*, **411**, 565 (2001); (b) Y. Mo and J. Gao, *Acc. Chem. Res.*, **40**, 113 (2007).

15) W. Klyne and V. Prelog, *Experientia*, **16**, 521 (1960).
16) H. Dodziuk, Modern Conformational Analysis: Elucidating Novel Exciting Molecular Structures, VCH, New York (1995).
17) M. Ōki, The Chemistry of Rotational Isomers, Springer-Verlag, Berlin (1993).
18) A. J. Kirby 著,鈴木啓介訳,立体電子効果—三次元の有機電子論,化学同人 (1999).
19) S. Toyota, *Chem. Rev.*, **110**, 5398 (2010).
20) M. Grossel, Alicyclic Chemistry, Oxford Science Publications, Oxford (1997).
21) (a) R. Alder and S. P. East, *Chem. Rev.*, **96**, 2097 (1996); (b) M. Saunders, *J. Comput. Chem.*, **10**, 203 (1989).
22) R. A. Pascal, Jr., *Eur. J. Org. Chem.*, **18**, 3763 (2004).
23) J.-J. Delpuech, Cyclic Organonitrogen Stereodynamics, J. B. Lambert and Y. Takeuchi eds., VCH, New York (1992).
24) E. Juaristi and G. Cuevas, *Tetrahedron*, **48**, 5019 (1992).
25) K. Mislow and M. Raban, *Top. Stereochem.*, **1**, 1 (1967).
26) J. Jacques, A. Collet and S. H. Wilen, Enantiomers, Racemates, and Resolutions, Krieger Publishing Company, Malabar (1991).
27) (a) R. S. Forgan, J.-P. Sauvage and J. F. Stoddart, *Chem. Rev.*, **111**, 5434 (2011); (b) J.-P. Sauvage, C. Dietrich-Buchecker, eds., Molecular Catenanes, Rotaxanes and Knots, Wiley-VCH, Weinheim (1999).
28) D. B. Amabilino and J. F. Stoddart, *Chem. Rev*, **95**, 2725 (1995).
29) C. D. Pentecost, K. S. Chichak, A. J. Peters, G. W. V. Cave, S. J. Cantrill and J. F. Stoddart, *Angew. Chem. Int. Ed.*, **46**, 218 (2007).
30) (a) O. Lukin and F. Vögtle, *Angew. Chem. Int. Ed.*, **44**, 1456 (2005); (b) C. Dietrich-Buchecker, B. X. Colasson and J.-P. Sauvage, *Top. Curr. Chem.*, **249**, 261 (2005).

3
非局在結合

 1章では，σ結合とπ結合で構成される二重結合について，エテンを例にとって説明した．π結合は分子骨格の上下に電子密度をもち，原子核からの束縛が小さいことを学んだ．ブタジエンやベンゼンのように，二つ以上のπ結合が連続して配置された分子では，π電子はさらに多くの原子によって共有されている．これをπ電子の非局在化（delocalization）とよび，π結合の配置によって非局在化のしかたが異なるため，分子が特徴的な反応性や物理的性質を示す原因となる．非局在化したπ電子をもつ共役系化合物は，天然および人工染料の発見や発明を発端として化学工業の誕生とその発展に深くかかわっている．また，有機合成化学や理論化学の発展にも共役系化合物は大きな役割を果たしており，その産物である色素や顔料は現在も重要な化学工業製品である．とくに，π電子の環状非局在化によって生じる芳香族性は，有機化学の基礎を形作る概念の一つとして，構造化学ならびに反応化学の両面において重要な位置を占めている．さらに最近は，有機半導体や光電変換材料などの光電子材料やバイオセンサーなどの先端機能性材料として新しい科学技術と結びつくことで，共役系化合物が現代社会において広く利用されている．したがって，非局在電子系の原理を理解し，それらを使いこなすことはますます重要になっているといえる[1]．

3.1　鎖状共役系化合物

 まず，単純な非局在電子系である鎖状の共役系化合物について，いくつかの基本原理を説明する[1]．最も単純な非局在電子系として1,3-ブタジエン（1）から始めることにする．なお，1には，C2-C3間の単結合の回転によって，二つの二重結合が同一平面上にあるs-cis型およびs-trans型と，ねじれた配置をとるゴーシュ型の配座異性体が存在しうるが，ここでは説明を簡単にするためs-trans型に限定する（図3.1）．
 実際の構造を二つあるいはそれ以上の極限構造（canonical strcuture）の重ね合わせとして表すことを共鳴（resonance）という．1には図3.2に示す三つの極限構造からなる共鳴が考えられる（次ページの「共鳴構造式に関する注意点」参照）．1′や1″のように末端に電荷をもつ極限構造の寄与があることは，結合長や結合次数からわかる（3.1.1項参照）．すなわち，1のC1-C2（C3-C4）およびC2-C3の結合長は

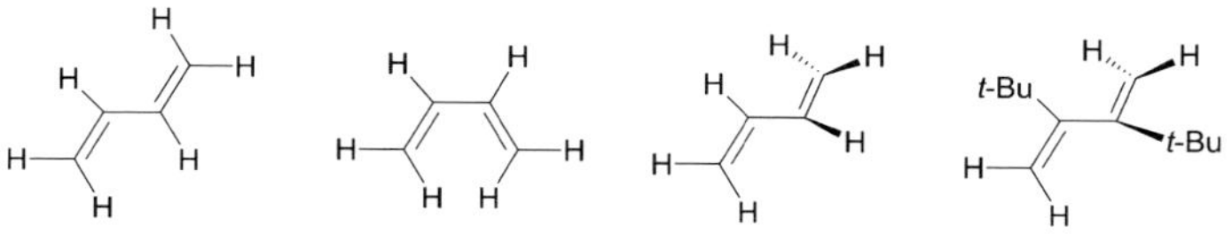

3.1 鎖状共役系化合物

図 3.1 1,3-ブタジエン (**1**) とその誘導体 (**2**)

$H_2C=CH-CH=CH_2$ ⟷ $\overset{+}{H_2C}-CH=CH-\overset{-}{CH_2}$ ⟷ $\overset{-}{H_2C}-CH=CH-\overset{+}{CH_2}$
     1   **1'**   **1"**

図 3.2 ブタジエンの共鳴構造

それぞれ 1.335, 1.456 Å であり, 立体障害のためにねじれ角が 97° のゴーシュ配座をとる 2,3-ジ-t-ブチル-1,3-ブタジエン (**2**) の対応する結合長 (各々 1.326, 1.506 Å) と比較して, 二重結合は長く, 単結合は短くなっている. また Hückel 分子軌道法によれば (3.1.1 項参照), C1-C2 (C3-C4) および C2-C3 の結合次数はそれぞれ 1.894 および 1.447 である. これらの値は **1** の π 結合が C1-C2 および C3-C4 に局在化しているのではなく, C2-C3 間にも非局在化していることを示している.

この非局在化は 1,3-ブタジエン (**1**) に熱力学的な安定化をもたらす. **1** の 1-ブテンへの水素化熱の実測値は $-109.1 \text{ kJ mol}^{-1}$ であり, 1-ブテンのブタンへの水素化熱 ($-125.0 \text{ kJ mol}^{-1}$) よりも 15.9 kJ mol^{-1} だけ発熱量が小さい. このことは, π 電子が非局在化することによって, **1** が 15.9 kJ mol^{-1} だけ安定化されたことを意味する. 1-ブテンのエチル基は後述の (3.1.5 項参照) 超共役効果により 11.3 kJ mol^{-1} の安定化を及ぼしていると考えられるので, その分を考慮すると安定化エネルギーは 27.2 kJ mol^{-1} になる.

共鳴構造式に関する注意点

図 3.2 のように, 非局在化した結合を極限構造間の共鳴により表現することは非常に便利な方法であるが, 注意を払うべき点もある. ここでは共鳴構造式を書くときの注意点を述べておく.

①すべての極限構造において, たとえば直鎖と分枝型のように原子の位置が変化してはならない.

②すべての極限構造において, 電子対の数が等しくなければならない. たとえば, 図 3.2 のブタジエンの共鳴構造式ではすべての極限構造 (**1**, **1'**, **1"**) において電子対の数は 11 個であるが, ジラジカル構造 **1'''** ではそれが 10 個になるため, 共鳴に寄与しえない.

$$\overset{\bullet}{H_2C}-CH=CH-\overset{\bullet}{CH_2}$$

1'''

③等価な極限構造が書ける場合は，共鳴混成体におけるそれらの寄与は等しく，大きな共鳴効果がえられる．

④すべての極限構造が等しく寄与するのではなく，より安定な構造がより大きな寄与をする．たとえば，図3.2のブタジエンの共鳴構造式では電荷分離した極限構造1'，1''の寄与は小さい．同様に，異なる原子を含む共鳴においては，電気陰性度の大きい原子上に負電荷をもつ極限構造のほうが安定であるため，それらの寄与が大きい．

⑤大きな寄与をする極限構造の数が多いほど，共鳴効果は大きく電子は非局在化されるため，分子は安定になる．

⑥極限構造は実在しない想像上の構造であり，それらがすばやく相互変換しているのではない．真の構造はそれらの共鳴混成体である．

3.1.1 Hückel 分子軌道法による表現

計算機技術の進歩のおかげで，最近は大きな基底関数を用いて電子相関を考慮した精度の高い量子化学計算が比較的簡単に行えるようになった(1.2.2項参照)．しかし，Hückel 分子軌道法（HMO 法）は精度は低いという短所があるものの，計算の容易さと計算結果から電子状態を直感的に理解できるという利点のため，依然として有用な方法である（1.3節参照）．

1.3節では水素分子のような等核2原子分子の分子軌道が式（1.9）で表されることを示した．HMO法ではσ結合は無視してπ分子軌道だけを扱い，それらを$2p_z$原子軌道（ϕ）の線形結合で表す．さらに，計算を簡略化するために重なり積分Sを0と近似する．こうすることにより，エテンのように2個の炭素核と2個の電子から構成される系の結合性軌道Ψ_Aと反結合性軌道Ψ_Bは，原子軌道ϕ_A, ϕ_Bの関数として式（3.1）で表すことができる（図1.8，式（1.9）および式（1.12）参照）．

$$\Psi_A = \frac{1}{\sqrt{2}}(\phi_A + \phi_B), \qquad \Psi_B = \frac{1}{\sqrt{2}}(\phi_A - \phi_B) \tag{3.1}$$

a. 1,3-ブタジエン

同様に，1,3-ブタジエン（**1**）の HMO（Ψ_1, Ψ_2, Ψ_3, Ψ_4）は，四つの原子軌道（ϕ_1, ϕ_2, ϕ_3, ϕ_4）の線形結合で表され，Hückel 近似のもとに導かれた永年方程式（3.2）を解いて$\alpha - E = \pm 1.6182\beta$，$\pm 0.6182\beta$を得る．規格化条件を用いて各分子軌道$\Psi_n$（$n = 1 \sim 4$）における原子軌道$\phi_n$（$n = 1 \sim 4$）の係数を求めると式（3.3）となる．分子軌道のエネルギー準位ならびに係数の符号と大きさを図3.3に示す．

エテンの結合性軌道に比べて，Ψ_1はより安定化され，Ψ_2は不安定化されているこ

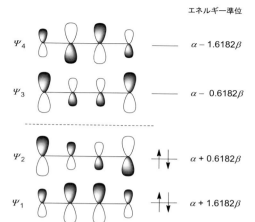

図 3.3 1,3-ブタジエンの HMO とそのエネルギー準位
Ψ_1 と Ψ_2 にそれぞれ 2 個の電子が収容されている.

とがわかる.

$$\begin{vmatrix} \alpha-E & \beta & 0 & 0 \\ \beta & \alpha-E & \beta & 0 \\ 0 & \beta & \alpha-E & \beta \\ 0 & 0 & \beta & \alpha-E \end{vmatrix} = 0 \tag{3.2}$$

$$\begin{aligned} \Psi_4 &= 0.3714\,\phi_1 - 0.6015\,\phi_2 + 0.6015\,\phi_3 - 0.3714\,\phi_4 \\ \Psi_3 &= 0.6015\,\phi_1 - 0.3714\,\phi_2 - 0.3714\,\phi_3 + 0.6015\,\phi_4 \\ \Psi_2 &= 0.6015\,\phi_1 + 0.3714\,\phi_2 - 0.3714\,\phi_3 - 0.6015\,\phi_4 \\ \Psi_1 &= 0.3714\,\phi_1 + 0.6015\,\phi_2 + 0.6015\,\phi_3 + 0.3714\,\phi_4 \end{aligned} \tag{3.3}$$

b. HMO から得られる情報

HMO の係数からは π 電子密度や結合次数,双極子モーメントに関する情報が得られ,分子軌道のエネルギー準位からはイオン化ポテンシャル(ionization potential:IP),電子親和力(electron affinity:EA),励起エネルギー,非局在化エネルギー(共鳴エネルギー(resonance energy:RE))について知ることができる.

たとえば,原子 r 上の電子密度 (q_r) は式(3.4)で与えられる.

$$q_r = \sum_i^{\text{occupied}} \sigma_i c_{ri}^2 \tag{3.4}$$

ここで,c_{ri}:i 番目の軌道の炭素 r 上の係数,σ_i:i 番目の軌道の π 電子数(2 または 1)である.

1,3-ブタジエン(**1**)のラジカルアニオン(4.5 節参照)では,図 3.3 に示した **1**

の電子配置に加えて,もう一つの電子が Ψ_3 に入った電子配置をとる.したがって,その電子密度は以下のように求めることができる.

$$q_1 = q_4 = 2 \times 0.3714^2 + 2 \times 0.6015^2 + 1 \times 0.6015^2 = 1.3613$$
$$q_2 = q_3 = 2 \times 0.6015^2 + 2 \times 0.3714^2 + 1 \times 0.3714^2 = 1.1374$$

つまり,1のラジカルアニオンでは末端炭素(C1, C4)のほうが内部炭素(C2, C3)よりも電子密度が高いことがわかる.

また原子 r, s 間の結合次数(P_{rs})は式(3.5)で与えられる.

$$P_{rs} = \sum_i^{\text{occupied}} \sigma_i c_{ri} c_{si} \tag{3.5}$$

ここで,c_{ri}:i 番目の軌道の原子 r 上の係数,c_{si}:i 番目の軌道の原子 s 上の係数,σ_i:i 番目の軌道の π 電子数(2または1)である.

これを用いて1の結合次数を求めると,以下のようになる.

$$P_{12} = 2 \times 0.3714 \times 0.6015 + 2 \times 0.6015 \times 0.3714 = 0.8936$$
$$P_{23} = 2 \times 0.6015 \times 0.6015 + 2 \times 0.3714 \times (-0.3714) = 0.4477$$

3.1節で述べた s-trans 配座の1の全結合次数は,この値に σ 結合による1を加えた値であり,1の単結合(C2-C3)が部分的に二重結合性をもっていることを示している.結合次数(P)と結合長(r)の間には式(3.6)の比例関係があり,1の C2-C3 結合長が短いことは結合次数の増加によるものと解釈できる.

$$r(\text{Å}) = 1.520 - 0.186P \tag{3.6}$$

1の共鳴エネルギー(RE)は,1と2分子のエテン結合エネルギーの差で表される.すなわち,$RE = 2(\alpha + 1.6182\beta) + 2(\alpha + 0.6182\beta) - 4(\alpha + \beta) \fallingdotseq 0.473\beta$ となり,1では 0.473β に相当する共鳴安定化があることを示している.

上記のように,厳密な定量性は欠くものの,HMO の係数から π 電子の密度に関係するパラメーターの目安を得ることができるが,HMO のエネルギー準位から直接得られる IP, EA に関する情報は実験値との相関があまりよくない.これは,中性分子のエネルギーだけではなく,電子が抜けたあとのラジカルカチオンや電子を受け入れたあとのラジカルアニオンのエネルギーを考慮する必要があるためである.また励起エネルギーについては,電子遷移にかかわる分子軌道の対称性や電子遷移にともなう電子配置の変化に起因する相互作用のため,基底状態の分子の軌道エネルギー準位の差だけでは厳密に議論できない.RE についても後述のように(3.3.1項参照),HMO 法では定性的な傾向が再現できるにとどまる.

c. ポリエン

ブタジエンよりさらに共役が伸長した 1, 3, 5-ヘキサトリエンや 1, 3, 5, 7-オクタテトラエンなどの鎖状ポリエンの i 番目の Hückel 軌道 Ψ_i は一般式(3.7)で表される.i 番目の分子軌道の原子 r 上の係数 c_{ri} は,式(3.8)の sin 関数で表されるので,軌

道の位相，すなわちローブの正負はエネルギー準位とともに規則的に変化する．また電子の存在確率がゼロになる点を節（node）とよび，ローブの正負が入れ替わって軌道の位相が反転する点に対応する．最も低エネルギーの軌道では節の数がゼロであるが，エネルギーが上昇する順に節の数が一つずつ増える．そのエネルギー E_i は式（3.9）で表され，図 3.4 に示す配置になる．

$$\Psi_i = \sum_{r=1}^{n} c_{ri} \phi_r \tag{3.7}$$

$$c_{ri} = \sqrt{\frac{2}{n+1}} \sin \frac{ri\pi}{n+1} \tag{3.8}$$

ここで，c_{ri}：i 番目の分子軌道の原子 r 上の係数，ϕ_r：原子 r の原子軌道，n：$2p_z$ 原子軌道の数である．

$$E_i = \alpha + 2\beta \cos \frac{i\pi}{n+1} \tag{3.9}$$

図 3.4 において，エネルギーが α よりも低い軌道に電子がおのおの 2 個ずつ収容される．電子が収容された軌道のうちで最もエネルギーレベルの高い軌道が HOMO で，空の軌道のうちで最もエネルギーレベルが低い軌道が LUMO である（1.3.2 項参照）．また，HOMO よりもエネルギー順位の低い軌道を順に HOMO-1，HOMO-2 とよび，空軌道についてもより準位の高い軌道を LUMO+1，LUMO+2 とよぶ．α を境にして被占軌道と空軌道は対称に分布し，ポリエン鎖長が伸びて π 電子数が増加すると HOMO と LUMO のエネルギー差は小さくなる．all-*trans* 配置をもつ鎖状ポリエンの最も吸光度の大きな電子遷移の波長およびその波数と HOMO-LUMO の

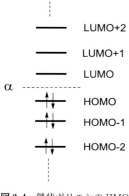

図 3.4 鎖状ポリエンの HMO エネルギー準位

表 3.1 鎖状ポリエン H(CH=CH)$_n$H の最大の吸光度をもつ吸収の波長および波数と Hückel 軌道における HOMO-LUMO ギャップ[a]

n	λ_{max}/nm	ν_{max}/cm^{-1}	HOMO-LUMO エネルギー差/β
2	217	46080	1.24
3	257	38910	0.89
4	290	34480	0.69
5	335	29850	0.57
6	365	27397	0.48
7	370	27030	0.42
8	384	26041	0.37
10	420	23810	0.30

a) 文献 1f.

エネルギー差を表3.1に示す[*1]．この場合には両者の間に良好な相関がある．

3.1.2 π 結合に隣接した一つのp軌道がある系の共役

軌道間の共鳴は，偶数のp軌道から構成されるポリエンだけでなく，図3.5に示すように，3個のp軌道をもつプロペニル（慣用名：アリル（allyl））系や7個のp軌道をもつフェニルメチル（慣用名：ベンジル（benzyl））系のように奇数のp軌道から構成される系においても存在する．

アリル系の場合，三つ目のp軌道には電子が入っていないアリルカチオン（allyl cation），1個収容されているアリルラジカル（allyl radical），2個収容されているアリルアニオン（allyl anion）が考えられるが，いずれも共鳴によって安定化されている．たとえば，プロペンのメチル基のC-Hの結合解離エネルギーは368 kJ mol^{-1}であり，これはプロパンのメチルC-Hの結合解離エネルギー410 kJ mol^{-1}よりもはるかに小さい．これはプロペンのC-Hの解離で生成するアリルラジカルがプロピルラジカルよりも共鳴安定化を受けているためである．アリル系およびベンジル系のカチオン，アニオンの安定性についてはそれぞれ4.1, 4.2節で述べる．それぞれの共鳴構造式を図3.6に示す．

アリル系のHMOの特徴はΨ_2のエネルギーレベルがαである点である．このような軌道は非結合性軌道（non-bonding molecular orbital：NBMO）とよばれる．奇数の

図3.5 (a) アリル系と，(b) ベンジル系を構成するp軌道

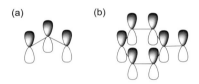

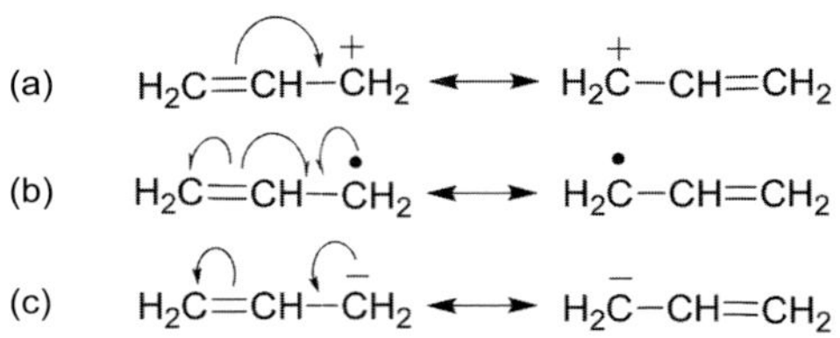

図3.6 (a) アリルカチオン，(b) アリルラジカル，(c) アリルアニオンの共鳴構造式

[*1] この吸収はHOMO-LUMO間の遷移（$\Psi_2 \to \Psi_3$）に対応しているが，実際には$\Psi_2 \to \Psi_4$と$\Psi_1 \to \Psi_3$の電子配置間相互作用で生じる励起状態への対称禁制の（吸光度の小さな）遷移がより低エネルギー側に存在する．

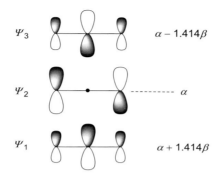

図 3.7 アリル系の HMO とそのエネルギー準位
アリルカチオンでは Ψ_1 に 2 個,アリルアニオンでは Ψ_1 と Ψ_2 にそれぞれ 2 個,アリルラジカルでは Ψ_1 と Ψ_2 にそれぞれ 2 個と 1 個の電子が収容されている.

炭素から構成される共役系には必ず NBMO がある.アリルカチオンでは Ψ_2 に電子が入っておらず,Ψ_1 に 2 個の電子が収容される(図 3.7).Ψ_1 は C2 の係数が大きいため,式(3.4)から π 電子密度(q_r)は $q_1=q_3=0.5$, $q_2=1.0$ となり,正電荷が C1 と C3 に多く分布している.一方,アリルアニオンの場合には Ψ_2 に 2 個の電子が入るため,π 電子密度は $q_1=q_3=1.5$, $q_2=1.0$ となり,負電荷が C1 と C3 に多く分布している.

アリルラジカルでは Ψ_2 に 1 個の電子が入るため,不対電子が C1 と C3 に分布することを裏づけている.Ψ_2 は結合エネルギーに対して寄与しないため,アリルカチオン,アリルラジカル,アリルアニオンの π 結合エネルギーはいずれも 2.828β で等しい.

3.1.3 交 差 共 役

交差共役(cross conjugation)とは,3-メチレン-1,4-ペンタジエン(**3**)のように三つの原子団が存在し,1 番目(C1-C2 の二重結合)と 2 番目(C3-C6 の二重結合),2 番目と 3 番目(C4-C5 の二重結合)は直接結合していてそれぞれ共役しているが,1 番目と 3 番目は直接結合していない系における共鳴のことを指す.**3** のほかに,ベンゾフェノン(**4**),1,1-ジシアノエテン(**5**)などがある(図 3.8).

3 の HMO の結合性軌道($\Psi_1 \sim \Psi_3$)を図 3.9 に示す.π 電子エネルギーは $6\alpha+6.900\beta$($RE=0.900\beta$)であり,これは 1,3,5-ヘキサトリエンの $6\alpha+6.988\beta$($RE=0.988\beta$)よりも小さい.Ψ_2 の C3, C6 の係数は 0 であるため,π 結合の結合次数は $P_{12}=P_{45}=0.908$, $P_{36}=0.816$, $P_{23}=P_{34}=0.408$ となり,1,3-ブタジエンの π 結合次数 $P_{12}=P_{34}=0.894$, $P_{23}=0.448$ と比較すると,**3** では末端の二重結合性は大きくなるかわりに

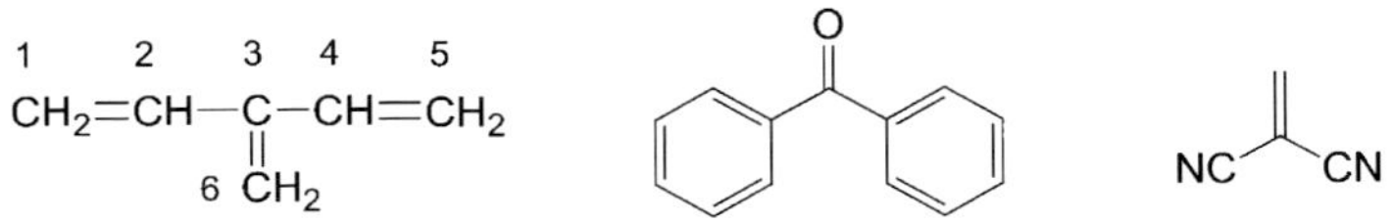

```
       1   2   3   4   5
      CH₂=CH-C-CH=CH₂
              |
           6 CH₂
```

3

(ベンゾフェノン構造) **4**

NC–C(=CH₂)–CN **5**

図 3.8 交差共役分子の例

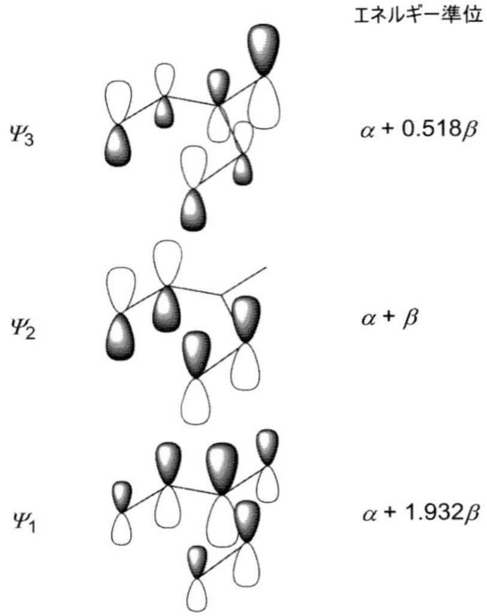

図 3.9 3-メチレン-1,4-ペンタジエン（**3**）の HMO における結合性分子軌道とそのエネルギー準位

$\Psi_3 \quad \alpha + 0.518\beta$

$\Psi_2 \quad \alpha + \beta$

$\Psi_1 \quad \alpha + 1.932\beta$

C3-C6 の二重結合性は小さくなることがわかる．

3.1.4 ホモ共役

 直接結合していない原子団の間の共役をホモ共役（homoconjugation）という．交差共役との違いは二つの原子団の間に挟まれた部分に原子団間の共役を橋渡しする p 軌道がないことである．ホモ共役は，ホモアリル系や 7-ノルボルネニル系の加溶媒分解反応において，二重結合がカルボカチオンを安定化する隣接基関与としてよく知られているが，分子構造や電子的特性にも大きな影響を及ぼすことがわかっている．
 ホモ共役には空間を通した（through-space）相互作用と結合を介した（through-bond）相互作用がある．スピロ炭素の両側に繋がれた直交する二つの π 電子系における相互作用は前者の例であり，とくにスピロ共役ともよばれる．たとえば，スピロ[2.4]

ヘプタトリエン（**6**）では，図 3.10 のように右側のジエン部分の HOMO と左側の二重結合の LUMO はローブの正負が重なるような位相になっているため，電荷移動相互作用が生じる（1.6.5 項参照）．これは吸収スペクトルによって確認されている．

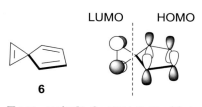

図 3.10 スピロ[2.4]ヘプタトリエン（**6**）とその空間を通した軌道間相互作用

結合を介した相互作用の例にはビシクロ[2.2.2]オクタジエン（**7**）がある．**7** のように架橋部の C1-C7 および C4-C8 の σ 結合と二重結合が相互作用するのに適した空間配置をとる場合には，π 軌道間の結合的相互作用でできる分子軌道（$\pi_1+\pi_2$）が，架橋部の σ 結合を介した π 軌道間の相互作用のために不安定化されることが光電子スペクトルの測定からわかっている（図 3.11）．

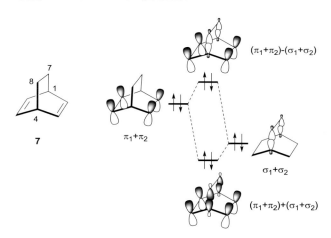

図 3.11 ビシクロ[2.2.2]オクタジエン（**7**）の分子軌道（$\pi_1+\pi_2$）におけるσ結合を介した軌道間相互作用
もう一つのπ分子軌道（$\pi_1-\pi_2$）は書かれていない．

3.1.5 超 共 役

超共役（hyperconjugation）は σ-π 結合間にはたらく相互作用という意味で，上述の結合を介した相互作用に関連した相互作用であり，とくに励起状態の分子ならびにイオン種やラジカル種では安定化に寄与する重要な効果である（4.1.1, 4.1.2, 4.3.1 項参照）．一例として，エチルカチオンの共鳴構造式を図 3.12(a) に示す．右側の極限構造における結合していない H^+ は奇妙に見えるが，C-H 結合が電子供与することにより正電荷を安定化していることを示す．中性の分子についても，炭素-炭素二重

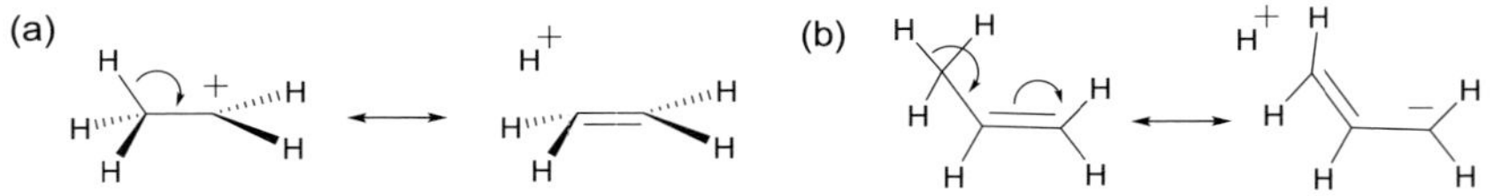

(a) (b)

図 3.12 (a) エチルカチオンにおける超共役と, (b) プロペンにおける超共役

結合に隣接したアルキル基は超共役によってπ系に電子供与する効果をもつ. さらに, アルケンの熱力学的安定性がアルキル置換基の数に依存するのも超共役に起因すると考えられている. たとえば, プロペンの共鳴構造式は図 3.12(b) のように表される. しかし, 中性分子の基底状態における超共役の存在については議論の対象になっている.

3.2 環状共役系化合物

3.2.1 ベンゼンの安定性と Hückel 則

本節では, 環状共役系について, 4π 電子系のシクロブタジエン (**8**), 6π 電子系のベンゼン (**9**), および 8π 電子系のシクロオクタテトラエン (**10**) のようなより大きな π 共役系をとりあげ, Hückel 分子軌道による π 電子の記述を鎖状共役系と対比しながら述べる[1]. **8**〜**10** のように $(CH)_n$ の分子式で表される単環状の π 共役系化合物は, π 電子数 n を前につけて [n]アヌレン ([n]annulene; n は偶数) とよばれ, π 電子数と芳香族性に関する Hückel 則にかかわる基本的な化合物群である (図 3.13).

ベンゼン (**9**) は最も基本的な芳香族化合物である. 1825 年に Faraday により鯨油から単離され, 1833 年に Mitscherlich により安息香酸のカルシウム塩の熱分解により人工的に誘導された. ベンゼンが求電子剤に対して付加反応ではなく置換反応を行うことも 19 世紀前半から知られている. ベンゼンは他の不飽和化合物に比べて非常に安定であるため (3.3.1 項参照), 自然界に多くの誘導体が存在するだけでなく, 工業的にもポリマーをはじめとする汎用化学品として大量に用いられている. これに対して, 8π 系の **10** はベンゼンよりもずっと遅れて 1911 年に Willstätter により初めて合成されたが, 加熱すると容易に重合するほど反応性に富む化合物である. さら

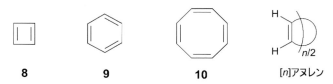

図 3.13 シクロブタジエン (**8**), ベンゼン (**9**), シクロオクタテトラエン (**10**) と [n]アヌレンの一般式

に 4π 系の **8** は，極低温下の希ガスのマトリックス中でようやく存在が確認されるほど高反応性の化学種である．このようにアヌレンの π 電子数と安定性との間には明確な関係があるが，それを Hückel 分子軌道法に基づいて説明したのが Hückel 則である．Hückel 則によると，アヌレンのような環状共役系分子が $(4n+2)$ 個（$n=0$, 1, 2, …）の π 電子をもつ場合には閉殻の電子配置をとるため安定になるが，$(4n)$ 個（$n=1, 2, \cdots$）の π 電子をもつ場合は Hund の規則により開殻の電子配置をとるため，$(4n+2)\pi$ 電子系に比べて不安定になる．前者の場合を芳香族とよび，後者を反芳香族とよぶ．次節では，**8** や **9** をはじめとする環状共役系の Hückel 分子軌道を記述することにより，具体的に Hückel 則の内容を紹介する．

3.2.2 環状共役系の Hückel 分子軌道法による表現
a. シクロブタジエン

まず，4π 電子系のシクロブタジエン（**8**）の HMO について説明し，それを非環状の 1,3-ブタジエン（**1**）の HMO と比較する（3.1.1 項参照）．**1** の場合と同様に，**8** の HMO（$\Psi_1, \Psi_2, \Psi_3, \Psi_4$）は四つの原子軌道（$\phi_1, \phi_2, \phi_3, \phi_4$）の線形結合で表されるが，**8** の永年方程式（3.10）が **1** のそれ（式（3.2））と異なる点は，C1-C4 間にも π 結合が存在するため，対応する 2 カ所に共鳴積分 β が導入されることである．式（3.10）を解いて $\alpha - E = 0, 0, +2\beta, -2\beta$（0 は重解）を得る．これから各分子軌道 Ψ_n（$n=1 \sim 4$）における原子軌道 ϕ_n（$n=1 \sim 4$）の係数を求め，一連の式（3.11）がえられる．分子軌道の係数の符号と大きさ，エネルギー準位ならびに電子配置を図 3.14 に示す．

$$\begin{vmatrix} \alpha-E & \beta & 0 & \beta \\ \beta & \alpha-E & \beta & 0 \\ 0 & \beta & \alpha-E & \beta \\ \beta & 0 & \beta & \alpha-E \end{vmatrix} = 0 \tag{3.10}$$

$$\begin{aligned} \Psi_4 &= (1/2)(\phi_1 - \phi_2 + \phi_3 - \phi_4) \\ \Psi_3 &= (1/2)(\phi_1 + \phi_2 - \phi_3 - \phi_4) \\ \Psi_2 &= (1/2)(\phi_1 - \phi_2 - \phi_3 + \phi_4) \\ \Psi_1 &= (1/2)(\phi_1 + \phi_2 + \phi_3 + \phi_4) \end{aligned} \tag{3.11}$$

結合性軌道と反結合性軌道がそれぞれ二つ存在する **1** とは対照的に（図 3.3 参照），**8** の分子軌道においては Ψ_2 と Ψ_3 はともに α のエネルギーをもつ．このように分子軌道が等しいエネルギーをもつ場合を縮退（degenerate）しているという．4 個の電子は Ψ_1 に 2 個収容され，残りの 2 個は Hund の規則に従い Ψ_2 と Ψ_3 にそれぞれ 1 個ずつ収容されるため，開殻の電子配置をとる．Ψ_2 と Ψ_3 は非結合性であるため，π 結合エネルギーに寄与しない．共鳴エネルギーは，$RE = 2(\alpha + 2\beta) + 2\alpha - 4(\alpha + \beta) = 0$ となり，**1** には共鳴安定化がないことを示している．さらに，Pauli の排他原理に

96   3. 非 局 在 結 合

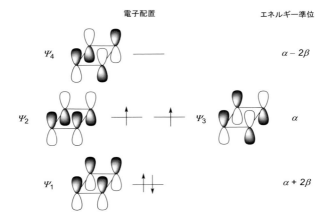

図 3.14 シクロブタジエン（**8**）の HMO とそのエネルギー準位ならびに電子配置

Ψ_2 と Ψ_3 は縮退している．Ψ_1 に 2 個，Ψ_2 と Ψ_3 にそれぞれ 1 個の電子が収容されている．

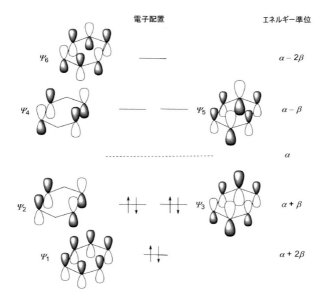

図 3.15 ベンゼン（**9**）の HMO およびエネルギー準位と電子配置

Ψ_2 と Ψ_3 および Ψ_4 と Ψ_5 はそれぞれ縮退している．Ψ_1, Ψ_2, Ψ_3 にそれぞれ 2 個の電子が収容されている．

したがって Ψ_2 と Ψ_3 に収容された電子は同じ向きのスピンをもつことになる。これは 8 が基底状態で三重項状態をとることを意味しているが、実際のシクロブタジエンは Jahn-Teller 効果のために対称性が崩れて縮退が解け、長方形の構造をもつ一重項の分子である（3.4.1 項 a 参照）。HMO 法により 1 と 8 の電子配置が大きく異なることは示すことができるが、π 電子だけを扱うなど多くの簡略化と近似を行うため、HMO 法を用いた電子状態の表現には限界がある。

b. ベンゼン

次に 6π 電子系のベンゼン（9）の HMO について述べる。9 の HMO（$\Psi_1, \Psi_2, \Psi_3, \Psi_4, \Psi_5, \Psi_6$）は六つの原子軌道（$\phi_1, \phi_2, \phi_3, \phi_4, \phi_5, \phi_6$）の線形結合で表される。9 の永年方程式（3.12）においても C1-C6 間に π 結合が存在するため、対応する 2 カ所に共鳴積分 β が導入される。式（3.12）を解くと $\alpha - E = +\beta, +\beta, -\beta, -\beta, +2\beta, -2\beta$ となり、さらに各分子軌道 Ψ_n（$n=1\sim6$）における原子軌道 ϕ_n（$n=1\sim6$）の係数を求め、一連の式（3.13）がえられる。分子軌道の係数の符号と大きさ、エネルギー準位ならびに電子配置を図 3.15 に示す。

$$\begin{vmatrix} \alpha-E & \beta & 0 & 0 & 0 & \beta \\ \beta & \alpha-E & \beta & 0 & 0 & 0 \\ 0 & \beta & \alpha-E & \beta & 0 & 0 \\ 0 & 0 & \beta & \alpha-E & \beta & 0 \\ 0 & 0 & 0 & \beta & \alpha-E & \beta \\ \beta & 0 & 0 & 0 & \beta & \alpha-E \end{vmatrix} = 0 \quad (3.12)$$

$$\begin{aligned}
\Psi_6 &= \sqrt{1/6}\,(\phi_1 - \phi_2 + \phi_3 - \phi_4 + \phi_5 - \phi_6) \\
\Psi_5 &= \sqrt{1/4}\,(\phi_2 + \phi_3 - \phi_5 - \phi_6) \\
\Psi_4 &= \sqrt{1/12}\,(2\phi_1 + \phi_2 - \phi_3 - 2\phi_4 - \phi_5 + \phi_6) \\
\Psi_3 &= \sqrt{1/12}\,(2\phi_1 - \phi_2 - \phi_3 + 2\phi_4 - \phi_5 - \phi_6) \\
\Psi_2 &= \sqrt{1/4}\,(\phi_2 - \phi_3 + \phi_5 - \phi_6) \\
\Psi_1 &= \sqrt{1/6}\,(\phi_1 + \phi_2 + \phi_3 + \phi_4 + \phi_5 + \phi_6)
\end{aligned} \quad (3.13)$$

鎖状の 1,3,5-ヘキサトリエンとは対照的に（式（3.7）、図 3.4 参照）、ベンゼンの場合、Ψ_2 と Ψ_3 および Ψ_4 と Ψ_5 は縮退している。6 個の電子は Ψ_1, Ψ_2, Ψ_3 にそれぞれ 2 個ずつ収容されており、π 結合に寄与している。実際、共鳴エネルギーは、$RE = 2(\alpha + 2\beta) + 4(\alpha + \beta) - 6(\alpha + \beta) = 2\beta$ となり、大きな安定化がある。非結合性軌道に電子が入っているため $RE = 0$ となるシクロブタジエン（図 3.14 参照）とは対照的であり、4π 電子系と 6π 電子系の違いは明らかである。

c. その他の環状共役系

HMO 法では、シクロオクタテトラエン（10）のようなより大きな共役系になっても、

分子軌道のエネルギーは式 (3.14) で表される. $(4n)\pi$ 電子系には非結合軌道があり, Hund の規則に従ってそこに一つずつ電子が収容されることにより開殻の電子配置をとるため, $(4n+2)\pi$ 電子系に比べて系は不安定になる. 一方, $(4n+2)\pi$ 電子系は閉殻の電子配置をとり, 結合性軌道のみに電子が入るため系が安定化される. このように HMO 法に基づいて環状ポリエンにおける $(4n+2)$ 則が説明できる. しかし, 3.4 節で述べるように, 実際には環が大きくなると, 立体的要因により分子は平面構造をとることができなくなり, 平面構造における共役を仮定している HMO 法を適用できなくなる.

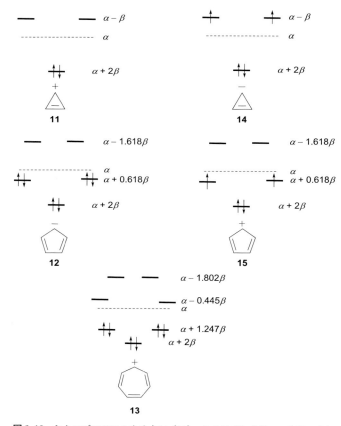

図 3.16　シクロプロペニルカチオン (**11**), シクロペンタジエニルアニオン (**12**), トロピリウムイオン (**13**), シクロプロペニルアニオン (**14**), シクロペンタジエニルカチオン (**15**) の HMO エネルギー準位と電子配置

$$E = \alpha + 2\beta \cos \frac{2i\pi}{n} \tag{3.14}$$

ここで，n：$2p_z$ 原子軌道の数，$i = 0, 1, 2, \cdots, n-1$ である．

HMO 法は，偶数の $2p_z$ 原子軌道で構成される偶数員環の中性分子だけでなく，奇数の $2p_z$ 原子軌道により構成される奇数員環の分子にも適用できる．3.4 節で述べるように，一般に 2π 電子系のシクロプロペニルカチオン（**11**）や 6π 電子系のシクロペンタジエニルアニオン（**12**）およびシクロヘプタトリエニルカチオン（**13**）（トロピリウムイオン（tropylium ion）ともよばれる）は安定なイオン種として存在することが確認されているが，4π 電子系のシクロプロペニルアニオン（**14**）やシクロペンタジエニルカチオン（**15**）の観測例はきわめてまれである．HMO 法を用いたこれらの 3 員環，5 員環，7 員環イオン類の電子配置とエネルギー準位を図 3.16 に示す．

図 3.16 からわかるように，2π 電子系の **11** および 6π 電子系の **12**，**13** ではすべての電子が結合性軌道に収容されるのに対して，4π 電子系の **14** では 2 個の電子が反結合性軌道に収容される．**15** ではすべての電子が結合性軌道に収容されているが，開殻の電子配置をとっている．このように HMO 法を用いることにより，イオン種における安定化の効果を芳香族性に基づいて説明できる．

3.3 芳香族性とその尺度

芳香族性という言葉は，元来ベンゼンの誘導体に特有な芳香に由来し，ベンゼン骨格をもつ化合物の総称であったが，それらが高度な安定性を示すことが認識されるにつれ，芳香とは関係なく環状共役系化合物の安定性にかかわる性質を表すようになった．ベンゼンに対する Kekulé 構造（Kekulé structure）が提唱されて以来，芳香族性の理解とその尺度に関しては，長年にわたって議論がなされてきた．その結果，現在では芳香族性を安定化エネルギー，分子構造，磁気的性質の三つの観点から考察するのが一般的になっている．ここでは，それぞれの観点から芳香族性の有無に関する判定基準やその尺度について述べる[1,2)]．

3.3.1 芳香族性による安定化エネルギー

ベンゼンの安定化エネルギーを見積もるためによく用いられるのが，ベンゼンの水素化エネルギーをシクロヘキセンや 1,3-シクロヘキサジエンの水素化エネルギーから見積もった仮想的な 1,3,5-シクロヘキサトリエンの水素化エネルギーと比較する方法である．まず，1,3-シクロヘキサジエンの水素化熱（水素化の反応熱）の実験値は $-229.7\ \mathrm{kJ\ mol^{-1}}$ であり，シクロヘキセンの水素化熱 $-119.7\ \mathrm{kJ\ mol^{-1}}$ の 2 倍より $9.7\ \mathrm{kJ\ mol^{-1}}$ だけ発熱量が小さい．これは，ジエン部分の共鳴安定化エネルギーに

由来する．仮想の1,3,5-シクロヘキサトリエンの水素化熱は，シクロヘキセンの水素化熱の3倍から3カ所のジエン部分の共鳴エネルギーに相当する9.7 kJ mol^{-1}の3倍を差し引いて，-330.0 kJ mol^{-1}と見積もることができる．ベンゼンの水素化熱の実験値は-206.3 kJ mol^{-1}であり，仮想のシクロヘキサトリエンの水素化熱よりも123.7 kJ mol^{-1}だけ発熱量が小さく，その分ベンゼンが安定化されているといえる．この安定化エネルギーをベンゼンの共鳴エネルギーあるいは非局在化エネルギーとみなすことができる．なお，ジエンにおける共鳴エネルギーを考慮せずにベンゼンの共鳴エネルギーを150.7 kJ mol^{-1}とすることもあるが，この値は安定化を過大評価している可能性がある．123.7 kJ mol^{-1}という実験値にも多くの仮定が含まれていることに注意しなければならない．

ベンゼン以外の化合物にも適用できるような一般性のある安定化エネルギーの尺度として，3.2.1項で述べたHückel分子軌道（HMO）から求めた非局在化エネルギーがある．たとえば，ベンゼンの共鳴エネルギーは3分子のエチレンのπ電子エネルギーと比較することにより2βになることを示した（3.2.2項参照）．しかし，表3.2に示すように，この方法では単環状π共役系化合物の$(4n+2)$π電子系と$4n\pi$電子系のエネルギー差を表現できるが，大きな共役系や不安定な化合物であっても大きな共鳴エネルギーをもつことになり，明らかに実験事実とは合致しない．

このようにHMO法に基づく共鳴エネルギーは芳香族性の尺度としては不十分である．この問題を解決した方法にはおもに二つあり，その一つがDewarの共鳴エネルギー（Dewar resonance energy：DRE）である[3]．この方法では，まずHMO法より近似を高めたPariser-Parr-Pople（PPP）分子軌道法を用いて求めた多くの鎖状ポリエンに対するエネルギーに基づいて，C=C，C-C，C-Hの構造に固有の基準エネルギーを以下のように決める：$E_{C=C} = 534.31$ kJ mol^{-1}，$E_{C-C} = 419.70$ kJ mol^{-1}，$E_{C-H} = 428.15$ kJ mol^{-1}．次に，ある分子の局在構造の原子化熱を上記の基準結合エネルギーの総和として求め，それとPPP法で計算した実際の分子の原子化熱との差を共鳴エネルギーとする．たとえば，1,3,5-ヘキサトリエンの局在構造の原子化熱は$3E_{C=C} + 2E_{C-C} + 8E_{C-H} = 5867.5$ kJ mol^{-1}となり，PPP法で計算された値5867.6 kJ mol^{-1}にほぼ等しい．また，ベンゼンの仮想的な局在構造である1,3,5-シクロヘキサトリエンの原子化熱は$3(E_{C=C} + E_{C-C} + 2E_{C-H}) = 5430.9$ kJ mol^{-1}となるが，実際のベンゼンのPPP法による原子化熱の計算値は5514.8 kJ mol^{-1}であり，共鳴により83.9 kJ mol^{-1}だけベンゼンが安定化されていることを示す．このエネルギーがDREとよばれる共鳴エネルギーである．DewarはDREが正になる化合物を芳香族化合物，負になる化合物を反芳香族化合物，0付近になる化合物を非芳香族化合物と定義した．表3.2におもな環状炭化水素のDREの値を示す（構造式は図3.17）．一般的に実験から得られる安定性などの性質とよく対応しており，HMOに基づく共鳴エネルギーの見積も

表 3.2 共役炭化水素に対する共鳴安定化エネルギー[a,b]

化合物	$RE(HMO)$[c]$/\beta$	$DRE/$ kJ mol^{-1}	$HSRE(REPE)/\beta$	$TRE(\%TRE)/\beta$
ベンゼン (**9**)	2.00	83.4	0.39 (0.065)	0.273 (3.53)
ナフタレン (**16**)	3.70	127.0	0.55 (0.055)	0.389 (2.92)
アントラセン (**17**)	5.31	153.6	0.66 (0.047)	0.475 (2.52)
テトラセン (**18**)	6.93	174.9	0.76 (0.042)	—
フェナントレン (**19**)	5.44	185.6	0.77 (0.055)	0.546 (2.89)
トリフェニレン (**20**)	7.27	254.8	1.01 (0.056)	0.739 (3.01)
ピレン (**21**)	6.50	201.6	0.82 (0.051)	0.598 (2.73)
ペリレン (**22**)	8.24	251.4	0.96 (0.048)	0.740 (2.69)
シクロブタジエン (**8**)	0	−74.1	−1.07 (−0.268)	−1.226 (−23.5)
ペンタレン (**23**)	2.45	0.58	−0.14 (−0.018)	−0.215 (−2.02)
アズレン (**24**)	3.25	16.2	0.23 (0.023)	0.151 (1.14)
ヘプタレン (**25**)	3.61	−0.38	−0.048 (−0.004)	−0.141 (−0.895)
s-インダセン (**26**)	4.23	—	0.11 (0.009)	0.055 (0.388)
フルベン (**27**)	1.46	4.51	−0.012 (−0.002)	−0.082 (−1.10)
カリセン (**28**)	2.94	19.2	0.34 (0.043)	0.433 (4.13)
フルバレン (**29**)	2.80	—	−0.33 (−0.033)	−0.299 (−2.28)
ベンゾシクロブタジエン (**30**)	2.38	—	−0.22 (−0.028)	−0.393 (−3.65)
ビフェニレン (**31**)	4.50	129.2	0.32 (0.027)	0.123 (0.75)
コロネン (**32**)	—	338.3	—	0.947 (2.82)
[60]フラーレン (**33**)	—	—	—	1.643 (1.795)
シクロオクタテトラエン (**10**)	1.66	—	−0.48 (−0.06)	−0.595 (−5.80)
[10]アヌレン (**34**)	2.94	—	0.26 (0.026)	0.159 (1.25)
[12]アヌレン (**35**)	2.93	—	−0.29 (−0.024)	−0.394 (−2.57)
[14]アヌレン (**36**)	3.98	—	0.23 (0.016)	0.113 (0.63)
[18]アヌレン (**37**)	5.04	12.1	0.22 (0.012)	0.088 (0.382)

a) 文献 1d, 3〜5. b) 構造式は図 3.13, 図 3.17 を参照. c) HMO 法から見積もった共鳴エネルギー.

りの不具合が解決されている. DRE が考案されて以来, 芳香族性に関する理論的研究が飛躍的に進歩した.

HMO 法は簡便に利用できるため, 有機化学者にとっては非常に便利な道具である. そこで Hess と Schaad は経験的な補正項を導入することにより, HMO 法に基づく共鳴安定化エネルギーの見積もりの欠点を修正した[4]. これが二つ目の方法である. すなわち, 彼らは局在構造の π 電子エネルギーを, 表 3.3 に示す π 結合エネルギーの総和として求め, それと HMO 法で求めた π 電子エネルギーとの差を共鳴エネルギーとして定義した. これは Hess-Schaad の共鳴エネルギー (Hess-Schaad resonance energy : $HSRE$) とよばれる. たとえば, 1,3,5-ヘキサトリエンの局在構造エネルギーは $2E_{CH_2=CH} + E_{CH=CH} + 2E_{CH-CH} = 7.002\beta$ であり, HMO 法から求めた 6.988β とほぼ等しい. 一方, ベンゼンの局在構造エネルギーは $3E_{CH=CH} + 3E_{CH-CH} = 7.608\beta$ となり, HMO 法から求めた 8.000β との間には 0.392β の差があることから, ベンゼンが 1,3,5-ヘキサトリエンよりも大きな共鳴エネルギーをもつことがわかる. Hess と Schaad は

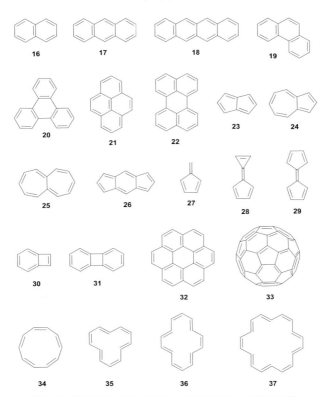

図 3.17 芳香族性の評価の対象となる代表的な π 共役系化合物

表 3.3 種々の結合タイプに対する Hess-Schaad の基準エネルギー[a]

結合タイプ	基準エネルギー/β	結合タイプ	基準エネルギー/β
$H_2C=CH$	2.000	C=C	2.172
HC=CH	2.070	HC–CH	0.466
$H_2C=C$	2.000	HC–C	0.436
HC=C	2.108	C–C	0.436

a) 文献 4.

$\beta = -136.98$ kJ mol^{-1} としているので,ベンゼンの HSRE は 53.7 kJ mol^{-1} となるが,これは β の見積もりが小さいためだと考えられる.なお,多環化合物の場合は,複数の Kekulé 構造式が書け,それぞれについて異なった局在構造のエネルギーが計算されるが,それらの平均値を用いるとされている.表 3.2 からわかるように,HSRE と DRE にはよい相関があり,HSRE も HMO 法の欠点をよく補っている.

表 3.2 に示すように,たとえばベンゼン (**9**),ナフタレン (**16**),アントラセン (**17**),

テトラセン（**18**）というベンゼン系芳香族化合物の共鳴エネルギーを比較すると，それが π 電子の数が増えるにしたがって増加するため，これらの相対的な共鳴安定化効果を議論することは困難である．そのため，相対安定性の議論には，共鳴エネルギーを π 電子の数で割った値である REPE（resonance energy per electron）が用いられる．たとえば，上記の化合物のなかでは，ベンゼン（$REPE = 0.065\beta$）が他に比べて大きな安定化を受けていること，一方，**16**〜**18** の REPE はそれぞれ 0.055β，0.047β，0.042β であり，π 電子数が多くなると徐々に安定化の効果が小さくなることがわかる．

しかし，DRE にしても HSRE にしても，大きなひずみをもつ分子や非平面構造をもつ分子，あるいは電荷をもつイオン種については適用できない．この弱点を克服したのが，Aihara により考案されたトポロジー的共鳴エネルギー（topological resonance energy：TRE）であり，その概要は以下のとおりである[5]．Hückel 分子軌道法の永年方程式を展開して得られる多項式を特性多項式といい，$P(X)$ で表す．特性多項式の解を得るための公式は，分子のトポロジー（炭素原子のつながり方）から係数を導くものであり，鎖状共役分子と環状共役分子では少し異なる．鎖状共役分子の公式を環状共役分子に適用すると，鎖状ポリエン結合でできた仮想的な環状分子の特性多項式 $R(X)$ を組み立てることができる[*2]．$P(X)$ と $R(X)$ の解はそれぞれ実際の環状分子と参照ポリエン構造の軌道エネルギーを与える．例として，図 3.18 にナフタレン（**16**）およびペンタレン（**23**）について，それらと参照ポリエン構造の π 電子軌道エネルギーを示す．この軌道エネルギーからそれぞれの分子の全 π 電子エ

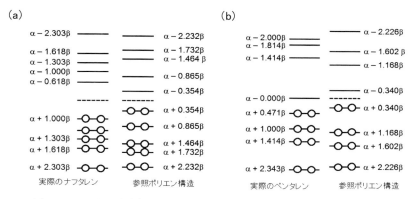

図 3.18 (a) ナフタレンおよび，(b) ペンタレンとそれらの参照ポリエン構造の π 電子軌道エネルギー

[*2] グラフ理論に基づく概念でありなじみにくいが，たとえばナフタレンの特性多項式 $P(X)$ は，仮想的な環状分子の特性多項式 $R(X)$ から左側と右側の二つのブタジエン部分と中央のエチレン部分に関する多項式を取り除いた残りで構成されていると考える．

ネルギーが得られ，その差を TRE と定義する．ナフタレンでは 0.389β という正の値になり，ペンタレンでは -0.215β という負の値になる．また，さまざまな π 共役系化合物の芳香族性を比較する場合には，TRE を参照ポリエン構造の全 π 電子エネルギーで割って 100 倍した %TRE を用いるのが便利である．表 3.2 にこれらの値を示す．TRE と DRE および HSRE の間，%TRE と REPE の間にはよい相関がある．DRE や HSRE が基準結合エネルギーなどの経験的なパラメーターを用いて現実的な安定化エネルギーの値を与えるのに対して，TRE は経験的なパラメーターを用いることなく分子軌道法の解に基づいているため，フラーレンを含むあらゆる環状共役分子やイオン種に対して求めることができる．

　本節の冒頭では，シクロヘキセンの水素化熱に基づいて芳香族性に起因する安定化エネルギーを見積もることができることについて述べた．この場合のように反応熱の実測値がない場合であっても，仮想的な反応に基づいて共鳴エネルギーを見積もることできる．Dewar は 3 分子の 1,3-ブタジエンから 1 分子のベンゼンと 3 分子のエチレンができる仮想的な反応式（図 3.19(a)）における反応熱を（用いる標準生成熱の実験値により $86.1\sim95.3\,\mathrm{kJ\,mol^{-1}}$）を芳香族安定化エネルギー（aromatic stabilization energy：ASE）と定義した[6]．このように反応物と生成物の間で，結合の種類（C-C 結合とか C-O 結合とか）の数と原子の混成（つまり単結合や二重結合）の数が変わらない反応はホモデスモティック反応（homodesmotic reaction）とよばれ，ある化合物の安定性やひずみの大きさを見積もるのによく用いられる[*3]．ただしホモデスモティック反応には参照に用いる化合物の可能性がいくつも存在するので注意を要する．たとえば図 3.19(a) の反応では，s-trans 立体配座の 1,3-ブタジエンの標準生成熱が用いられているが，ベンゼンの構造により類似した s-cis 配座の 1,3-ブタジエンは，量子化学計算によるとおよそ $14.6\,\mathrm{kJ\,mol^{-1}}$ だけ不安定であるため，s-trans 配座の 1,3-ブタジエンは参照化合物としてふさわしくない．この点を改善するために，たとえば 1,3-シクロヘキサジエンとシクロヘキセンを使った図 3.19(b) の反応を用いると，ASE は $120.5\sim127.6\,\mathrm{kJ\,mol^{-1}}$ になる[6]．二つの ASE の差は約 $42\,\mathrm{kJ\,mol^{-1}}$ であり，これは 1,3-ブタジエンの s-trans/s-cis 配座のエネルギー差のおよそ 3 倍に相当する．これと同様のホモデスモティック反応を用いると，一連のアセン類の ASE も見積もることができる．たとえば，ペンタセン（**38**）の ASE は図

[*3] ホモデスモティック反応とは，ホモデスミック反応（homodesmic reaction）ともよばれることがあり，反応物と生成物の間で同じ種類の結合（たとえば $C(sp^2)=C(sp^2)$ とか $C(sp^3)-C(sp^2)$ のような）の数が等しく，しかもそれぞれの混成炭素（sp^3, sp^2, sp）に結合している水素の数も等しい仮想的な反応のことを指す[9]．高精度の量子化学計算を用いれば，ホモデスモティック反応から調べたい化合物の安定化エネルギーやひずみの大きさを見積もることができるが，どのような参照分子を用いるかによって，結果が異なる可能性があるので注意を要する[9b]．これより以前に提案されたイソデスミック反応（isodesmic reaction）は，反応物と生成物の間で同じ種類の結合の数のみが等しい反応であり，ホモデスモティック反応のほうがより信頼度が高いといえる[10]．

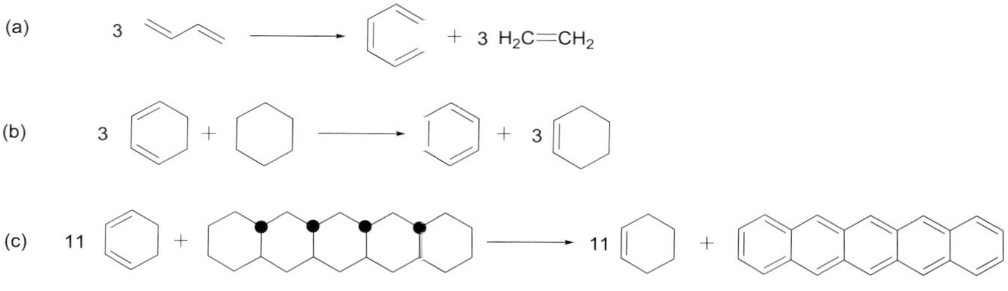

図 3.19 (a), (b) ベンゼン, (c) ペンタセンの芳香族安定化エネルギーを見積もるためのホモデスモティック反応

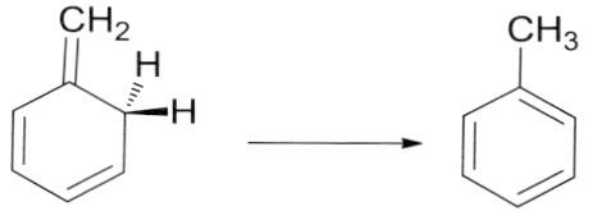

3.19(c) により 533.4 kJ mol^{-1}（π 電子 1 個あたり 24.2 kJ mol^{-1}）となる[7].

　より簡便な方法として，メチル化芳香族化合物とそれに対応するエキソメチレン化合物の間の異性化反応の反応熱（isomerization stabilization energy：ISE）を安定化の指標とすることもできる．たとえばベンゼンの ISE は，図 3.20 に示すメチレンシクロヘキサジエンのトルエンへの異性化熱を量子化学計算に基づいて求めることにより，138.9 kJ mol^{-1} と見積もられている[8].

図 3.20 ベンゼンの芳香族安定化エネルギーを見積もるための異性化反応

3.3.2　芳香族性と構造的要因

　3.2.1 項で述べたように，ベンゼンは D_{6h} 対称の構造をとっており，その結合長はすべて等しく 1.397 Å である．ベンゼンとは対照的に，共役系化合物の隣接する結合の長さが交互に異なることを結合交替（bond alternation）とよぶ．結合交替が大きくなるほど芳香族性だけでなく反芳香族性も小さくなり，非芳香族的すなわちポリエンとしての性質が大きくなる．

　この結合長の特徴を芳香族性の尺度に用いるのが，芳香族性の調和振動子モデル（harmonic oscillator model for aromaticity：HOMA）とよばれる因子である[11]．これは式（3.15）で定義される．ここで n は結合の数，R_{opt}, R_i はそれぞれ最も芳香族性の高い場合の結合長と調べたい分子の結合長を示す．たとえば，C-C 結合に対する R_{opt} の値は 1.388 Å であり，C-N 結合に対しては R_{opt} = 1.334 Å，C-O 結合に対しては R_{opt} = 1.265 Å を用いるといった具合である．定数 α は結合交替がなくすべての結合長が R_{opt} に等しい場合に HOMA = 1 になり，炭化水素については 1,3-ブタジエンと同じ結合長をもつ仮想的な Kekulé 構造（3.4.1 項 b 参照）の場合に HOMA = 0 になるように設定された経験値である．たとえば C-C 結合に対しては α = 257.7 Å^{-1} を

表 3.4 代表的な共役炭化水素の HOMA 値[a,b]

化合物		実験値	量子化学計算[c]
ベンゼン (**9**)		0.979	0.981
ナフタレン (**16**)		0.802	0.769
アントラセン (**17**)	中央の環	0.763	0.692
	端の環	0.638	0.617
フェナントレン (**19**)	中央の環	0.400	0.432
	端の環	0.882	0.854
トリフェニレン (**20**)	中央の環	0.077	0.047
	端の環	0.936	0.888
シクロオクタテトラエン (**10**)		−0.383	−0.213
[14]アヌレン (**36**)		0.942	−
[18]アヌレン (**37**)		0.899	−
アズレン (**24**)	5員環	−0.372	0.289
	7員環	0.535	0.518
ペンタレン (**23**)		−	−0.375
フルベン (**27**)		−	−0.295

a) 文献 11. b) 化合物の構造式は図 3.13, 図 3.17 を参照. c) B3LYP/6-31G(d) 計算により最適化した構造を用いて求めた HOMA 値.

用いる.表 3.4 に代表的な共役炭化水素の HOMA の値を示す.結合長が芳香族性の指標になりうることがよくわかる.

$$\mathrm{HOMA} = 1 - \frac{\alpha}{n} \sum_i^n (R_{\mathrm{opt}} - R_i)^2 \tag{3.15}$$

HOMA ほど一般性はないが,ベンゼン環に縮合した環の芳香族性をベンゼン環側の結合次数から見積もる方法もある[12].つまり,ベンゼン環に縮合した環の芳香族性が高い場合は,双方の環が共有する中心結合の二重結合性がある程度保たれるため C1-C2 (C3-C4) 間の二重結合性が C2-C3 よりも高く,したがって,それらの結合次数は高いが,逆の場合には C2-C3 の結合次数が増加する(表 3.5 の図を参照).ここで SCF 計算から求めた C1-C2 と C2-C3 間の結合次数をそれぞれ $P_{1,2}$, $P_{2,3}$ とし,その比を $Q = P_{1,2}/P_{2,3}$ とすると,経験的に $Q > 1.14$ の場合は芳香族に,$Q < 1.03$ の場合は反芳香族に分類することができる.また,この結合次数の違いは ^{1}H NMR スペクトルにおける H_n−H_m 間のカップリング定数($^3J_{\mathrm{H-H}}$ 値)に反映されるため,結合次数 $P_{n,m}$ を式(3.16)のように実験値と関係づけることもできる.

$$P_{n,m}(\mathrm{SCF}) = 0.1043 J_{n,m} - 0.120 \tag{3.16}$$

たとえばベンゼンの場合,実験値はナフタレンの $^3J_{1,2} = 8.28$ Hz, $^3J_{2,3} = 6.85$ Hz を用いて $Q = 1.25$ となる.代表的な化合物の Q 値を表 3.5 に示す.

3.3 芳香族性とその尺度

表 3.5 代表的な化合物の Q 値[a,b]

ベンゼン環に縮合した環	Q 値 (SCF 計算値)	Q 値（NMR から 求めた実験値）
ベンゼン（**9**）	1.202	1.250
[10]アヌレン（**34**）	1.173	—
[18]アヌレン（**37**）	1.150	—
シクロブタジエン（**8**）	0.769	—
シクロオクタテトラエン（**10**）	0.901	—
[12]アヌレン（**35**）	0.961	—
ベンゾシクロブタジエン（**30**）	—	0.797
シクロペンタジエニルアニオン（**12**）	—	1.287
トロピリウムイオン（**13**）	—	1.222

a) 文献 12. b) 化合物の構造式は図 3.13, 図 3.17 を参照.

3.3.3 芳香族性と磁気的性質

芳香族性あるいは反芳香族性分子を磁場の中におくと，環平面が磁場に対して垂直な配置になったときに π 電子に環電流が誘起される．図 3.21 にベンゼンについて示すように，芳香族化合物では環電流により誘起される磁場が環内に外部磁場と逆方向に誘起される反磁性環電流が生じ，反芳香族の場合は環内に外部磁場と同じ方向に誘起磁場を生じる常磁性環電流が生じる．誘起された反磁性環電流は環水素を脱しゃへいするため，その ^{1}H NMR シグナルは低磁場に観測される．逆に，常磁性環電流は環水素をしゃへいするため，その ^{1}H NMR シグナルは高磁場に現れる．π 電子の非局在化の程度が大きいほど誘起される環電流が大きいため，誘起磁場も大きくなる．この誘起磁場の方向と大きさは ^{1}H NMR をはじめとするいくつかの方法で測定でき

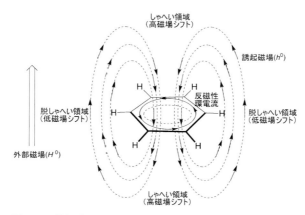

図 3.21 外部磁場により誘起されるベンゼンの環電流とそれによって生じる誘起磁場のしゃへい効果と脱しゃへい効果

るため，芳香族性や反芳香族性の尺度になる[13]．

ここで $(4n+2)\pi$ 電子系と $4n\pi$ 電子系でそれぞれ反磁性と常磁性効果が生じる理由について概説する[14]．GIAO（gauge-invariant atomic orbital：ゲージ非依存原子軌道）とよばれる外部磁場のベクトル原点に依存しない原子軌道を用いると，外部磁場に対して垂直な位置に置かれたアヌレンの π 電子に誘起される環電流 I は式（3.17）で表すことができる．λ はそれぞれ長い結合と短い結合間の共鳴積分の比（$=\beta_1/\beta_2$）で表される結合交替の大きさであり，$\lambda=1$ が最も結合交替のない状態を示す．β_0 は結合交替のないベンゼンにおける共鳴積分，$f_M(\lambda)$ は結合交替によって生じる磁化率の減少の大きさを表す λ の関数，S は環の面積，定数 e, h, c はそれぞれ電子の荷電，プランク定数，光速度である．さらに C_MH_M （M は偶数）のアヌレンが M 個の頂点をもつ正多角形の構造であると仮定すると，式（3.18）が導かれる．ここで R_{CC} は正多角形の辺の長さ，つまり炭素間の結合長である．

$$I = (\pi^2 e^2 \beta_0 / h^2 c) S f_M(\lambda) \tag{3.17}$$
$$I = (\pi^2 e^2 \beta_0 R_{CC}^2 / 4h^2 c) M \cot(\pi/M) f_M(\lambda) = AM \cot(\pi/M) f_M(\lambda) \tag{3.18}$$

式（3.18）の定数を A とおいて，$M=6, 12, 18, 24$ の場合について結合交替の大きさ λ に対する環電流の大きさをプロットすると，図3.22 が得られる．$M=6, 18$ の芳香族の場合には I は負の値をとり反磁性的であるのに対して，$M=12, 24$ の場合には I が正の値をとり常磁性的であることがわかる．反芳香族の場合には，結合交替の程度が小さくなると常磁性環電流が無限大に近づく．

実際に環電流効果を調べる尺度として，^{1}H NMR スペクトルの化学シフトは最も簡便な方法である．図3.21 に示したように，芳香族の場合には反磁性環電流が誘起され，環外のプロトンは脱しゃへいされるため低磁場にシフトし，逆に環内のプロトンはしゃへいされるため高磁場にシフトする．このように反磁性環電流を誘起する性質をジアトロピシティ（diatropicity）とよぶ．一方，反芳香族の場合は常磁性環電流が誘起されるため，環外プロトンは高磁場に，環内プロトンは低磁場にシフトする．この性質をパラトロピシティ（paratropicity）という．芳香族および反芳香族化合物の化学シフトについては，3.4節の各論において紹介する．化学シフトは

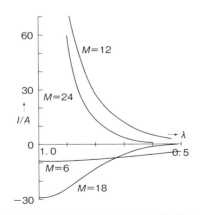

図 3.22 C_MH_M のアヌレンの $M=6, 12, 18, 24$ の場合の結合交替の大きさ λ に対する相対的誘起環電流 I/A の変化

横軸を左にいくほど λ が 1 に近づき結合交替が小さくなることに注意する（文献14）．

芳香族性の尺度として最も有用な手段であるが，他の磁気的異方性効果，置換基効果ならびに立体効果を受けるため，注意を払う必要がある．

より厳密に芳香族性を判断するには，外部磁場により誘起された分子の磁化率の変化を調べることが望ましい．Dauben Jr. は芳香族化合物の実測の磁化率と仮想的なポリエンの磁化率との差である反磁性磁化率のエキサルテーション（diamagnetic susceptibility exaltation：Λ）を用いることを提唱した[15]．この方法では，参照化合物の磁化率（$\chi_{M'}$）を，それを構成する原子の磁化率と結合の磁化率（Haberditzlの磁化率とよばれる）の総和として計算し，磁気天秤やNMRを用いて測定した実測の磁化率（χ_M）との差（$\Lambda = \chi_{M'} - \chi_M$）で芳香族性を判断する．$\Lambda$ が正の場合，すなわちポリエンより大きな反磁性磁化率を示す分子を芳香族，$\Lambda \sim 0$ の分子を非芳香族，Λ が負の分子は常磁性環電流が誘起されていると考えられるので反芳香族であると分類される．表3.6に代表的な化合物の Λ の値を示す．

Λ の値は量子化学計算から見積もることもできるが，芳香族安定化エネルギーの場合と同様に参照化合物の取り方に任意性がある．これに対して，Schleyerは分子を構成する個々の環の座標中心における仮想的な化学シフトを量子化学計算に基づいて求めるNICS（nucleus-independent chemical shift：核種非依存化学シフト）を提案した[16]．NICSが負の化合物は芳香族，正のものは反芳香族，NICS〜0の場合は非芳香族に分類される．また，環と同じ平面内ではとくに骨格の σ 電子によるしゃへい

表3.6 代表的な化合物の反磁性磁化率のエキサルテーション $\Lambda^{\mathrm{a,b)}}$

化合物	$\Lambda/10^{-6}\,\mathrm{cm}^3\,\mathrm{mol}^{-1}$
シクロペンタン	2.4
シクロヘキサン	0.0
ベンゼン (9)	13.7
ナフタレン (16)	30.5
アントラセン (17)	48.6
テトラセン (18)	66
フェナントレン (19)	48.6
ピレン (21)	57
コロネン (32)	103
アズレン (24)	29.6
シクロオクタテトラエン (10)	−0.9
ビフェニレン (31)	14
ヘプタレン (25)	−6
メタノ[10]アヌレン (39)	36.8
ジメチルジヒドロピレン (40)	81
[16]アヌレン (41)	−5

a) 文献15. b) 化合物の構造式は図3.17および図3.23を参照．

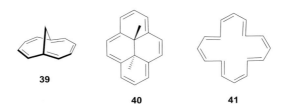

図 3.23 表 3.6 中のアヌレン類 39〜41

表 3.7 代表的な化合物の NICS(0) および NICS(1) の値[a,b]

化合物		NICS(0)[c]/ppm	NICS(1)[c]/ppm	$\varLambda/10^{-6}$ cm^3 mol^{-1} [d]
ベンゼン (9)		−11.5	−12.8	−13.4
ナフタレン (16)		−11.4	−12.9	−28.2
アントラセン (17)	中央の環 端の環	−14.4 −9.6	−15.5 −11.4	−49.8
フェナントレン (19)	中央の環 端の環	−7.5 −11.7	−9.9 −13.1	−47.9
トリフェニレン (20)	中央の環 端の環	−3.0 −10.8	−6.5 −12.4	−57.6
アズレン (24)	5員環 7員環	−21.5 −8.6	−21.0 −9.9	−42.9
シクロブタジエン (8)		+25.9	+17.5	18.0
ペンタレン (23)		+17.0	+12.0	30.9
ベンゾシクロブタジエン (30)	6員環 4員環	−4.2 +21.5	−5.6 +12.1	9.0
ビフェニレン (31)	6員環 4員環	−6.5 +18.3	−7.9 +8.5	−7.9
シクロペンタジエニルアニオン (12)		−19.4	−14.0	−17.2
トロピリウムイオン (13)		−8.2	−11.1	−20.5

a) 文献 16. b) 化合物の構造式は図 3.16 および図 3.17 を参照. c) B3LYP/6-31G(d) 計算で最適化した構造について, HF/6-31G(d) 基底関数を用いて計算した NICS 値. d) ここでの $\varLambda$ の値は, 量子化学計算により定めた部分構造磁化率に基づいて見積もった χ_M と同じ計算法で求めた $\chi_{M'}$ との差を表す. なお, 表 3.6 の数値とは逆の符号になっており, 反磁性の場合に負, 常磁性の場合に正になっているので注意すること.

効果が少なくないことを考慮し，環の座標中心から真上に1Å離れた位置における仮想的な化学シフトNICS(1)が考案された．環の座標中心におけるNICS値をNICS(0)とよんで区別する．NICS値を求めるための計算モジュールは通常の量子化学計算プログラムパッケージに装備されている．代表的な化合物のNICS(0)およびNICS(1)の値を計算から求められたΛの値とともに表3.7に示す．用いる方法や基底関数によって数値が多少異なるが，ベンゾシクロブタジエン(**30**)やビフェニレン(**31**)など，他の方法では4員環の反芳香族性と6員環の芳香族性を区別しにくい系においても明確な差が表れており，この方法が有用であることを示している．

3.3.4 特殊な芳香族性

Hückel則は環状に並んだp軌道が同一平面に対して垂直に配列されており，しかも分子が一重項の電子配置をとっている場合に成り立つ．p軌道が互いにねじれていたり，電子配置が三重項である場合には，異なる規則があてはまる．本節では，そのような特殊な場合に用いられる芳香族性について述べる．

a. Möbius系芳香族性

Heilbronnerは環状に配列したp軌道がMöbiusの輪のように1周する間に1回ねじれると，Hückel則とは逆に$(4n+2)\pi$電子系は反芳香族になり，$4n\pi$電子系が芳香族になることを提唱した．これはMöbius芳香族性とよばれる[17]．

図3.24に[12]アヌレン(**35**)のHückel系およびMöbius系のp原子軌道の並び方を示す．後者の系をHeilbronnerのMöbius系とよぶ．p軌道が一様にωの角度で傾いてひと周りするとすると，HMOにおける隣接する原子rとsの間の共鳴積分(β_{rs})はp軌道の傾きがゼロの場合のβを用いて式(3.19)で表される．したがって，[n]アヌレンの分子軌道のエネルギーE_jは式(3.20)で，対応する波動関数は式(3.21)で表される(3.2.3項参照)．

$$\beta_{rs} = \beta \cos \omega \tag{3.19}$$

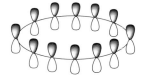
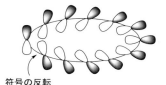

Hückel系　　　　Heilbronner の Möbius 系

図 3.24 [12]アヌレンの Hückel 系および Heilbronner の Möbius 系におけるp原子軌道の並び方

$$E_j = \alpha + 2\beta_{rs} \cos\left(\frac{\pi}{n}(2j+1)\right)$$

$$(j = 0, 1, 2, 3, \cdots, n-1) \quad (3.20)$$

ここで，n：p 原子軌道の数である．

$$\psi_j = \frac{1}{\sqrt{n}} \sum_{r=0}^{n-1} [e^{\frac{i\pi r}{n}(2j+1)}] \phi_r \quad (3.21)$$

ここで，ϕ_r：r 番目の p 原子軌道の波動関数である．

図 3.25 に n が偶数の [n] アヌレンについて Heilbronner の Möbius 系の π 分子軌

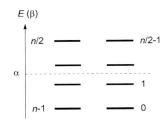

図 3.25 [n]アヌレン（n：偶数）に対する Heilbronner の Möbius 系の π 分子軌道のエネルギー準位

道のエネルギー準位を示す．すべての準位が縮退しており，$4n\pi$ 電子系は閉殻の電子配置になり，$(4n+2)\pi$ 電子系は開殻の電子配置になる．Möbius 系と Hückel 系の共鳴安定化エネルギーは，$n=4$ では 1.657β 対 0β，$n=6$ では 0.928β 対 2β，$n=8$ ではどちらも 1.657β となり（表 3.2 参照），$n=4$ の場合には Möbius 系，$n=6$ の場合は Hückel 系でより大きな安定化が生じるが，n が大きくなると同じ値になる．最近になって，Möbius 系芳香族分子の例がいくつか報告されるようになった（5.3.1，5.3.3 項参照）．

b. 三重項電子配置における芳香族性

一重項状態の分子とは対照的に，三重項状態にある $4n\pi$ 電子系がエネルギー的に安定化されることが Baird により提唱された[18]．シクロブタジエン（**8**）を例にとると，まず，その三重項状態を不対電子をもつ炭素とアリルラジカルに分解して考える（図 3.26）．両者の相互作用について考察すると，不対電子の SOMO（singly occupied molecular orbital）である p 軌道はアリルラジカルの LUMO とも HOMO とも同じ対

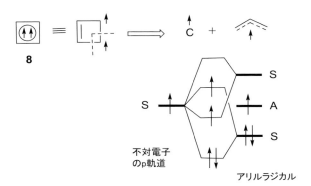

図 3.26 三重項のシクロブタジエン（**8**）の芳香族安定化
S (symmetry) および A (anti-symmetry) は軌道の対称性を示す．

表3.8 $4n\pi$ 電子系分子の一重項と三重項における NICS(0) 値および磁化率のエキサルテーション $\varLambda$ [a]

分　子	電子配置	NICS(0)/ppm[b]	$\varLambda / -10^6$ cm^{3}mol^{-1}
シクロブタジエン (8)	一重項 三重項	+27.6 -5.3	-7.7 -22.8
シクロペンタジエニルカチオン (15)	一重項 三重項	+49.2 -4.5	+4.8 -28.4
ベンゼンのジカチオン	一重項 三重項	+11.0 -1.5	-13.7 -28.2
シクロヘプタトリエニルアニオン	一重項 三重項	+42.9 -11.9	+24.7 -64.5
シクロオクタテトラエン (10)	一重項 三重項	+3.0 -12.4	-46.2 -81.6

a) 文献 19. b) B3LYP/6-311+G(d, p) 法により最適化した構造を用いて HF/6-31+G(d) 基底関数を用いて計算した値.

称性をもつため相互作用することができ，それにより系が安定化される．

一重項では反芳香族のシクロブタジエン (**8**)，シクロペンタジエニルカチオン (**15**)，ベンゼンのジカチオン ($C_6H_6^{2+}$：4π 電子系)，シクロヘプタトリエニルアニオン ($C_7H_7^-$：8π 電子系)，シクロオクタテトラエン (**10**) に関して量子化学計算により求められた最安定構造は，すべて結合交替のある対称性の低い構造をもつ．一方，三重項状態では，$C_6H_6^{2+}$ は D_{3d} 構造になり，そのほかの化学種 **8**, **15**, $C_7H_7^-$, **10** もそれぞれ D_{4h}, D_{5h}, D_{7h}, D_{8h} の平面構造になり，すべてが高い対称性を示す[19]．また，ホモデスモティック反応から見積もった ASE (3.3.1 項参照) も，**8** と **15** の三重項状態がそれぞれ 7.0 および 23.2 kJ mol^{-1} の安定化を受けることを示している．表3.8 に示すように，NICS 値および磁化率のエキサルテーションの値も，これらの $4n\pi$ 電子系分子の三重項状態が芳香族性をもつことと矛盾しない．最近，光励起状態にある拡張ポルフィリン誘導体の過渡吸収スペクトルに基づいて，実験的検証が行われている．

3.4　種々の芳香族化合物と反芳香族化合物

以下の節では，個々の芳香族化合物，反芳香族化合物について，おもにその芳香族性あるいは反芳香族性の実験的検証について概説する．まず，環状共役ポリエンである [n]アヌレンからはじめ，電荷をもつ (反) 芳香族化学種，縮合多環芳香族炭化水素，非ベンゼン系芳香族の順に述べ，最後にヘテロ原子を含む芳香族化合物を紹介する．

3.4.1　[n]アヌレン ($n=4, 6, 8$)

[n]アヌレン (3.2.1 項参照) に芳香族性や反芳香族性について研究するための最

も単純なモデル化合物である.本節では n の数が最小の [4]アヌレンつまりシクロブタジエン (**8**) から,[8]アヌレンつまりシクロオクタテトラエン (**10**) までについて,個々の研究を紹介する.環がさらに大きくなると立体配座が柔軟になるため,動的挙動が複雑になる.そのため平面的な構造を維持するための工夫もなされている.それらの系については3.4.2項で述べる.

a. [4]アヌレン：シクロブタジエン

HMO法ではシクロブタジエン (CBD, **8**) は三重項の D_{4h} 対称の正方形構造になるが,高精度の量子化学計算を行うと,D_{2h} 型の長方形の一重項状態のほうが安定になる.一重項の D_{4h} 状態は二つの D_{2h} 構造間の異性化の遷移状態であり,種々の量子化学計算によると,D_{2h} 構造よりも約 40〜60 kJ mol^{-1} 高いエネルギー準位にある (図 3.27)[20].三重項の D_{4h} 構造は一重項 D_{4h} 構造よりもさらにおよそ 40 kJ mol^{-1} 高

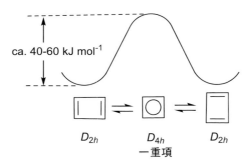

図 3.27 シクロブタジエン (**8**) の構造変換のエネルギーポテンシャル図

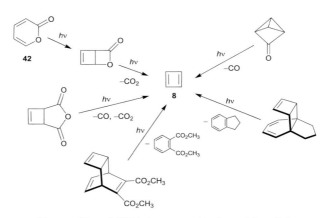

図 3.28 種々の前駆体からのシクロブタジエン (**8**) の生成

いエネルギー準位にポテンシャルの最小値をもつと予想されており，もしそうであれば Hund の規則に反している．

無置換の CBD (**8**) は非常に反応性に富むが，遷移金属錯体や求ジエン体との [4+2] 付加物として捕捉することはできる．常温で捕捉剤がない場合は [4+2] 型の二量化反応を経てシクロオクタテトラエン (**10**) に変換されてしまう．前駆体分子 **42** を極低温下においてアルゴンマトリックス中で光分解して **8** を発生させることにより，初めて **8** の構造が分光学的に確認された[21]．その後も多くの前駆体を用いてマトリックス中での光分解と分光学的同定が行われた．代表例を図 3.28 に示す．観測された IR スペクトルは長方形の D_{2h} 構造について理論的に予測されるスペクトルと一致することから，実験的にも基底状態の構造が D_{2h} 型であることが確認された．溶液中で **8** 自体の NMR スペクトルを測定することはできないが，前駆体 **42** をヘミカルセランドとよばれるカゴ型化合物に取り込ませた包接化合物を室温で光分解すると，カゴ内部で生成した **8** の ^{1}H NMR シグナルが 2.35 ppm に観測された[22]．比較的高磁場にシグナルが観測された理由は，**8** の反芳香族性よりもむしろカゴ型分子の芳香環による異方性効果による．

立体的にかさ高い置換基を有する CBD (**8**) の誘導体のいくつかは単離することができる．たとえば，トリ-*t*-ブチル誘導体 **43a** は 5.38 ppm に ^{1}H NMR シグナルを示し，この系が反芳香族よりもむしろ非芳香族であることを示唆している（図 3.29）．テトラ-*t*-ブチル誘導体 **43b** の X 線結晶構造解析により観測されたシクロブタジエン骨格の C–C 結合長は 1.441 Å と 1.527 Å であり，理論的に予測されたように顕著な結合交替を示している．

図 3.27 に示した CBD (**8**) の構造変換についても多くの研究が行われている．同

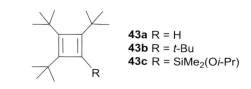

図 3.29　シクロブタジエン誘導体 **43a**〜**43c**

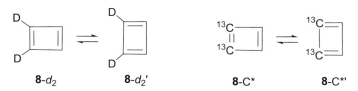

図 3.30　シクロブタジエン **8**-d_2 と **8**-d_2' および **8**-C* と **8**-C*′ の間の異性化

位体で標識した CBD **8-d_2** と **8-d_2'** あるいは **8-C*** と **8-C*′** の間の異性化の速度が,それぞれ求ジエン体による捕捉実験や極低温下のアルゴンマトリックス中での NMR 実験から,理論的予想よりもかなり速いことがわかった(図 3.30).そのため,現在では異性化にトンネル効果の寄与があると考えられている[23]*4.また,安定なケイ素置換誘導体 **43c** の温度可変 ^{13}C NMR 実験から求められた二つの長方形型の異性化の障壁も 21.7 kJ mol^{-1} であり,理論的な見積りよりもかなり小さい.

b. [6]アヌレン:ベンゼン

ベンゼンは,共鳴安定化エネルギー,構造,磁気的性質のすべての尺度において芳香族性の基準となる化合物であることはいうまでもない.

ベンゼン(**9**)は D_{6h} 対称の構造をもつことが,分光学的に確かめられている.その C–C 結合長は 1.397 Å であり,標準的な $C(sp^2)=C(sp^2)$ 結合(1.32 Å)と $C(sp^2)$–$C(sp^2)$ 結合(1.48 Å)の中間の値になっている.便宜上,ベンゼンの構造式を結合交替のある Kekulé 構造で表すが,実際はそれらの共鳴混成体であり,シクロブタジエン(**8**)とは異なり,D_{3h} 対称の構造間で相互変換しているのではない(図 3.31).

電子的あるいは立体的な効果を用いてベンゼン環に結合交替を導入し,シクロヘキサトリエンの構造をとらせることができる[24].三つのベンゾシクロブタジエン環が縮

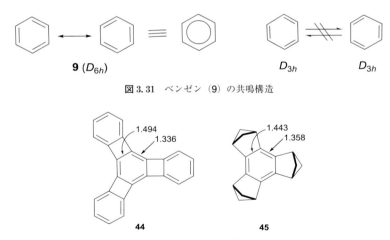

図 3.31 ベンゼン(**9**)の共鳴構造

図 3.32 D_{6h} 対称からずれた構造をもつベンゼン類縁体 **44**, **45** とそれらの結合長(Å)

---

*4 トンネル効果とは,原系と生成系の波動関数の重なりによって活性化障壁を越えることなく反応が起こる現象をいう.通常は最も軽い水素原子が含まれる反応でよく観測され,50 以上の大きな H/D 同位体効果を示すことからその寄与がわかる.

合した **44** では，シクロブタジエン構造による反芳香族性を避けるように二重結合が4員環炭素と4員環外の炭素との間に形成された共鳴構造が支配的になるため，中心のベンゼン環に著しい結合交替が生じる．小員環が縮合することにより芳香環の結合が局在化する効果（Mills-Nixon 効果）を利用した化合物 **45** では，ベンゼン環とひずんだ5員環が共有する結合の二重結合性が小さくなるように結合交替が生じ，芳香環は D_{6h} 対称から大きくずれた構造をとる（図 3.32）．このようにひずんだベンゼン環をもつ化合物は，シクロヘキサトリエンの性質を帯びるため，容易に付加反応を起こすことが知られている．

c. [8]アヌレン：シクロオクタテトラエン

HMO 法ではシクロオクタテトラエン（COT, **10**）が正八角形の平面構造をとると仮定しているが（3.2.2 項参照），平面構造では結合角は 135° となってひずみを生じるため，タブ形（tub form）とよばれる D_{2d} 対称の非平面構造をとる[25]．単結合と二重結合が交互に配列し明確な結合交替を示す構造であり，二重結合間の二面体角は約 56°，タブ構造の折れ曲がり角はおよそ 43° である．このような非平面構造のために二重結合間の共役が妨げられている．実際，COT の ^{1}H NMR 化学シフトはビニルプロトンの領域（5.67 ppm）にありパラトロピシティを示さないため，COT は非芳香族に分類される．なお，いす形ではなくタブ形になるのは，タブ形のほうが隣接した二重結合間の p 軌道間の重なりが大きいためである．

タブ形構造は環反転（ring inversion）と結合移動（bond shifting）の二つの機構で反転できる（図 3.33）．環反転は D_{4h} 対称で結合交替がある平面構造を遷移状態として進行し，さらに二つの D_{4h} 構造どうしは，結合交替がなく反芳香族性の D_{8h} 構造を遷移状態として結合移動することにより相互変換する．この二つの過程の障壁が様々な化合物について求められており，単純な誘導体では環反転の障壁が約 50

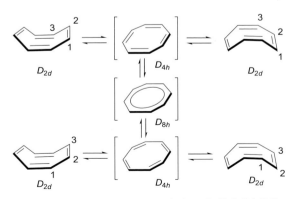

図 3.33　シクロオクタテトラエン（**10**）の環反転と結合移動

~60 kJ mol^{-1},結合移動の障壁が約60～70 kJ mol^{-1}であり,後者のほうが10～15 kJ mol^{-1}高いことがわかっている.このエネルギー差は両過程の遷移状態,つまり結合が局在化したD_{4h}構造と非局在化したD_{8h}構造の安定性の差に相当するため,COTの反芳香族性によるD_{8h}構造の不安定化エネルギーに帰属される.

環反転と結合移動の活性化障壁に関する先駆的な研究を紹介する(図3.34)[26].環の6カ所を重水素置換したヒドロキシイソプロピル基をもつCOT誘導体46と環反転した46′には,ジアステレオトピックな二つのメチル基がある(2.5.1項参照).低温では環反転が遅いためメチル基の^{1}H NMRシグナルは非等価であるが,温度を上げ反転速度が速くなると等価になるため1本のシグナルに融合する.この変化に基づいて環反転の障壁は$\Delta G^\ddagger = 61.4$ kJ mol^{-1}と見積もられた.一方,46の結合移動が起こり46″になるとビニル水素の環境が明らかに異なるため,温度に依存したビニルプロトンの^{1}H NMRシグナルの変化から結合移動の障壁は$\Delta G^\ddagger = 72.7$ kJ mol^{-1}と求められた.

46においてヒドロキシイソプロピル基が結合している炭素とHが結合している炭素の間にある二重結合は,46′への環反転ではその位置は変化しない.一方,二重結合の移動が起こって46″になると,それらの間は単結合になり,ヒドロキシイソプロピル基が結合している炭素とDが結合している炭素との間が二重結合になることに注意すること.

いずれの過程もタブ形の基底状態から平面構造の遷移状態を経て起こるため,隣接する置換の数が増えるにしたがって遷移状態での立体障害が増加し,異性化の障壁が高くなる.表3.9に示した多置換誘導体では,異性化の障壁を容易に越えることがで

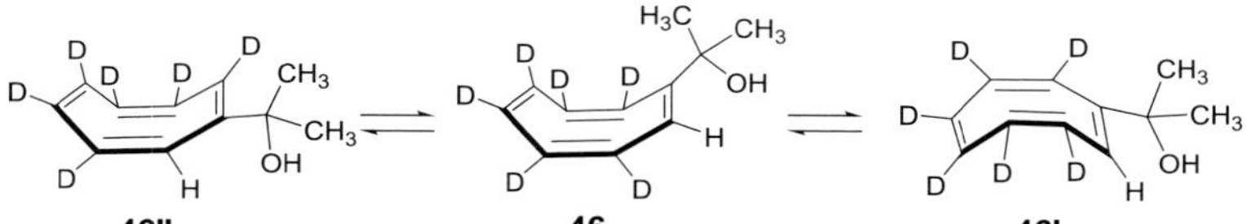

図3.34 シクロオクタテトラエン誘導体46の環反転と結合移動

表3.9 シクロオクタテトラエン誘導体の環反転および結合移動の活性化自由エネルギー(298 K)[a,b]

置換基	環反転の障壁/kJ mol^{-1}	結合移動の障壁/kJ mol^{-1}
1,3-ジ-t-ブチル	90.3	98.6
1,2,3-トリメチル	102.0	110.8
1,2,3,4-テトラメチル	132.9	133.8
1,4-ジメチル-2,3-ジフェニル[b]	124.1	136.7
3,8-ジメチル-1,2-ジフェニル[b]	—	137.5

a) 文献21. b) 化合物の構造式は図3.35を参照.

1,4-ジメチル-2,3-ジフェニル体　　3,8-ジメチル-1,2-ジフェニル体

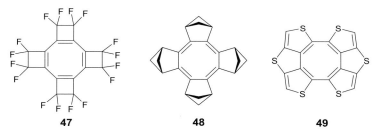

図 3.35　ジメチルジフェニルシクロオクタテトラエン誘導体

47　**48**　**49**

図 3.36　平面構造をもつシクロオクタテトラエン類 47〜49

きないため，二重結合の位置が異なる異性体を一組のエナンチオマーまたは別の構造異性体として分けることができる[27]．

本来はタブ形である COT の構造を **47〜49** のように置換基を導入することによって平面構造をとらせることができ，D_{4h} 構造でもかなりの反芳香族性を示すことが明らかになっている（図 3.36）[28]．さらに高真空中で発生させた COT のラジカルアニオンの光電子分光スペクトルから，D_{4h} 構造間の変換の遷移状態である D_{8h} 対称の一重項 COT が観測された．しかし，それが D_{8h} の三重項よりも 33〜37 kJ mol^{-1} 低いエネルギーをもち，Hund の規則に反する系であることが証明された[25b]．

3.4.2　環サイズの大きな [*n*]アヌレン（$n=10, 12, 14, 18$）

本節では COT より大きな $n=10, 12, 14, 18$ の［n］アヌレンについて，構造と芳香族性について概説する[29]．環が大きくなると，ビニル水素の渡環相互作用を避けるため平面構造をとりにくくなる場合や，構造の柔軟性のために立体配座の相互変換が複雑になることがある．この問題を解決するために，$n=10, 14, 18$ の系において，分子内に架橋を施すことにより立体配座を平面に固定した架橋アヌレンが合成された．それらについてもあわせて紹介する．より大きな環をもつ［n］アヌレン（$n=20, 22, 24$）も合成されているが，環の柔軟性がさらに大きくなり多くの立体配座をとることが可能になるため，芳香族性の検証は困難である．

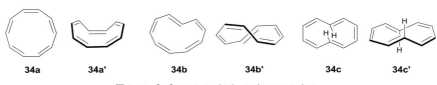

図 3.37 [10]アヌレン (**34**) のジアステレオマー

a. [10]アヌレン

[10]アヌレン (**34**) は柔軟な構造をしているため,複数のジアステレオマーが存在しうる (図3.37). all-*cis* 配置の **34a** の結合角は 144° にもなり平面構造をとることはできないため,タブ形に似た **34a′** のような配座をとる. 一つあるいは二つの *trans* 二重結合をもつ異性体 **34b**, **34c** のほうが **34a** よりも安定であるが,それらも **34b′**, **34c′** のようにねじれた配座をとっている. 量子化学計算により見積もられた安定性は **34b′**>**34c′**>**34a′** の順である[31].

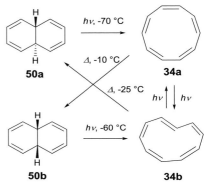

図 3.38 [10]アヌレンの異性体 **34a** と **34b** の合成と異性化

NMR による予備的実験から,−70℃で *trans*-ジヒドロナフタレン (**50a**) を光照射し,6π 電子環状反応によって選択的に開環することにより **34a** が生成すること,**34a** は−10℃ですばやく熱異性化し *cis*-ジヒドロナフタレン (**50b**) を与えることがわかった (図3.38)[30]. 一方,**50b** の−60℃における光照射ではモノ *trans* 異性体 **34b** が生成し,それは−25℃ですばやく **50a** に熱異性化した. また光照射条件下で **34a** と **34b** は相互に光異性化するため,**50b** の−60℃における光照射で得られた混合物を−80℃でクロマトグラフィーを用いて精製することにより,それぞれが単離された. その結果,**34a** は 5.66 ppm に **34b** は 5.86 ppm にいずれもすべての水素が平均化された ^{1}H NMR シグナルを示し,分子構造が非平面性であるため非芳香族であることが明らかとなった.

b. 1,6-メタノ[10]アヌレン

trans 二重結合を二つ含む [10]アヌレン (**34c**) は,環の内側を向いた水素原子間の立体反発のため **34c′** のように大きくねじれた立体配座をとる. この反発を避け環に平面性をもたせるために考案されたのが 1,6-位をメチレン鎖で架橋した [10]アヌレン (**39**) である[32]. X線構造解析の結果,**39** の C1 と C6 は他の sp^2 炭素の平均平面より約 0.4 Å 外れており,完全に平面な構造をとることはできないが,C1-C2, C2-C3 および C3-C4 の平均の結合長はそれぞれ 1.405, 1.377 および 1.418 Å

であり,ナフタレンの対応する結合長(1.426, 1.378, 1.415 Å)とあまり変わらない(図 3.39). ^{1}H NMR スペクトルでは環水素のシグナルは 7.27 と 6.95 ppm に観測され,架橋メチレン水素は -0.52 ppm に現れることから,反磁性環電流の効果を示す.以上の構造および NMR からの考察に加え,**39** の磁化率もこの分子が芳香族であることを支持している(表 3.6).

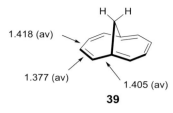

図 3.39 1,6-メタノ[10]アヌレン (**39**) の結合長 (Å)

c. [12]アヌレン

[12]アヌレン(**35**)は三環化合物 **51** の低温における光照射により生成し,^{1}H NMR スペクトルにより確認された(図 3.40(a))[29c, 33]. -170 ℃ では 7.86 ppm と 5.81 ppm にシグナルが 1:3 の比で観測され,これらはそれぞれ *cis, trans, cis, trans, cis, trans* 型異性体 **35a** の環内プロトンおよび重なって観測された 3 種類の環外プロトンに帰属される.環内プロトンが反芳香族 12π 電子系のパラトロピシティの影響でやや低磁場に観測されているが,あまり大きな低磁場シフトを示さないのは,環内水素の立体反発のために **35** が平面構造をとることができないためである.これらのシグナルは -80 ℃ まで昇温すると 6.89 ppm と 5.82 ppm の 1:1 の強度比のシグナルに変化し,これは図 3.40(b) に示すように *trans* 二重結合に結合した a と b の位置にある水素間の交換過程に帰属される.つまり **35** は $\Delta G^\ddagger = 23$ kJ mol^{-1} という小さな活性化障壁で環反転する柔軟な構造をもっている.しかし,-40 ℃ 以下の温度では結合移動は観測されない.これは,内部水素の立体反発により結合移動の遷移状態である平面構造をとることが困難であるためと考えられる.-40 ℃ まで昇温すると 6π 電子環状反応により二環骨格 **52** に異性化し,**52** も 20 ℃ で 6π 環化して **53** に異性化する.さらに **53** は 30 ℃ 以上で 2 分子のベンゼンに分解するという非常に変化に富む系であ

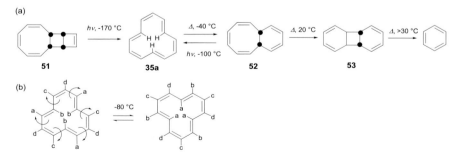

図 3.40 (a) [12]アヌレン (**35a**) の合成と異性化.(b) **35a** の環反転による水素の交換過程 a〜d は水素の位置を表し,a と b,c と d が環反転により交換することを示す.

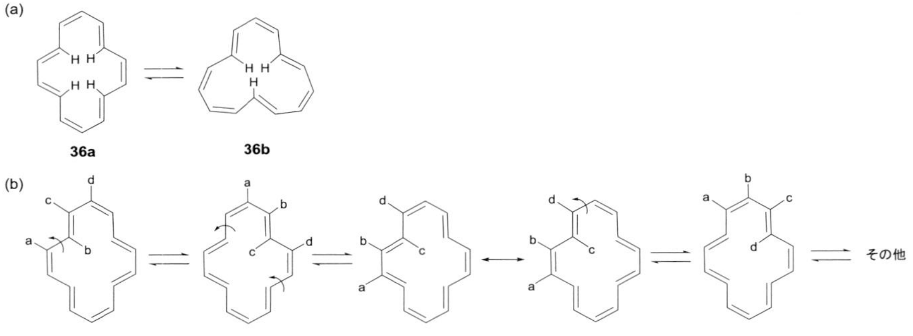

図 3.41 (a)[14]アヌレン（**36a**）と（**36b**）の間の平衡．(b) **36a** の結合の回転による等価動的過程 a〜d の位置のすべてが入れ替わるので，環内と環外水素の交換が観測される．曲がった矢印は平衡が右に進む場合の単結合の回転を示す．

d. [14]アヌレン

$(4n+2)\pi$ 系の [14]アヌレン（**36**）には，*cis, trans, cis, trans, cis, trans, trans* 型異性体 **36a** と *cis, trans, cis, trans, cis, cis, trans* 型異性体 **36b** の二つのジアステレオマーが観測されており，-10℃ではそれらが 92：8 の割合で存在する（図 3.41(a)）[29c, 34]．**36a** は -126℃において -0.61 ppm と 7.88 ppm に ^{1}H NMR シグナルを示し，とくに環内プロトンが著しくしゃへいされて高磁場に観測されることは反磁性環電流の存在を示している．X 線解析による **36a** の結合長は 1.350 から 1.407 Å の幅広い数値をとるが，長短の結合はランダムに配置されており明確な結合交替はない．

動的挙動に関しては，芳香族であるため結合移動を考える必要はないが，形式的には Kekulé 構造における単結合周りの回転と共鳴に関与する極限構造を組み合わせると，*cis-trans* 異性化を含めてすべての結合の回転が起こりうる．たとえば **36a** は 7 個の等価な構造の間での変換による等価動的過程（isodynamical process）とよばれる動的挙動を示す（図 3.41(b)）．-0.61 ppm（環内プロトン）と 7.88 ppm（重なって観測された 3 種類の環外プロトン）にあったシグナルは 25℃では 5.57 ppm に観測される 1 本のシグナルになり，その障壁は 42.4 kJ mol^{-1} である．**36a** と **36b** の間の変換には $\Delta G^{\ddagger} = 88$ kJ mol^{-1} というさらに大きな障壁がある．

e. 架橋[14]アヌレン

1,6-メタノ[10]アヌレン（**39**）と同様に，[14]アヌレン（**36**）における構造の柔軟性を取り除き平面的な配座に固定したのが二重架橋[14]アヌレン（**40**）である[35,36]．**40** はジヒドロピレン骨格をもっており，*anti*-ジチア[3.3]メタシクロファン（**54**）の Stevens 転位による環縮小と脱離反応により得られる *anti*-[2.2]メタシクロファジエン（**55**）の熱的な原子価異性化（valence isomerization）を用いて合成された（図

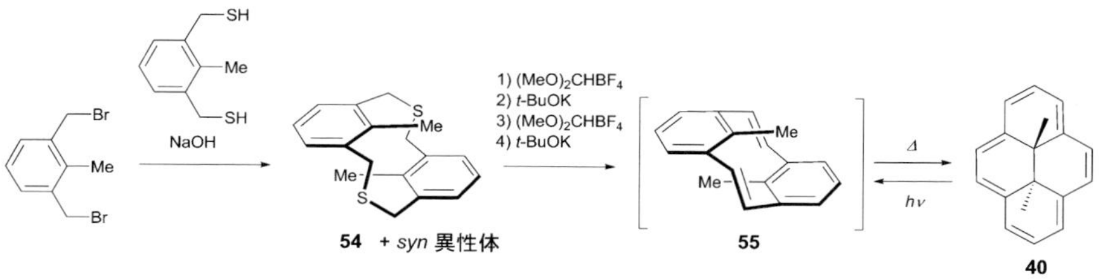

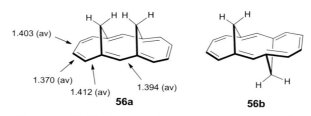

図 3.42　ジヒドロピレン誘導体である二重架橋[14]アヌレン（**40**）の合成

図 3.43　二重架橋[14]アヌレン（**56a**, **56b**）と 56a の結合長（Å）

3.42). **55** 自体は単離されていないが，**40** の光照射により生成することが確かめられている.

40 のX線構造解析から，sp^2 炭素の二面体角は 4°以下で平面性が高く，結合長が 1.388〜1.398 Å というほとんど結合交替がない構造であることがわかった. ^{1}H NMR スペクトルでは環水素は 8.14〜8.64 ppm に観測され，一方，メチルプロトンは -4.25 ppm という著しい高磁場に現れる. 以上の結果とともに，磁化率のデータや（表 3.6），**40** が多くの求電子剤と容易に置換反応を起こすことも，**40** が芳香族性をもつことを示している.

1,6-メタノ[10]アヌレン（**39**）のような架橋様式の二重架橋[14]アヌレン（**56a**, **56b**）も知られている（図 3.43）[36]. *syn* 異性体 **56a** は比較的平面的であるため，共役系の結合長は 1.368〜1.418 Å の範囲にあり，高磁場に観測されるメチレンプロトンの化学シフト（0.9 ppm と -1.2 ppm）もジアトロピシティの存在を示している. 一方，*anti* 異性体 **56b** は二重結合間のねじれが大きいため，共鳴安定化の効果が小さく，メチレンプロトンは 2.5 ppm と 1.9 ppm に観測される.

f. [18]アヌレン

[18]アヌレン（**37**）では，環の柔軟性が増すため動的過程は複雑になる[29c, 37]. しかし，結晶状態ではほぼ D_{6h} 対称の平面構造をとっており，結合長は 1.382〜1.419 Å の範囲内で短, 短, 長のパターンで変化するため，結合交替はほとんどないといえる. 溶液中では，-60℃ で -2.88 ppm と 9.25 ppm に 2 種類の ^{1}H NMR シグナルを示し，

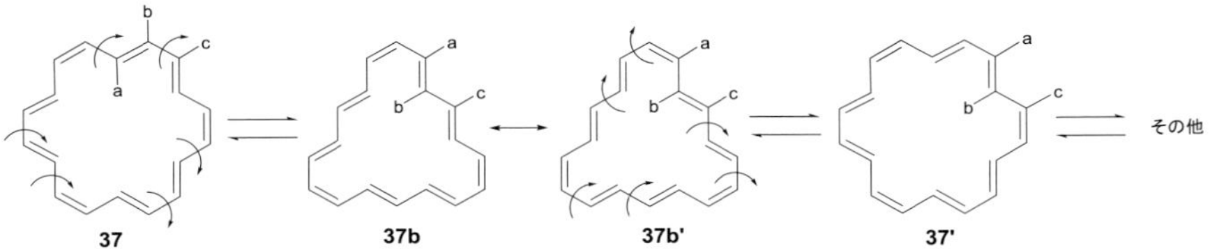

図3.44 37の結合の回転による等価動的過程

a～cの位置が入れ替わるので，環内と環外水素の交換が観測される．曲がった矢印は平衡が右に進む場合の単結合の回転を示す．

これらはそれぞれ環内，環外プロトンに帰属される．分子構造や環内プロトンの顕著な高磁場シフトから，**37** が芳香族性を示すことは明らかである．

^{1}H NMR シグナルは 121℃ まで昇温すると 6.45 ppm の一つのシグナルに変化し，すべての水素が環反転により等価になることを示す．その障壁は 61.4 kJ mol^{-1} であり，配座異性体 **37b** を含む過程で説明されている（図3.44）．すなわち **37** の単結合の回転により観測はされない中間体 **37b** ができ，その共鳴構造 **37b'** において単結合を回転させると **37'** ができる．この過程をもう一度繰り返すことにより，a～cの位置が等価になる．

図3.45 架橋[18]アヌレン 57

g. 架橋[18]アヌレン

[18]アヌレンについても，上記の回転を抑制し平面的な配座を強制するため架橋体 **57** が合成された（図3.45）[38]．^{1}H NMR スペクトルにおいて内部のメチレンプロトンのシグナルは -6～-8 ppm という非常に高磁場に観測された．この化学シフトを反磁性環電流の指標に用いて，構造が柔軟な **37** では完全に非局在化した[18]アヌレンの56%の環電流しか維持されていないのに対し，**57** では88%の環電流が維持されていると見積もられている．

3.4.3 デヒドロアヌレン

アヌレンの構造の柔軟性を抑制するため二重結合を三重結合に置き換えた化合物をデヒドロアヌレンとよぶ[39～41]．sp 混成炭素が共役系に入ることで共役の仕方が sp^2 炭素だけのアヌレンとは異なるが，共役に組み込まれる電子数はアヌレンの場合と同じである．

トリスデヒドロ[12]アヌレン（**58**）やヘキサキスデヒドロ[18]アヌレン（**59**）は代表的なデヒドロアヌレンである（図3.46）．^{1}H NMR スペクトルにおけるビニル水素の化学シフトはそれぞれ 4.55 ppm，7.02 ppm であり，前者は常磁性，後者は弱いな

がらも反磁性環電流の効果を示している[39]．

　分子内にアセチレン結合とクムレン結合をあわせもつ化合物はアセチレン-クムレンデヒドロアヌレンとよばれ，たとえば14π電子系に四つのsp炭素が組み込まれたビスデヒドロ[14]アヌレン（**60**）には**60a**と**60b**の二つの等価な極限構造式が考えられる（図3.47）[40]．^{1}H NMRスペクトルでは**60**の

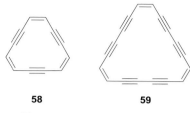

図3.46　デヒドロアヌレン**58**と**59**

環外水素は9.32 ppmに，環内水素は−4.39 ppmに現れ，明確な反磁性環電流効果が観測される．**60**の母骨格である無置換のビスデヒドロ[14]アヌレン（**60′**）のX線構造解析から，アセチレン結合側とクムレン結合側の区別ができなくなっており，二重結合と単結合の結合交替もほとんどないことが明らかになった（図3.48）．したがって，この分子は**60c**のような非局在化した構造をとっていると考えられる．^{1}H NMRスペクトルにおける同様の傾向は18π電子系の**61**や**62**でも明確に観測される（**61**：環外水素10.04 ppm，環内水素−4.89 ppm．**62**：環外水素9.32 ppm, 9.82 ppm，環内水素−3.61 ppm）．**62**の結合長も**60**と同様にπ電子の非局在化を示している．さらに大きな22, 24, 26, 30π系も合成されているが，環サイズの拡張とともにジアトロピシティが徐々に小さくなることが明らかになっている．

　二つのアヌレンが縮合した化合物はアヌレノアヌレンとよばれる[41]．したがって，ナフタレンは二つのベンゼン環が縮合したアヌレノアヌレンとみなすこともできる．二つのアセチレン-クムレンデヒドロアヌレンが縮合した[14]アヌレノ[14]アヌレン**63**にはクムレン結合の位置の違う二つの14π電子系からなる極限構造**63a**〜**63c**以

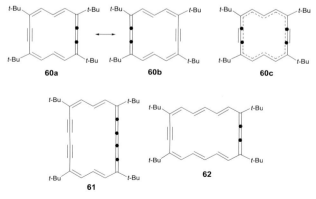

図3.47　アセチレン-クムレンデヒドロ[14]アヌレン**60**の共鳴構造および18π電子系の**61**と**62**

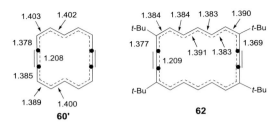

図 3.48 アセチレン-クムレンデヒドロアヌレン 60′ と 62 の結合長（Å）

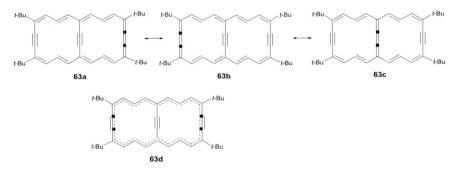

図 3.49 [14]アヌレノ[14]アヌレン 63 の共鳴構造

外に外周のみの共役 22π 電子系の **63d** も考えられる（図 3.49）．しかし，^{1}H NMR スペクトルや X 線構造解析に基づいて，**63d** ではなく **63a**～**63c** の共鳴混成体であることが明らかになった．

3.4.4 電荷をもつ環状共役系
a. 奇数員環の一価イオン

3.2.2 項で述べたように，奇数員環の一価の電荷をもつ系にも芳香族性と反芳香族性を示すものがある．図 3.16 に示したように，Hückel 分子軌道における電子配置から，2π 電子系のシクロプロペニルカチオン（**11**）や 6π 電子系のシクロペンタジエニルアニオン（**12**）およびトロピリウムイオン（**13**）は正の共鳴エネルギーをもつのに対し，4π 電子系のシクロプロペニルアニオン（**14**）およびシクロペンタジエニルカチオン（**15**）は負の共鳴エネルギーをもつ（図 3.50）．これは電荷をもつ環状共役系においても Hückel 則が成り立つことを意味する．以下に述べるように，実際にこれらの系に関する理論的，実験的事実もそれを支持している[42]．

2π 電子系のシクロプロペニルカチオン（**11**）は，たとえば図 3.51 に示す方法で合成され単離されている[42]．**11** の ^{1}H NMR シグナルは 11.20 ppm という低磁場に観測

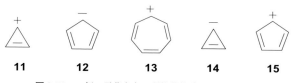

図 3.50　一価の電荷をもつ環状共役系イオン 11〜15

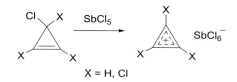

図 3.51　シクロプロペニルカチオンの生成

され，これは反磁性環電流と正電荷の両方の効果による．11 のトリフェニル誘導体の過塩素酸塩の X 線構造解析から，対アニオンの酸素と 3 員環炭素の距離は 3.09 Å 以上離れており，3 員環部分が解離したカチオンの形で存在していること，その C-C 結合長は 1.373 Å であることが明らかになった．結合長がやや短いのは 3 員環の σ 結合が湾曲しているためである．比較的安定なカルボカチオンの安定性は pK_{R^+} 値を用いて評価されるが，11 の pK_{R^+} は −7.4 であり，トリフェニルメチルカチオン（pK_{R^+} = −6.63）よりやや不安定であるが，アリルカチオン（pK_{R^+} = −20）よりもはるかに安定である[*5]．

11 とは対照的に 4π 電子系のシクロプロペニルアニオン（14）はきわめて不安定である[43]．アニオンの安定性の指標のひとつである pK_a に関して（4.2 節参照），14 の共役酸であるシクロプロペンのトリフェニルおよびトリメチル誘導体の pK_a は各々 +51 および +65 よりも大きいと見積もられており，脱プロトンによる 14 の生成が熱力学的に非常に不利であることを示す．

同じく 4π 電子系のシクロペンタジエニルカチオン（15）も非常に不安定である[44]．その pK_{R^+} は約 −40 と見積もられており，アリルカチオンの pK_{R^+} = −20 よりもさらに非常に大きな負の値を示す．量子化学計算では，磁化率のエキサルテーション（Λ）が 32.6 で，NICS(0) 値が +54.1 と見積もられており，著しい反芳香族性を示す．ヨードシクロペンタンをプロピオン酸中で過塩素酸で処理すると容易に加溶媒分解されるのに対し，同じ条件下で 5-ヨードシクロペンタジエンはまったく反応しないことも 15 の不安定性を示す実験事実である．−40℃で 5-ブロモシクロペンタジエンと五塩化アンチモンとの反応で生成した 15 は，ESR スペクトルに基づき基底状態が三重項であることが確認された．ペンタクロロ体やペンタイソプロピル体も基底状態は三重

[*5]　pK_{R^+} の定義は 4.1 節で述べるが，数値が大きいほどカチオンは安定化されていることを示す．

項だが，ペンタフェニル体は基底一重項で少しだけ高いエネルギーレベルに三重項があることがわかっている（4.3.5項 d 参照）．

6π電子系のシクロペンタジエニルアニオン（**12**）の安定性については古くから知られている．**12** の共役酸であるシクロペンタジエンの pK_a は +15 であり，アルコールに匹敵するほど酸性度が高い．電子受容性のシアノ基が 5 個置換したアニオンはさらに熱力学的に安定になり，過塩素酸のような強酸中でもプロトン化を受けない．**12** の NICS(0) 値は -15.0，Q 値は 1.287 であることから，磁気的および構造的観点から完全に芳香族であると判断される．

同じく 6π 電子系のトロピリウムイオン（**13**）も安定なイオンである[45]．pK_{R^+} は +4.7 であり，数多くの **13** の塩が単離されその構造が確認されている．**13** の NICS(0) 値は -6.7，Q 値は 1.222 であり，磁気的および構造的観点から芳香族である．一方，シクロヘプタトリエンの pK_a は +36 であり，酸性度が低いのは 8π 電子系のシクロヘプタトリエニルアニオンの反芳香族性によるものである．

1H-フェナレン（**64**）は芳香族性によって安定化されたカチオンならびにアニオンの前駆体としてはたらく特異な炭化水素である[46]．**64** からヒドリドイオンあるいはプロトンが脱離することによって生成するフェナレニルカチオンおよびフェナレニルアニオンは，電子数だけを数えるとそれぞれ 10π 電子および 14π 電子からなる芳香族とみなすことができる（図 3.52）．しかし，Hess-Shaad の共鳴エネルギー（*HSRE*，3.3.1 項参照）は，カチオン，アニオンのいずれも 0.41β であり，またカチオンの 12員環中心における NICS 値は -18 と見積もられていることから，カチオンは芳香族性を示す．**64** から水素が脱離して生成するフェナレニルラジカルの非結合性軌道は，図 3.52 に示すように一つ置きに離れた 6 カ所の炭素上にのみ係数をもつ．カチオンではこの軌道が LUMO になり，アニオンでは HOMO になるため，電荷が分子中に広く分散される．フェナレニルカチオンの過塩素酸塩は単離されており，その pK_{R^+} 値は 0〜2 と見積もられている．フェナレンの pK_a は +19 であり，炭化水素にしては高い酸性度を示すのはアニオンの安定性に起因する．

b．偶数員環の二価イオン

上に述べた奇数員環をもつ一価のイオン種だけでなく，**65〜67** のように芳香族性

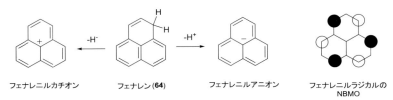

フェナレニルカチオン　　フェナレン(**64**)　　フェナレニルアニオン　　フェナレニルラジカルの NBMO

図 3.52　フェナレン（**64**）からのカチオンおよびアニオンの生成とフェナレニルラジカルの NBMO

を示す偶数員環の二価のイオンも知られている（図3.53）．

2π電子系にはシクロブタジエンのジカチオン**65**がある[47]．ジハロシクロブテン誘導体を低温下で二酸化硫黄中，五塩化アンチモンを用いて酸化すると，**65**のテトラメチル誘導体**65a**およびテトラフェニル誘導体**65b**が生成することがNMRスペクトルにより確認されている（図3.54）．

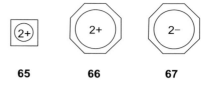

図3.53 二価の電荷をもつ環状共役系イオン **65**〜**67**

シクロオクタテトラエンのテトラメチル誘導体**68**を低温下で塩化フッ化スルフリル中，五フッ化アンチモンで2電子酸化すると，6π電子系ジカチオン**66**のテトラメチル体**66a**が生成する（図3.55）[48]．**66a**は10.13 ppmに^{1}H NMRシグナルを示すことから，二価の正電荷の効果を考慮しても反磁性環電流の効果が認められる．

一方，シクロオクタテトラエン（**10**）をアルカリ金属で還元すると，ジアニオン**67**が生成する（図3.56）[49]．**10**とカリウムの当量を0〜2まで徐々に変化させながら

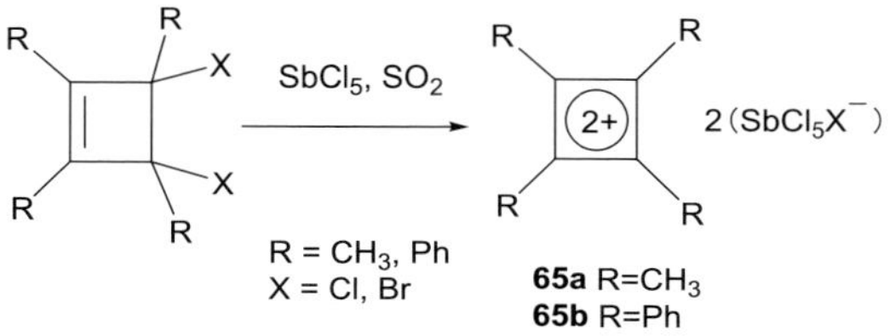

図3.54 シクロブタジエンのジカチオン**65**の生成

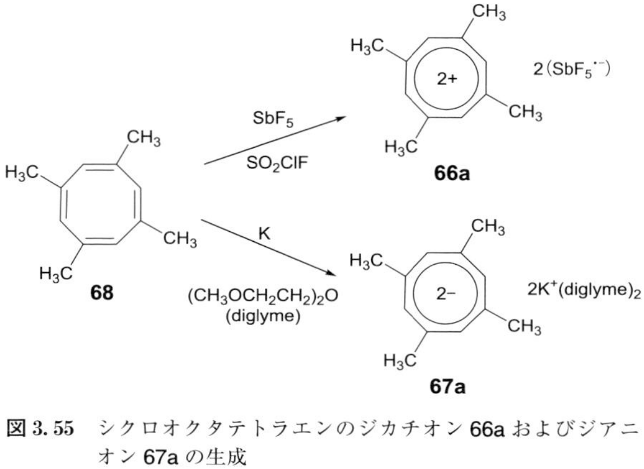

図3.55 シクロオクタテトラエンのジカチオン**66a**およびジアニオン**67a**の生成

66aの対アニオンは$2(SbF_5^{\cdot-})$としてあるが，五フッ化アンチモンのクラスターのジアニオンである可能性がある．

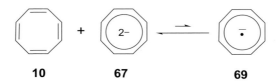

図 3.56　シクロオクタテトラエニルジアニオン（**67**）の生成

^{1}H NMR を測定すると，原料 **10** と生成物 **67** が生成し，1 電子還元された中間体のラジカルアニオン **69** は検出されない．これは図 3.56 に示す平衡が **67** の芳香族性によって左に偏っているためである．**67** の ^{1}H NMR シグナルは 5.66 ppm に観測され，二価の負電荷による電子密度の増加を考慮すると，かなりの反磁性環電流効果が働いていることがわかる．さらにテトラメチル誘導体 **68** をカリウムで還元して得られた **67a** の X 線構造解析から，**67a** の 8 員環がほぼ平面の正八角形に近い形をしており，結合長は平均 1.398 Å と 1.416 Å であり，わずかな結合交替があるものの，芳香族であることが明らかになった（図 3.55）．カリウムイオンは 8 員環炭素から 3.003 Å 離れた環の上下の対称な位置にあり，**67a** が解離したジアニオンであることを示している．

c. ホモ芳香族性

隣接していない炭素原子の p_z 軌道の間の相互作用によって電子の非局在化が起こる場合がある．たとえばアリルカチオンの二つの炭素間にメチレンが挿入されたホモアリルカチオンでは，C1 のカチオン中心と C3, C4 の二重結合の重なりが生じるような立体配座をとることができ，電荷の分散による安定化を受けることができる．このような共役をホモ共役（homoconjugation）とよぶ（図 3.57, 3.1.4 項参照）．ホモ共役によって環状に電子が非局在化し，共役系に含まれる π 電子数が $(4n+2)$ 個で共鳴安定化を受ける場合，ホモ芳香族性（homoaromaticity）があるという[50]．2π 電子系の例にはシクロブテニルカチオン（**70**），6π 電子系にはシクロオクタトリエニルカチオン（**71**）がある．

シクロブテニルカチオン（**70**）は，超強酸を用いて 3-アセトキシシクロブテンをイオン化することにより生成する[51]．^{1}H NMR スペクトルにおいて，メチンプロトン

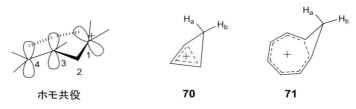

図 3.57　ホモ共役とホモ芳香族イオン

のシグナルは9.72（1H）ppmと7.95（2H）ppmに観測される．また低温ではメチレンプロトン H_a，H_b のシグナルがそれぞれ4.12 ppm, 4.94 ppmに非等価に観測されることから4員環は折れ曲がった構造をとっており，NMRの温度依存性から環の反転障壁は35 kJ mol^{-1} と見積もられている．これらの結果や量子化学計算に基づき，**70**ではC1-C3間で相互作用が起こり2π電子系芳香族のシクロプロペニルカチオン（**11**）に類似した安定化を受けていると考えられる．

シクロオクタトリエニルカチオン（**71**）はシクロオクタテトラエン（**10**）のプロトン化により容易に生成することができる[52]．非常に安定でヘキサクロロアンチモナート塩として単離することもできる．**71**においても，メチレンプロトン H_a，H_b のシグナルがそれぞれ−0.73 ppm と5.17 ppm に観測される．とくに H_a が著しく高磁場に観測されることは，**71**にトロピリウムイオン（**17**）と類似の6π芳香族共役系の反磁性環電流の効果があることを示している．また，環反転の障壁が93.2 kJ mol^{-1} という大きな値であることは，遷移状態における平面8員環構造の立体ひずみとホモ芳香族性による折れ曲がり構造の安定化に帰属される．

3.4.5 交互炭化水素と非交互炭化水素

さまざまな構造をもつ芳香族炭化水素について述べる前に，構造と性質の関係を理解する上で役に立つ交互炭化水素（alternant hydrocabon）と非交互炭化水素（non-alternant hydrocarbon）という分類について解説する[1]．

HMO法で求めたπ分子軌道の配置にはある規則性がある．分子軌道を形成する p_z 軌道に，星印付き（＊）と星印なし（○）の軌道が交互に配置するように印を付けていくことができる場合，その炭化水素を交互炭化水素とよぶ（図3.58）．逆に，どうしても＊付きあるいは＊なしの p_z 軌道が隣り合ってしまう場合は非交互炭化水素とよばれる．交互炭化水素のなかでも，＊付きと＊なしの p_z 軌道の数が同じ場合を偶

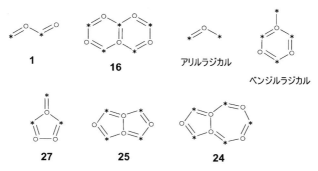

図3.58 交互炭化水素と非交互炭化水素の例

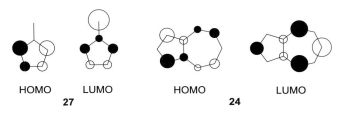

図 3.59 フルベン (27) とアズレン (24) の Hückel 分子軌道法における HOMO と LUMO の図
黒丸と白抜きの丸は波動関数の係数の正負を表し，丸の大きさはその係数の絶対値のおよその大きさを表す．

交互系，異なる場合を奇交互系とよぶ．

1,3-ブタジエン (1) やナフタレン (16) のような偶交互炭化水素では，たとえばブタジエンの分子軌道（図 3.3）やベンゼンの分子軌道（図 3.15），さらには一連の共役ポリエンについて図 3.4 に示したように，結合性軌道と反結合性軌道が非結合性のエネルギー準位 α に対して対称な準位に配置される．さらに，ポリエンの分子軌道の係数に関する式 (3.8)，およびブタジエンの分子軌道（図 3.3）やベンゼンの分子軌道（図 3.15）からわかるように，偶交互炭化水素の結合性 π 分子軌道の係数の絶対値は，α に対して対称な位置にある反結合性軌道の対応する炭素上の絶対値と同じ値をもつ．つまり，被占軌道と空軌道は分子全体に均一に分布しているため，π 電子が双極子モーメントに影響を与えることはない．

アリルラジカルやベンジルラジカル（3.1.2 項参照）のような開殻分子は奇交互炭化水素に属し，非結合性軌道（NBMO）が存在する．結合性軌道は反結合性軌道に対して対称なエネルギー準位に配置される（図 3.7 参照）．

フルベン (27)，ペンタレン (23) やアズレン (24) のように奇数員環を含む系はすべて非交互炭化水素になる．非交互炭化水素では，交互炭化水素で見られたように結合性軌道と反結合性軌道のエネルギー準位が対称に配置されることはない．さらに，フルベンやアズレンのような非対称な構造の系では，図 3.59 に示すように HOMO と LUMO 軌道の係数の大きさも異なる．このような系では π 電子の分布に偏りができるため双極子モーメントが生じる（3.1.1 項の π 電子密度を参照）．

3.4.6 ベンゼン系縮合多環式芳香族化合物

ベンゼン環が一次元的に縮合した多環式芳香族化合物には，縮合様式の違いによりアセン (acene)，フェン (phene) があり，それらの性質は互いに大きく異なる．アントラセン (17)，テトラセン (18) のように，直線状に環が縮合した一連の芳香族炭化水素をアセンといい，フェナントレン (19) や後述のクリセン (73) のように，

曲がった形で縮合した一連の炭化水素をフェンという．また，二次元的に広がった構造をもつ芳香族も縮合様式の違いにより性質が大きく異なる．それらのなかには，全ベンゼノイド炭化水素とよばれるとくに安定な形があり，多くの化合物はこの形をとっている．三次元的な構造をもつ多環式芳香族にはフラーレンがある．表 3.2 に示した %TRE の値から判断すると，C_{60} は芳香族ではあるがその芳香族性はベンゼン系多環式芳香族化合物よりも強くない．実際に，フラーレン類はさまざまな付加反応を起こすことが知られており，それを用いて特殊な構造をもつ π 共役系化合物が合成されている．フラーレンについては本書では 5 章においてその化学の一端を紹介するにとどめる．

a. 芳香族セクステット

まず，これらの性質について定性的に説明するための芳香族セクステット（aromatic sextet，6電子群あるいは6偶子説ともいう）について解説する．これは，1925年にRobinson が提唱した6電子による芳香族の安定化効果を丸を書いて表すという芳香族セクステットの考えを，その後 Clar が一般化した概念であり，Clar の芳香族セクステットともよばれる[53]．

それによると，環状に配列した 6 個の 2p 軌道の電子（π 電子）を芳香族セクステットとよび，これが安定なベンゼノイド（benzenoid）系を形成すると考え，六角形の中に書いた丸で表す．この芳香族セクステットの丸印をより多く書くことができる共鳴構造式があれば，その化合物はより熱力学的に安定であると判断する．ただし，以下のナフタレン（**11**）の例に示すように，隣り合うベンゼン環の両方に丸を書いた **11a** のような構造は誤りである（図 3.60）．なぜなら，10π 電子しかないナフタレンの一方のベンゼン環に丸を書くと，隣のベンゼン環には 4 電子しか残っていないからである．したがって，ナフタレンは **11b** あるいは **11b'** のように表される．

次に，三環式のアセン系炭化水素であるアントラセン（**17**）とフェン系炭化水素のフェナントレン（**19**）について考察する．**17** については 1 個のセクステットが端あるいは真ん中の環にある **17a** と **17b**（および等価な **17b'**）の構造が書ける（図 3.61）．一方，**19** については 1 個のセクステットが真ん中の環にある **19a** と 2 個のセクステットが両端にある **19b** が書けるが，後者のほうが安定なので，これがフェナントレンのセクステット表記である．フェナントレンの両端の環のほうが中心より

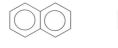　　　

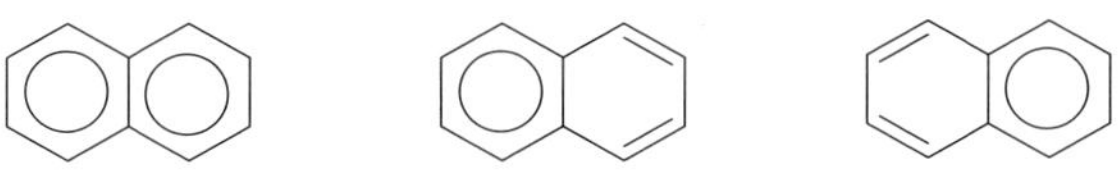

　11a　（正しくない）　　　**11b**　　　　　　**11b'**

図 3.60　ナフタレン（**11**）の Clar の芳香族セクステットによる表記（**11a** は誤った表記）

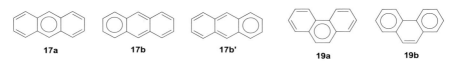

図3.61 アントラセン (**17**) とフェナントレン (**19**) の Clar の芳香族セクステットによる表記

図3.62 四環式芳香族炭化水素 **18**, **20**, **72**〜**74** の Clar の芳香族セクステットによる表記

も HOMA 値 (表3.4) が大きいことや, NICS 値 (表3.7) が負の大きな値を示すこと, さらにはフェナントレンの中心環に対して臭素の付加反応が起こることは, この表記と矛盾しない. ここで構造異性体である **17** と **19** を比べると, 2個のセクステットが書ける **19** のほうが熱力学的に安定であると判断される. 実際に, 表3.2 に示すように共鳴安定化エネルギーはフェナントレンのほうがアントラセンより大きく, 標準生成熱もフェナントレンのほうが 13 kJ mol^{-1} 小さくより安定である.

続いて, 四環式の芳香族炭化水素である, トリフェニレン (**20**), ベンゾ[c]フェナントレン (**72**), クリセン (**73**), ベンゾ[a]アントラセン (**74**), テトラセン (**18**) について比較する. それぞれの芳香族セクステットによる表記を図3.62 に示す. これらの中でトリフェニレン (**20**) には 3 個のセクステットがある点で他と異なる. **20** の端の環のほうが中心よりも HOMA 値 (表3.4) が大きいことや, NICS 値 (表3.7) が負の大きな値を示すことは, この表記とよく一致している. 一方, **72**〜**74** には 2 個, **18** には 1 個のセクステットしか書けず二重結合が残る. 実際に, **20** は他の炭化水素に比べて著しく反応性が低く, 熱力学的安定性も高いことが知られている. 表3.2 に示すように, **20** の共鳴安定化エネルギーは **18** より大きく, イオン化ポテンシャルや HOMO-LUMO ギャップも大きいため速度論的にも安定である. **20** のように, 隣接しないベンゼン環のすべてがベンゼノイドセクステットになった構造式をもつ炭化水素は, 全ベンゼノイド炭化水素とよばれ, 一般に安定で反応性に乏しい. **20** は最小の全ベンゼノイド炭化水素である.

b. 一次元的な縮合多環式芳香族

アントラセンよりも大きなアセンについては 1960〜1970 年代に合成と基本的性質に関する研究がなされ, ペンタセン (**38**) およびヘキサセン (**75**) までは大気中では非常に不安定ではあるものの, 不活性ガス中で取り扱うことができる物質として同定がなされた. 最近では, これらの有機半導体への応用に関連して, 結晶中での分子

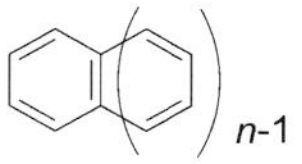

3.4 種々の芳香族化合物と反芳香族化合物　　　135

38 n = 5 ペンタセン
75 n = 6 ヘキサセン
76 n = 7 ヘプタセン
77 n = 8 オクタセン
78 n = 9 ノナセン

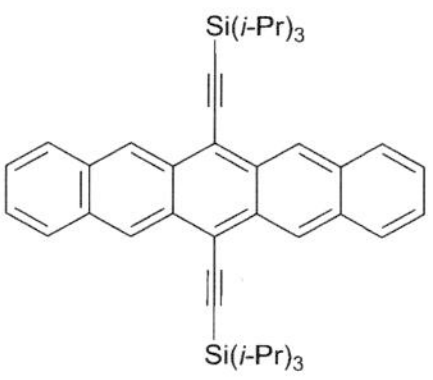

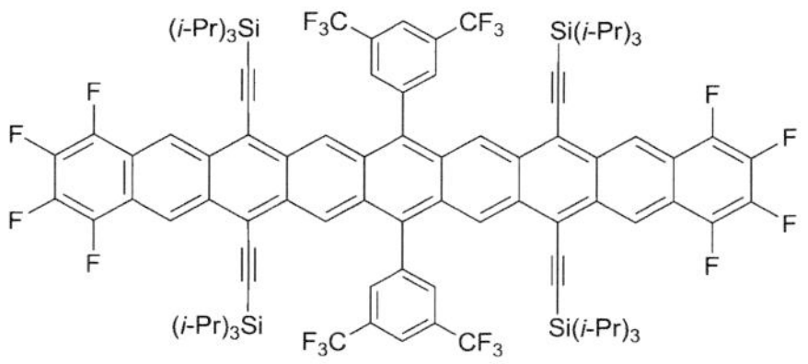

図3.63　アセン 38, 75～78 とその誘導体 79, 80

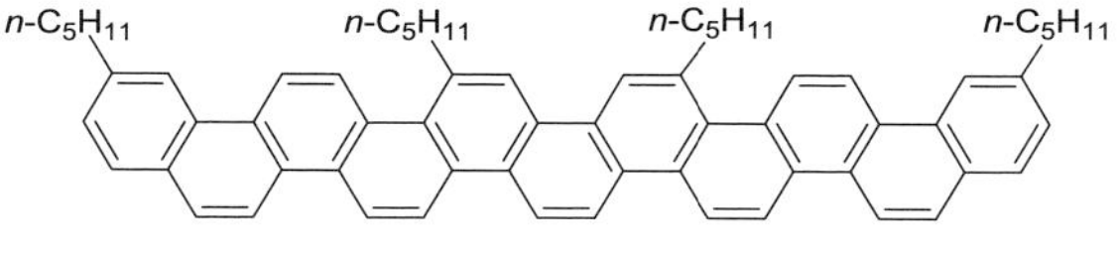

図3.64　[11]フェナセン誘導体 81

の充填構造を明らかにするため X 線構造解析も行われている．無置換の化合物については，ヘプタセン（**76**）はさらに不安定で単離されていないため，**75** が単離されたなかで最も大きなアセンである．分光学的に同定されたアセンに関しては，**76** をはじめとしオクタセン（**77**），ノナセン（**78**）が 20 K のアルゴンマトリックス中で確認されており，**78** が最も大きな無置換のアセンである[54]．一方では，上述のようにペンタセン（**38**）そのものや **79** のような大気中で安定なペンタセン誘導体が有機半導体として利用されるようになり，アセンが再び注目を集めるようになった（図3.63）[55]．そのため，多くのかさ高い置換基で立体的に保護されたアセンが合成された．そのなかで最も大きなアセンはノナセン誘導体 **80** である．

アセンと比較してフェンは速度論的にも安定であるため，[11]フェナセンとよばれベンゼン環の数が 11 個にも及ぶ非常に大きな化合物の誘導体 **81** も合成されている（図3.64）[56]．

c. 二次元的な縮合多環式芳香族

二次元的な縮合多環式芳香族のなかでも全ベンゼノイド類は非常に安定で，Scholl 反応とよばれる酸化的脱水素環化反応条件に耐えるため，この手法を用いて多くの多環構造が構築されている．ヘキサベンゾコロネン（**82**）はその代表であり，図3.65 に示す方法で合成されている．同様の手法を用いて，$C_{222}H_{42}$ の組成をもつ巨大な炭化水素を含む多様な全ベンゼノイド類が合成されている（5.3.1項参照）[53]．

二次元的な縮合多環式芳香族化合物においても，縮合様式の違いによりそれらの電子的性質が異なる．近年ではグラフェンの末端構造との関係からもそれらに興味がも

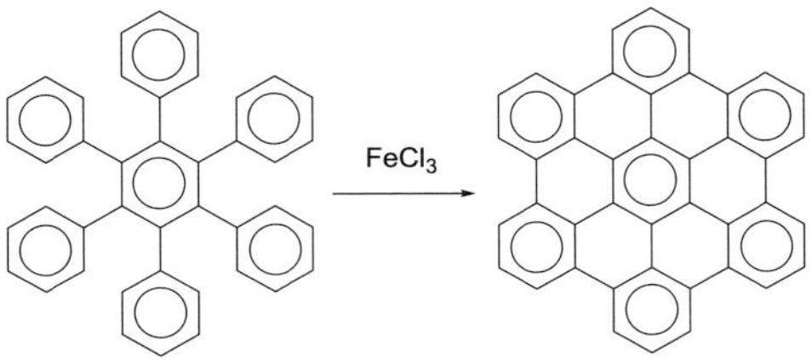

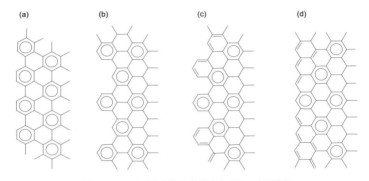

図 3.65 ヘキサベンゾコロネン（**82**）の合成
全ベンゼノイド系であることを示すため，Clar の芳香族セクステット表記を用いて書いてある．

図 3.66 二次元的な縮合多環式芳香族の末端構造
(a)，(b) 全ベンゼノイド型（(a) アームチェア形，(b) コーブ形とよばれる），
(c) アセン類似型，(d) キノイド型．

たれている．図 3.66 に示すように，全ベンゼノイド型にも複数の周辺構造の可能性があるが，全ベンゼノイド型以外にもアセン類似型やキノイド型とよばれる構造をとることができる．これらは全ベンゼノイド型よりも不安定であるが，逆に電子の授受が起こりやすいため物性的には興味深い化合物が見いだされている（5.3.1 項参照）．

3.4.7 非ベンゼン系芳香族化合物

アヌレンのようにベンゼン環をもたない環状共役系でも芳香族性や反芳香族性を示す．このようにベンゼン環をもたない環状共役系化合物の総称を非ベンゼン系共役電子系あるいは非ベンゼン系芳香族（あるいは反芳香族）という[57]．非ベンゼン系の単環式分子には，アヌレンだけでなく，3.2.2 項および 3.4.4 項で述べた，シクロプロペニルカチオン（**11**），シクロペンタジエニルアニオン（**12**），およびシクロヘプタトリエニルカチオン（**13**）のような電荷をもった π 共役系がある．このような（$4n$

3.4 種々の芳香族化合物と反芳香族化合物

$+2)\pi$ 電子をもつカチオンの芳香族性は，同じ奇数員環をもつ中性の炭化水素やカルボニル化合物の構造や性質にも大きな影響を及ぼしている．本項では，まずそのような単環式共役化合物の性質について紹介し，ついで図3.17にあげた二環式および三環式の非ベンゼン系共役化合物について述べる．

a. 非ベンゼン系芳香族に関連した単環式共役化合物

3.2.2項および3.4.4項で述べたように，11～13のような $(4n+2)\pi$ 電子系の奇数員環の一価イオンは芳香族性を示す．したがって，不飽和の奇数員環にメチレン基やカルボニル基が結合した交差共役系化合物（3.1.3項参照）は，環部分の芳香族性に起因する特殊な性質を示す[58]．

3, 5, 7員環にメチレン基が結合した化合物 83, 27, 84 では，11～13 の芳香族性により，分極した構造の寄与が考えられる．そのため，これらは炭化水素にしては比較的大きな双極子モーメントをもつ（図3.67）．

マイクロ波分光法により求められたメチレンシクロプロペン（83）の結合長は結合交替が大きいにもかかわらず，83 が 1.90 D という双極子モーメントをもつことは，3員環が正に分極した非局在化構造の寄与が無視できないことを意味している[59]．メチレンシクロペンタジエン（27）（フルベン（fulvene）ともよばれる）では逆に5員環が負に分極した構造の寄与が考えられる．ジメチルフルベンの電子線回折による構造解析は，結合交替の大きな局在化構造の寄与が大きいことを示しているが，27 は1.1 D の双極子モーメントをもつ[60]．したがって，83 とは逆方向に分極した構造の寄与があると考えられている．メチレンシクロヘプタトリエン（84）も 0.7 D の双極子モーメントをもち，分極構造の寄与があることを示している．

3, 5, 7員環にカルボニル基が結合した化合物 85～87 では，カルボニル基自体が分

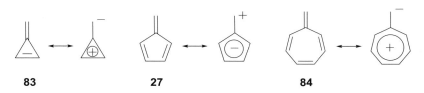

図3.67 不飽和の 3, 5, 7 員環にメチレン基が結合した化合物 83, 27, 84 の共鳴構造

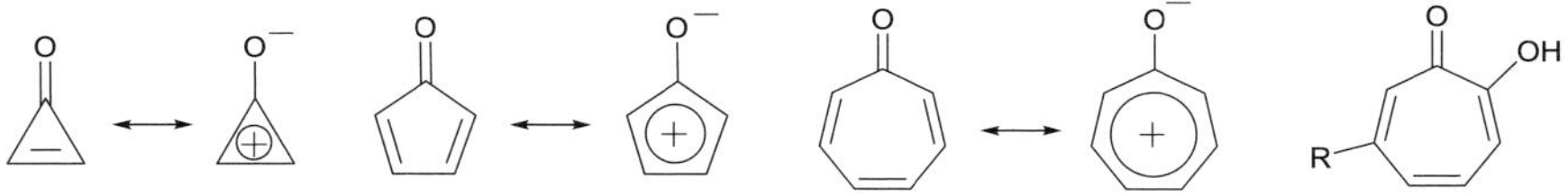

図3.68 3, 5, 7員環の不飽和カルボニル化合物 85～87 の共鳴構造とトロポロン類 88

極しているため,その効果がさらに顕著に見られる(図3.68).

たとえば,シクロプロペノン (**85**) の双極子モーメントは 4.39 D であり,シクロプロパノンの 2.67 D よりも大きく,C=O の結合長も 1.212 Å であり後者の 1.18 Å よりもかなり長い[61].逆にシクロペンタジエノン (**86**) は,カルボニル基の分極により 5 員環に 4π 電子系の寄与が生じるためきわめて不安定であり,立体的に保護された **86** の誘導体は多く存在するが,**86** そのものは容易に [4+2] 付加反応により二量化するため単離することができない[62].よりひずみの大きな **85** が単離されているのとは対照的である.シクロヘプタトリエノン (**87**)(トロポン (tropone) ともよばれる) にはトロピリウムイオン (**13**) の寄与が考えられる[63].事実,**87** は 4.3 D という大きな双極子をもち,カルボニル基の伸縮振動も 1582 cm^{-1} という低波数領域にあるため,C=O 結合が伸長した分極構造の寄与が示唆される.**87** のカルボニル基の隣にヒドロキシ基がついた化合物はトロポロン (tropolone, **88a**) とよばれ,たとえばヒノキやヒバから得られるモノテルペン天然物であるヒノキチオール (hinokitiol, **88b**) のように天然物の骨格の中にも含まれる.なお **88b** は初めて見出された 7 員環をもつ天然物であり,非ベンゼン系芳香族の化学が生まれるきっかけになった化合物でもある.

b. 二環式・三環式の非ベンゼン系芳香族と反芳香族

二つの不飽和奇数員環が二重結合で結ばれた交差共役系化合物 (3.1.3 項) も奇数員環の一価イオンの芳香族性に起因する構造と物性を示す[58,64].シクロプロペニリデンシクロペンタジエン (**28**) には,ともに芳香族性の 2π 電子系と 6π 電子系に分極した極限構造の寄与が考えられる (図3.69).**28** そのものは未知化合物であるが,そのヘキサフェニル誘導体 **89** は 6.3 D という大きな双極子モーメントをもつ.シクロペンタジエンで二重結合を挟んだ構造のフルバレン (**29**) そのものは結合交替が大きくポリエンとしての性質を示すため不安定で,-50℃ 以上の温度では重合反応や [4+2] 付加反応を起こす[42a,65].しかし **29** は,2 電子還元を受けると両方の環が 6π 電

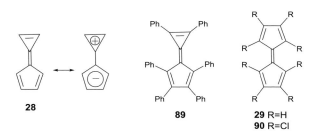

図3.69　シクロプロペニリデンシクロペンタジエン (**28**) の共鳴構造とその誘導体 **89** およびフルバレン (**29**) とその誘導体 **90**

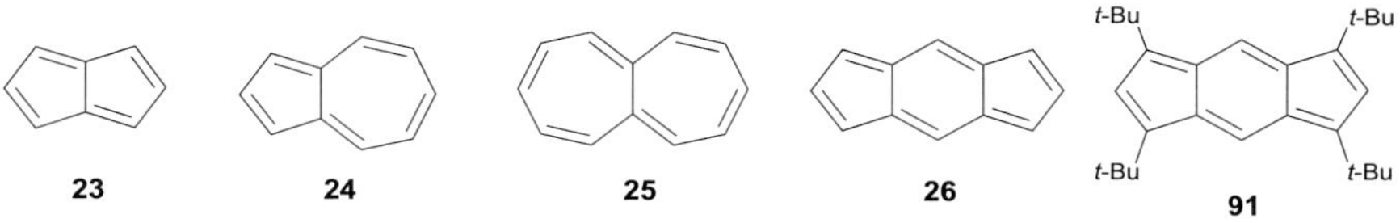

図 3.70 二環式および三環式の非ベンゼン系共役電子系 23〜26, 91

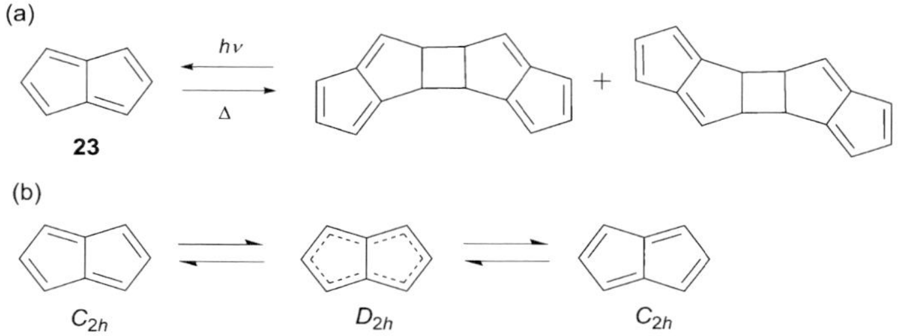

図 3.71 (a) ペンタレン (23) の光分解による生成と熱的な二量化と,
(b) 構造変換

子系になるため,容易に還元されることが,安定なオクタクロロ誘導体 90 によって確認されている[66)].

奇数員環が縮合した非ベンゼン系芳香族には,二環式で 8π 電子系のペンタレン (23),10π 電子系のアズレン (24),12π 電子系のヘプタレン (25),12π 電子系の三環式化合物である s-インダセン (26) などがある(図 3.70)[57,67)]. これらの芳香族安定化エネルギーは表 3.2 を,NICS 値は表 3.7 を参照のこと.

ペンタレン (23) は 8π 電子系の反芳香族であり非常に反応性に富む.低温下で二量体の光分解で生成した 23 が分光学的に確認されてはいるが,-100 ℃以上の温度では熱的な [8+2] 付加反応によりもとの二量体に戻る(図 3.71(a))[68)]. 複数の t-ブチル基やジメチルアミノ基が置換した誘導体をはじめ,いくつかの置換体は単離されている.量子化学計算によると,23 の基底状態の構造は C_{2h} 対称で結合交替があるが,シクロブタジエン (8) の場合と同様に(図 3.27 参照),高対称性の構造 (D_{2h}) を遷移状態とする構造変換をしていると考えられている(図 3.71(b))[69)]. 23 と同様に,12π 電子系反芳香族のヘプタレン (25) もポリエンとしての性質を示し,容易に重合する[70)].

一方,アズレン (24) は 10π 電子系の芳香族であり,同じ 10π 電子系のナフタレンよりは小さいものの,芳香族安定化エネルギーをもつ.磁気的性質からも芳香族であることがわかる[57)]. 実際,多くのアズレン誘導体が炭素数が 15 の天然物であるセスキテルペンとして天然に存在するだけでなく,人工のアズレン誘導体は抗炎症剤な

図 3.72 アズレン (**24**) の共鳴構造式と X 線構造解析による結合長 (Å)

どに用いられている．その構造の特徴は，二つの環で共有される中心結合の距離が約 1.5 Å と長い一方で，周辺の結合は結合交替が小さく，結合長は 1.391〜1.400 Å であり，芳香族としての範囲に含まれることである（図 3.72）．また，5 員環と 7 員環がそれぞれ負と正に分極することに起因して，0.8 D という双極子モーメントをもつ．

12π 電子系の三環式化合物である s-インダセン (**26**) も負の共鳴安定化エネルギーをもつことから反芳香族である．無置換の **26** は反応性に富むため単離されていないが，テトラ-t-ブチル誘導体 **91** が単離されている[67]．ペンタレンと同様に（図 3.71），**26** の基底状態の構造は低対称性の C_{2h} 型であるが，高対称性の D_{2h} 構造を遷移状態とする構造変換をしていると考えられている．しかし，結晶中では結合交替のない D_{2h} 対称に類似した構造をとることが報告されている[71]．

3.4.8 ヘテロ環芳香族化合物

$(4n+2)π$ 電子系の芳香族炭化水素の -CH=CH- 部分を，-CH=N- や -N=N- のような基や，-NR-，-O-，-S- のような sp^2 混成の 2 価のヘテロ原子で置き換えても，もとの芳香族と等電子構造が保たれる．後者の場合には非共有電子対が共役系に取り込まれる（図 3.73）．こうしてできる共役系はヘテロ原子を共役系に含む芳香族という意味でヘテロ環芳香族化合物とよばれる．

a. 単環式ヘテロ環芳香族化合物

単環式ヘテロ環芳香族化合物については，ピリジン (**92**)，ピロール (**93**)，フラン (**94**)，チオフェン (**95**) などがその代表である（図 3.74）．

これらの安定化エネルギー（DRE および HSRE，3.3.1 参照）と構造的指標（HOMA）および磁気的指標（NICS）を表 3.10 に示す[16c]．ピリジンとピロールはいずれの指標においても芳香族性を示す．一方，フランとチオフェンはエネルギーお

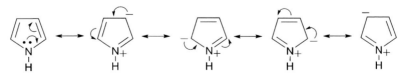

図 3.73 5 員環ヘテロ芳香族（ピロール）の共鳴構造

3.4 種々の芳香族化合物と反芳香族化合物

表 3.10 単環式ヘテロ芳香族化合物の芳香族安定化エネルギー，HOMA 値および NICS 値[a]

化合物	DRE/kJ mol^{-1}	$HSRE/\beta$	HOMA[b]	NICS(0)/ppm[c]	NICS(1)/ppm[c]
ピリジン (**92**)	20.9	0.35	0.998	−9.6	−11.1
ピロール (**93**)	8.5	—	0.857	−17.1	−12.4
フラン (**94**)	1.6	—	0.200	−13.8	−10.5
チオフェン (**95**)	—	0.19	0.745	−14.3	−11.1

a) 文献 16c. b) B3LYP/6-31G(d) 計算で最適化した構造に対する値. c) B3LYP/6-31G(d) 計算で最適化した構造について，HF/6-31G(d) 基底関数を用いて計算した値.

よび構造的観点からは芳香族性は高いとはいえないが，NICS 値からは芳香族といえるので，ヘテロ原子上の非共有電子対が環状共役に関与していると考えてよい．

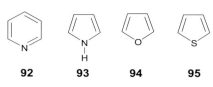

図 3.74 ヘテロ環芳香族化合物 92〜95

b. ポルフィリン

　ポルフィリン（**96**）は自然界に普遍的に存在し，光合成や呼吸をはじめとする多くの生体機能をつかさどる重要な色素である．ポルフィリンは窒素架橋ジアザ[18]アヌレンとみなすことができ，芳香族性を示す[72]．図 3.75 に **96** とその 2 価の金属錯体と等電子的なジアニオン **96**$^{2-}$ における 18π 電子環状構造を示す．また，表 3.11 には **96** と **96**$^{2-}$ の芳香族性に関する構造的（HOMA）および磁気的指標（NICS）の数値を示す．

　HOMA 値と NICS 値のいずれもが **96** および **96**$^{2-}$ の大環状共役系おける芳香族性の存在を支持している．**96** のピロール環 2,4 と **96**$^{2-}$ のすべてのピロール環の芳香族性が低いことは，それらが図 3.75 で示した 18π 電子環状構造に含まれないためである．最近では，機能性材料への応用にも関連して，反芳香族性のポルフィリン類縁体や大きな環をもつ拡張ポルフィリン，多くのポルフィリン環から構成される巨大ポルフィリン分子の合成がなされている（5.3.3 項参照）．

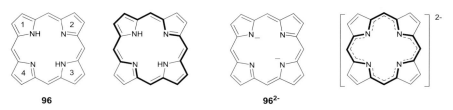

図 3.75 ポルフィリン（**96**）とそのジアニオン **96**$^{2-}$
それぞれの右側の構造には [18]アヌレン環部分を太線で示してある．また，**96** のピロール環には番号が振ってある．

表 3.11 ポルフィリン (96) とそのジアニオン 96²⁻ の HOMA 値および NICS 値[a]

		HOMA (実験値)[b]	HOMA (計算値)[c]	NICS(0)/ ppm[d]
ポルフィリン (96)	ポルフィリン環の中心	0.652	0.666	−16.5
	ピロール環 1, 3	0.666	0.702	−15.2
	ピロール環 2, 4	0.452	0.381	−4.5
ジアニオン 96²⁻	ポルフィリン環の中心	—	0.448	−14.9
	ピロール環 1-4	—	0.287	−4.0

a) 文献 72. b) 456 種のポルフィリン誘導体の X 線構造解析データに基づく構造に対する値. c) B3LYP/6-31G(d) 計算で最適化した構造に対する値. d) B3LYP/6-31G(d) 計算で最適化した構造について,HF/6-31+G(d) 基底関数を用いて計算した値.

3.4.9 多段階酸化還元系

3.4.7 項で,フルバレン (29) の塩素置換体 90 が 2 電子還元を受けて二つの 6π 芳香族からなるジアニオンを生成することを述べた. 29 の骨格に四つの硫黄原子が導入されたテトラチアフルバレン (tetrathiafulvalene:TTF, 97) は,硫黄原子の非共有電子対が共役系に取り込まれるため,それぞれの環に 7 電子があるとみなせる. したがって,90 の場合とは逆に,97 は段階的に 2 電子酸化されることにより二つの 6π 電子系からなるジカチオンを生成する (図 3.76). このように共役系の末端が酸化されることにより芳香族構造を形成する共役系のことを Weitz 型の酸化還元系という[73]. TTF (97) は安定であり,非常に優れた電子供与能 (ドナー性) をもつ. 以下に述べる TCNE との電荷移動錯体は,比較的良好な導電性を示すとともに金属的挙動を示すことが証明された初の有機化合物である (4.5.3 項参照). また,極低温の条件下ではあるが,超伝導性を示す誘導体も合成されている. そのため,TTF (97) はドナー性有機化合物の基本構造の一つと考えられており,多くの誘導体が合成されている.

TTF (97) とは異なり,還元されることにより共役系の内側に芳香族構造が形成される共役系を Wurster 型の酸化還元系という. その代表がテトラシアノキノジメタン (tetracyanoquinodimethane:TCNQ, 98) である. 98 が段階的に 2 電子還元さ

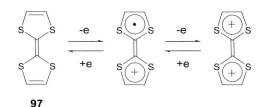

97

図 3.76 TTF (97) の可逆的酸化還元過程

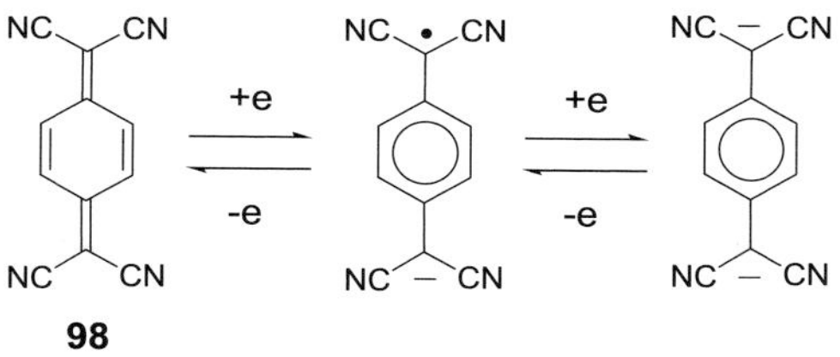

図 3.77 TCNQ (98) の可逆的酸化還元過程

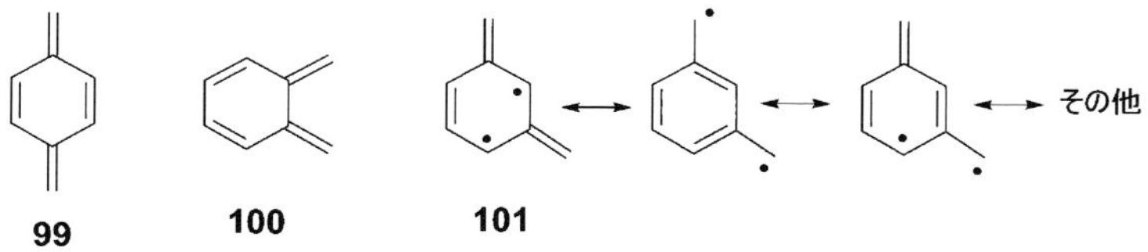

図 3.78 *p*-キノジメタン (99), *o*-キノジメタン (100), *m*-キノジメタン (101) の共鳴構造式

れると，中央にベンゼン環が形成され，末端に生じる負電荷は電気陰性度の大きなシアノ基により安定化される（図 3.77）．TCNQ (98) は上述の TTF (97) をはじめとして多くのドナー性分子と電荷移動錯体を形成する[73]．

なお，98 の母骨格である *p*-キノジメタン (99) はジラジカル的な性質をもち非常に反応性に富むため単離することができない（図 3.78）[74]．99 の構造異性体である *o*-キノジメタン (100) も 99 と同様に反応性に富む分子であり，置換基をもつ誘導体だけが単離されている．メタ型の異性体 *m*-キノジメタン (101) は閉殻の Kekulé 構造が書けない開殻性のジラジカルであり，さらに反応性に富む分子である（4.3 節参照）．

文　献

1) 非局在結合に関する一般的な教科書・参考書
  (a) 野依良治，柴崎正勝，鈴木啓介，玉尾皓平，中筋一弘，奈良坂紘一編，大学院講義有機化学 I，東京化学同人 (1999)；(b) 村田一郎，有機化合物の構造，岩波書店 (2000)；(c) 中川正澄編，理論有機化学（構造編），化学同人 (1974)；(d) F. A. Carey and R. J. Sundberg, Advanced Organic Chemistry : Part A, 5th ed., Springer, New York (2007)；(e) E. V. Anslyn and D. A. Dougherty, Modern Physical Organic Chemistry, University Science Books, Sausalito (2004)；(f) R. Gleiter and G. Haberhauer, Aromaticity and Other Conjugation Effects, Wiley-VCH, Weinheim (2012)；(g) H. Hopf, Classics in Hydrocarbon Chemistry, Wiley-VCH, Weinheim (2000).
2) (a) 吉田善一，大沢映二，芳香族性，化学同人 (1971)；(b) P. v. R. Schleyer, guest ed. *Chem. Rev.*, **101**, No. 5 (2001), special issue on aromaticity.

3) (a) M. J. S. Dewar and G. J. Gleicher, *J. Am. Chem. Soc.*, **87**, 685 (1965)；(b) M. J. S. Dewar and G. J. Gleicher, *J. Am. Chem. Soc.*, **87**, 692 (1965)；(c) M. J. S. Dewar and C. de Llano, *J. Am. Chem. Soc.*, **91**, 789 (1969)；(d) 相原惇一, 化学の領域, **30**, 269 (1976).
4) (a) B. A. Hess, Jr. and L. J. Schaad, *J. Am. Chem. Soc.*, **93**, 305 (1971)；(b) B. A. Hess, Jr. and L. J. Schaad, *J. Chem. Educ.*, **51**, 640 (1974).
5) (a) J. Aihara, *Pure Appl. Chem.*, **54**, 1115 (1982)；(b) 相原惇一, 化学の領域, **30**, 379 (1976).
6) M. J. S. Dewar and H. N. Schmeising, *Tetrahedron*, **5**, 166 (1959).
7) P. v. R. Schleyer, M. Manoharan, H. Jiao and F. Stahl, *Org. Lett.*, **3**, 3643 (2001).
8) P. v. R. Schleyer and F. Pühlhofer, *Org. Lett.*, **4**, 2873 (2002).
9) (a) P. Goerge, M. Trachtman, C. W. Bock and A. M. Brett, *Tetrahedron*, **32**, 317 (1976)；(b) S. E. Wheeler, K. N. Houk, P. v. R. Schleyer and W. D. Allen, *J. Am. Chem. Soc.*, **131**, 2547 (2009).
10) W. J. Hehre, R. Ditchfield, L. Radom and J. A. Pople, *J. Am. Chem. Soc.*, **92**, 4796 (1970).
11) (a) T. M. Krygowski and M. Cyrański, *Tetrahedron*, **52**, 1713 (1996)；(b) T. M. Krygowski and M. Cyrański, *Chem. Rev.*, **101**, 1385 (2001).
12) D. Cremer and H. Günter, *Liebigs Ann. Chem.*, **763**, 87 (1972).
13) R. H. Mitchell, *Chem. Rev.*, **101**, 1301 (2001).
14) J. A. Pople and K. G. Untch, *J. Am. Chem. Soc.*, **88**, 4811 (1966).
15) H. J. Dauben, Jr., J. D. Wilson and J. L. Laity, *J. Am. Chem. Soc.*, **91**, 1991 (1969).
16) (a) P. v. R. Schleyer, C. Maerker, A. Dransfeld, H. Jiao and N. J. R. v. E. Hommes, *J. Am. Chem. Soc.*, **118**, 6317 (1996)；(b) P. v. R. Schleyer, H. Jiao, N. J. R. v. E. Hommes, V. G. Malkin and O. L. Malkin, *J. Am. Chem. Soc.*, **119**, 12669 (1997)；(c) Z. Chen, C. S. Wannere, C. Corminboeuf, R. Puchta and P. v. R. Schleyer, *Chem. Rev.*, **105**, 3842 (2005).
17) (a) E. Heilbronner, *Tetrahedron Lett.*, 1923 (1964)；(b) R. Herges, *Chem. Rev.*, **106**, 4820 (2006).
18) N. C. Baird, *J. Am. Chem. Soc.*, **94**, 4942 (1972).
19) V. Gogonea, P. v. R. Schleyer and P. R. Schreiner, *Angew. Chem. Int. Ed.*, **37**, 1945 (1998).
20) (a) T. Bally and S. Masamune, *Tetrahedron*, **36**, 343 (1980)；(b) G. Maier, *Angew. Chem. Int. Ed. Engl.*, **27**, 309 (1988).
21) (a) O. L. Chapman, C. L. McIntosh and J. Pacansky, *J. Am. Chem. Soc.*, **95**, 614 (1973)；(b) A. Krantz, C. Y. Lin and M. D. Newton, *J. Am. Chem. Soc.*, **95**, 2744 (1973).
22) D. J. Cram, M. E. Tanner and R. Thomas, *Angew. Chem. Int. Ed. Engl.*, **30**, 1024 (1991).
23) (a) D. W. Whitman and B. K. Carpenter, *J. Am. Chem. Soc.*, **104**, 6473 (1982)；(b) A. M. Orendt, B. R. Arnold, J. G. Radziszewski, J. C. Facelli, K. D. Malsch, H. Strub, D. M. Grant and J. Michl, *J. Am. Chem. Soc.*, **110**, 2648 (1988).
24) (a) R. Diercks and K. P. C. Vollhardt, *J. Am. Chem. Soc.*, **108**, 3150 (1986)；(b) H. B. Bürgi, K. K. Baldridge, K. Hardcastle, N. L. Frank, P. Gantzel and J. S. Siegel, *Angew. Chem. Int. Ed. Engl.*, **34**, 1454 (1995)；(c) A. Matsuura and K. Komatsu, *J. Am. Chem. Soc.*, **123**, 1768 (2001).
25) (a) T. Nishinaga, T. Ohmae and M. Iyoda, *Symmetry*, **2**, 76 (2010)；(b) W. C. Lineberger and W. T. Borden, *Phys. Chem. Chem. Phys.*, **13**, 11792 (2011).
26) F. A. L. Anet, A. J. R. Bourn and Y. S. Lin, *J. Am. Chem. Soc.*, **86**, 3576 (1964).

27) L. A. Paquette, *Acc. Chem. Res.*, **26**, 57 (1993).
28) (a) F. W. L. Einstein, A. C. Willis, W. R. Cullen and R. L. Soulen, *J. Chem. Soc., Chem. Commun.*, 526 (1981); (b) T. Ohmae, T. Nishinaga, M. Wu and M. Iyoda, *J. Am. Chem. Soc.*, **132**, 1066 (2010).
29) (a) 中川正澄, アヌレンの化学, 大阪大学出版会 (1996); (b) A. T. Balaban, M. Banciu and V. Ciorba, Annulenes, Benzo-, Hetero-, Homo-Derivatives, and their Valence Isomers, Vols. I-III, CRC Press, Boca Raton (1987); (c) J. F. M. Oth, *Pure Appl. Chem.*, **25**, 573 (1971); (d) F. Sondheimer, *Acc. Chem. Res.*, **5**, 81 (1972).
30) S. Masamune and N. Darby, *Acc. Chem. Res.*, **5**, 272 (1972).
31) L. Farnell, J. Kao, L. Radom and H. F. Schaefer III, *J. Am. Chem. Soc.*, **103**, 2147 (1981).
32) E. Vogel, *Pure Appl. Chem.*, **20**, 237 (1969).
33) (a) J. F. M. Oth, H. Röttele and G. Schröder, *Tetrahedron Lett.*, **11**, 61 (1970); (b) J. F. M. Oth, J.-M. Gilles and G. Schröder, *Tetrahedron Lett.*, **11**, 67 (1970).
34) (a) F. Sondheimer and Y. Ganoi, *J. Am. Chem. Soc.*, **82**, 5765 (1960); (b) C. C. Chiang and I. C. Paul, *J. Am. Chem. Soc.*, **94**, 4741 (1972).
35) (a) V. Boekelheide and T. Miyasaka, *J. Am. Chem. Soc.*, **89**, 1709 (1967); (b) R. H. Michell and V. Boekelheide, *J. Am. Chem. Soc.*, **96**, 1547 (1974).
36) E. Vogel, *Pure Appl. Chem.*, **28**, 355 (1971).
37) F. Sondheimer, R. Wolovsky and Y. Amiel, *J. Am. Chem. Soc.*, **84**, 274 (1962).
38) T. Otsubo, R. Gray and V. Boekelheide, *J. Am. Chem. Soc.*, **100**, 2449 (1978).
39) (a) W. H. Okamura and F. Sondheimer, *J. Am. Chem. Soc.*, **89**, 5991 (1967); (b) K. G. Untch and D. C. Wysocki, *J. Am. Chem. Soc.*, **89**, 6386 (1967).
40) (a) N. A. Bailey and R. Mason, *Proc. Royal Soc.*, **A290**, 94 (1966); (b) J. Ojima, T. Katakami, G. Kanaminami and M. Nakagawa, *Bull. Chem. Soc. Jpn.*, **49**, 292 (1972); (c) K. Fukui, T. Nomoto, S. Nakatsuji and M. Nakagawa, *Bull. Chem. Soc. Jpn.*, **50**, 2758 (1977); (d) M. Iyoda, S. Akiyama and M. Nakagawa, *Bull. Chem. Soc. Jpn.*, **51**, 3359 (1978).
41) (a) S. Akiyama, M. Iyoda and M. Nakagawa, *J. Am. Chem. Soc.*, **98**, 6410 (1976); (b) Y. Kai, N. Yasuoka, N. Kasai, S. Akiyama and M. Nakagawa, *Tetrahedron Lett.*, **19**, 1703 (1978).
42) (a) R. West, *Pure Appl. Chem.*, **28**, 379 (1971); (b) R. Breslow, *Pure Appl. Chem.*, **28**, 111 (1971).
43) R. Breslow, *Acc. Chem. Res.*, **6**, 393 (1973).
44) (a) H. Sitzmann, H. Bock, R. Boese, T. Dezember, Z. Havlas, W. Kaim, M. Moscherosch and L. Zanathy, *J. Am. Chem. Soc.*, **115**, 12003 (1993); (b) M. Sanders, R. Berger, A. Jaffe, J. M. McBride, J. O'Neill, R. Breslow, J. M. Hoffman, Jr., C. Parchonock, E. Wasserman, R. S. Hutton and V. J. Kuck, *J. Am. Chem. Soc.*, **95**, 3017 (1973).
45) (a) W. von E. Doering and L. H. Knox, *J. Am. Chem. Soc.*, **76**, 3203 (1954); (b) H. J. Dauben, Jr., F. A. Gadecki, K. M. Harmon, D. L. Pearson, *J. Am. Chem. Soc.*, **79**, 4557 (1957).
46) I. Murata, Topics in Nonbenzenoid Aromatic Chemistry, T. Nozoe, R. Breslow, K. Hafner, S. Itô, I. Murata, eds. Vol. 1, Wiley, New York (1973), p. 159.
47) G. A. Olah and G. D. Mateescu, *J. Am. Chem. Soc.*, **92**, 1430 (1970).

48) G. A. Olah, J. S. Staral, G. Liang, L. A. Paquette, W. P. Melega and M. J. Carmody, *J. Am. Chem. Soc.*, **99**, 3349 (1977).
49) (a) T. J. Katz, *J. Am. Chem. Soc.*, **82**, 3784 (1960); (b) S. Z. Goldberg, K. N. Raymond, C. A. Harmon and D. H. Templeton, *J. Am. Chem. Soc.*, **96**, 1348 (1974).
50) R. V. Williams, *Chem. Rev.*, **101**, 1185 (2001).
51) G. A. Olah, J. S. Staral, R. J. Spear and G. Liang, *J. Am. Chem. Soc.*, **97**, 5489 (1975).
52) (a) R. F. Childs, *Acc. Chem. Res.*, **17**, 347 (1984); (b) L. A. Paquette, *Angew. Chem. Int. Ed. Engl.*, **17**, 106 (1978).
53) (a) M. Müller, C. Kübel and K. Müllen, *Chem. Eur. J.*, **4**, 2099 (1998); (b) M. D. Watson, A. Fechtenkötter and K. Müllen, *Chem. Rev.*, **101**, 1267 (2001); (c) A. C. Grimsdale, J. Wu and K. Müllen, *Chem. Commun.*, 2197 (2005); (d) E. Clar, The Aromatic Sextet, John Wiley & Sons, London (1972); (e) 相原惇一, 化学の領域, **30**, 812 (1976).
54) (a) M. Bendikov, F. Wudl and D. Perepichka, *Chem. Rev.*, **104**, 4891 (2004); (b) J. E. Anthony, *Angew. Chem. Int. Ed.*, **47**, 452 (2008).
55) B. Purushothaman, M. Bruzek, S. R. Parkin, A.-F. Miller and J. E. Anthony, *Angew. Chem. Int. Ed.*, **50**, 7017 (2011).
56) F. B. Mallory, K. E. Bulter, A. C. Evans, E. J. Brondyke, C. W. Mallory, C. Yang and A. Ellenstein, *J. Am. Chem. Soc.*, **118**, 2119 (1997).
57) D. Ginsberg, ed., Non-Benzenoid Aromatic Compounds, Interscience Publishers New York (1959).
58) A. P. Scott, I. Agranat, P. U. Biedermann, N. V. Riggs and L. Radom, *J. Org. Chem.*, **62**, 2026 (1997).
59) T. D. Norden, S. W. Staley, W. H. Taylor and M. D. Harmony, *J. Am. Chem. Soc.*, **108**, 7912 (1986).
60) J. F. Chiang and S. H. Bauer, *J. Am. Chem. Soc.*, **92**, 261 (1970).
61) (a) J. Ciabattoni and E. C. Nathan, III, *J. Am. Chem. Soc.*, **91**, 4766 (1969); (b) R. Breslow and M. Oda, *J. Am. Chem. Soc.*, **94**, 4787 (1972).
62) C. H. Depuy, M. Isaks, K. L. Eilers and G. F. Morris, *J. Org. Chem.*, **29**, 3503 (1964).
63) (a) A. DiGiacomo and C. P. Smith, *J. Am. Chem. Soc.*, **74**, 4411 (1952); (b) T. Nozoe, T. Mukai and T. Tezuka, *Bull. Chem. Soc. Jpn.*, **34**, 619 (1961); (c) E. Kloster-Jensen, N. Tarköy, A. Eshenmoser and E. Heilbronner, *Helv. Chim. Acta*, **39**, 786 (1956).
64) (a) E. D. Bergman and I. Agranat, *J. Chem. Soc., Chem. Commun.*, 512 (1965); (b) H. Prinzbach, *Pure Appl. Chem.*, **28**, 281 (1971).
65) A. Escher, W. Rutsch and M. Neuenschwander, *Helv. Chim. Acta*, **69**, 1644 (1986).
66) E. Aqad, P. Leriche, G. Mabon, A. Gorguesa and V. Khodorkovskyb, *Tetrahedron Lett.*, **42**, 2813 (2001).
67) (a) K. Hafner, *Angew. Chem. Int. Ed. Engl.*, **3**, 165 (1964); (b) K. Hafner, *Pure Appl. Chem.*, **28**, 153 (1971).
68) (a) S. You, S. Chai, N. Schwarz and M. Neuenschwander, *Helv. Chim. Acta*, **80**, 1727 (1997); (b) T. Bally, S. Chai, M. Neuenschwander and Z. Zhu, *J. Am. Chem. Soc.*, **119**, 1869 (1997).
69) (a) K. Hafner and H. U. Süss, *Angew. Chem. Int. Ed. Engl.*, **12**, 575 (1973); (b) S.

Kozuch, *RSC Adv.*, **4**, 21650 (2014).
70) R. Haag, D. Schröder, T. Zywietz, H. Jiao, H. Schwarz, P. v. R. Schleyer and A. de Meijere, *Angew. Chem. Int. Ed. Engl.*, **35**, 1317 (1996).
71) J. D. Dunitz, C. Krüger, H. Irngartinger, E. F. Marverick, Y. Wang and M. Nixdorf, *Angew. Chem. Int. Ed. Engl.*, **27**, 387 (1988).
72) (a) M. K. Cyrański, T. M. Krygowski, M. Wisiorowski, N. J. R. v. E. Hommes and P. v. R. Schleyer, *Angew. Chem. Int. Ed.*, **37**, 177 (1998) ; (b) M. Makino and J. Aihara, *J. Phys. Chem. A*, **116**, 8074 (2012).
73) (a) 中筋一弘, 佐々木 充, 村田一郎, 有機合成化学協会誌, **46**, 955 (1988) ; (b) 伊与田正彦編著, 材料有機化学, 朝倉書店 (2002).
74) M. Abe, *Chem. Rev.*, **113**, 7011 (2013).

4
反応性中間体

　IUPAC によると，反応性中間体（reactive intermediates）とは「反応基質から生成し，さらに反応することで反応生成物を与える分子種で，分子振動よりも長い寿命をもつ（すなわち RT よりも深いポテンシャルエネルギーの谷にある）もの」とされている[*1]．反応性中間体は，反応機構の研究においてきわめて重要な位置にあることはいうまでもないが，通常の分子には見られない構造や物性が観測されるため，構造有機化学の分野においても有力な研究対象になっている．とくに最近は，反応性中間体が多くの有機電子材料の機能発現において決定的な役割を果たしていることが明らかとなっているため，その重要性はますます大きくなっている[1)]．

　本章では，おもに炭素上に高い反応性のもとになる活性点をもつ反応性中間体について，安定性をもたらす要因と生成方法ならびに安定性評価の実例を述べ，持続性をもつ反応性中間体の構造とその特徴を述べる．図 4.1 に本節で取り上げる代表的な反応性中間体のいくつかをあげる．炭素の結合の一つが不均一的に切断されてできる反応成中間体には正電荷をもつカルボカチオン（carbocation）と負電荷をもつカルボアニオン（carbanion）があり，均一的開裂により生成する中間体はラジカル（radical）である．同じ炭素上の二つの結合が切断されてできる中間体はカルベン（carbene）である．カルベンは同一炭素上にある二つの電子の配置によって，一重項と三重項の電子状態をとりうる．芳香環の隣接する炭素上から二つの結合が切断されてできる中間体はベンザイン（benzyne）であり，これについてはひずんだアルキンとの関係から，5.1.4 項で述べる．ラジカル，カルベン，ベンザインは電気的に中性である．ラジカルは開殻の電子配置をとっており不対電子があるために電子スピンをもっており，カルベンも三重項状態では電子スピンをもつ点が，閉殻の電子配置をもつカルボカチオ

[*1] 反応性中間体について議論するうえで，安定性（stability）と持続性（persistency）の違いについて明確にしておく必要がある．安定な分子や中間体とは，それ自体が適切な参照物質と比較して熱力学的に安定化されている分子種のことをいう．一方，持続性とは寿命が長いことを指すが，時間的な長さには幅があり，しかも持続性は条件によって異なる可能性が大きいため，あいまいな性質である．つまり，安定性は分子種自体の熱力学的な性質であり，おもに電子的な効果によりもたらされることが多い．これに対し，持続性は条件に依存する速度論的な性質であり，立体保護などの立体的な効果によってもたらされる．一般にはこれらの用語が明確な区別なしに用いられることが多く，本書でもそのようになっているが，本節ではこれらの用語を明確に区別する．しかし，持続性という表現はなじみが薄いため，そのかわりに「速度論的安定化」という表現を用いることがある．

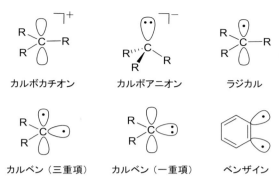

図 4.1 カルボカチオン，カルボアニオン，ラジカル，カルベンおよびベンザイン

ンやカルボアニオンと大きく異なる点である．

　本章ではさらにラジカルイオンについても解説する．電荷を帯びたラジカルの総称がラジカルイオン（radical ion）であり，正電荷を帯びた場合がラジカルカチオン（radical cation），負電荷を帯びた場合がラジカルアニオン（radical anion）である．

4.1　カルボカチオン[*2]

　カルボカチオンは，S_N1 反応をはじめとする多くの反応の機構を考える上で重要な反応性中間体であるだけでなく，色素をはじめとする機能性有機材料の機能発現にも深いかかわりをもつ．溶媒和されていない裸のカルボカチオンは，気相におけるイオンサイクロトロン共鳴法を利用した質量分析法を用いて生成させることができ，それらの安定性に関する情報を得ることができる．液相では，Olah により開発された安定イオン条件を用いることにより，NMR が観測できるほどの寿命をもったカルボカチオンを生成させることができる．電子的効果によってとくに安定化されたカルボカチオンは，極性溶媒中の穏和な条件下でも発生することができる．また，結晶として単離され X 線構造解析がなされたカルボカチオンの塩も多く存在する[2]．

[*2]　カルボカチオンはリガンド数が 3 であるにもかかわらずカルボニウムイオン（carbonium ion）とよばれていたが，カルボニウムとはリガンドが四つある炭素原子に水素または原子団が結合して，リガンド数が 5 になることを意味するので，この用語はふさわしくないとされていた．むしろ，リガンド数が 2 のカルベンのリガンド数が増えたと考えて，カルベニウムイオン（carbenium ion）とよぶことが推奨された．しかし，4.1.3 項で述べるように，その後 3 中心 2 電子結合をもちリガンド数が 5 の炭素原子をもつカルボニウムイオンの存在が確かめられたので，現在はこれらを総称してカルボカチオンとよんでいる．

4.1.1 カルボカチオンの安定性
a. 安定性を支配する要因

カルボカチオンの安定性を支配する因子については以下のものが知られている．

①混成： カチオン中心の炭素のs性が大きいと，電子がより強く核にひきつけられ電気陰性度が大きくなるため，カチオンが不安定化される．このため，sp^2混成炭素上にカチオン中心があるビニルカチオンやフェニルカチオンはアルキルカチオンより不安定になる．sp混成のエチニルカチオンはさらに不安定である．

②共役： カチオン中心が二重結合や芳香環などのπ電子系と共役することで正電荷が分散され，安定化される．アリルカチオンやベンジルカチオンが代表的な例である（3.1.2項）．フェニル基が三つ結合したトリフェニルメチルカチオンはとくに安定であり，塩が単離できる．フェニル基のパラ位に電子供与性のジメチルアミノ基をもつカチオンは非常に安定でしかも紫色に発色するため，その塩化物はクリスタルバイオレットとして酸塩基指示薬に用いられている．また，シクロプロピル基のようにひずみをもつ環がカチオン中心に隣接する場合も，共役によってカチオンが安定化される．環状のシクロプロペニルカチオンやシクロヘプタトリエニルカチンのように，共役により芳香族性を示す場合にはとくに安定化の効果が大きい（図3.13および3.4.4節）．

③超共役： カチオン中心に隣接するアルキル基に水素やケイ素といった電気的に陽性な原子が結合していると，超共役によりカチオン中心の正電荷が分散される（3.1.5項）．超共役に関与する基の数が多いほど正電荷が非局在化されるため，カチオンがより安定化される．このため一般にアルキルカチオンの安定性は第3級＞第2級＞第1級＞メチルの順になる．また，4.1.2項で述べるように，カチオン中心に対して特別な配置をとっているC-Cのσ結合も，超共役によりカチオンを安定化することがある（σ-π共役）．

④電気陰性度と誘起効果： カチオン中心炭素にヘテロ原子が直接結合した場合は，電気陰性度による不安定化効果と次に述べる非共有電子対の供与による安定化の効果が競争的に働く．電気的に陰性な原子がカチオン中心に直接結合していない場合でも，結合を通した誘起効果によってカチオンは不安定化される．

⑤非共有電子対の電子供与： 共鳴効果の一種であるが，酸素，窒素，ハロゲンな

図 4.2 メトキシアルキルカチオンとアシルカチオンの共鳴構造

どの原子がカチオン中心に隣接している場合は，非共有電子対の電子供与によりカチオンが安定化される．このような場合，置換基は電子供与基（electron-donating group）となる．メトキシアルキルカチオン（**1**）とアシルカチオン（**2**）における共鳴構造を図4.2に示す．ただしフッ素が置換した場合は電気陰性度の効果が優るため，カチオンは不安定化される．

b. 気相における生成と安定性

気相におけるカルボカチオンの安定性は，式（4.1）で定義されるヒドリドイオン親和力（hydride ion affinity：HIA）から見積もることができる[3]．HIA は，イオンサイクロトロン共鳴法を利用した質量分析法を用いてアルケンのプロトン付加によって生じるカルボカチオンの生成熱を測定し，対応する炭化水素とヒドリドイオンの生成熱から式（4.1）の反応熱を計算することにより求めることできる．代表的な HIA の値を表4.1に示す．HIA の値が小さいほど，そのカルボカチオンは安定である．

表 4.1 気相におけるヒドリドイオン親和力[a]

カルボカチオン	HIA/kJ mol^{-1}	カルボカチオン	HIA/kJ mol^{-1}
CH_3^+	1300	$CH_2=CHCH_2^+$	1070
$CH_3CH_2^+$	1140	$CH_2=CHCHCH_3^+$	986
$CH_3CH_2CH_2^+$	1110	$CH\equiv CCH_2^+$	1130
$CH_3\overset{+}{C}HCH_3$	1030	$C_6H_5CH_2^+$	975
$CH_3\overset{+}{C}(CH_3)_2$	969	$C_6H_5\overset{+}{C}H(CH_3)$	946
$CH_3CH_2\overset{+}{C}(CH_3)_2$	954	$C_6H_5\overset{+}{C}(CH_3)_2$	920
$CH_3\overset{+}{C}(CH_2CH_3)_2$	949	**5**	887
3	971	**6**	933
4	946	**7**	1080
$CH_2=CH^+$	1200	**8**	841
	1250		

a）文献 3.

$$R^+ + H^- \rightarrow RH, \quad \Delta H° = -HIA \tag{4.1}$$

表4.1のデータをリガンド数が3でp軌道に正電荷があるカチオンについてみると，カルボカチオンの安定性は第三級＞第二級＞第一級＞メチルの順になることがわかる．この安定性の相違は，アルキル置換基の数が多いほど超共役により正電荷を分散する効果が増すためである．概して，第二級カチオンは第一級カチオンよりも75〜84 kJ mol^{-1}安定であり，第三級カチオンは第二級カチオンよりもおよそ71 kJ mol^{-1}安定である．気相では溶媒和の効果がないため，非常に大きな差になっている．ただし，差は大きくはないものの，第一級カチオンどうし（たとえば，エチル，プロピル）や第三級カチオンの間でも，一般に分子が大きくなるにともなってカチオンの安定性が大きくなる．これも超共役に関与する基の数が増えるためである．したがって，気相における第二級と第三級カチオンの安定性を比較するために，イソプロピルカチオンとt-ブチルカチオンを用いることは適切ではない．

そのほか，2-プロペニルカチオン（アリルカチオン）やベンジルカチオンが対応するアルキルカチオンよりも安定であることや，アリルカチオンに比べて2-プロピニルカチオン（プロパルギルカチオン）（$CH\equiv C-CH_2^+$）が安定でないこともわかる．後者の効果は，sp炭素のほうがsp^2炭素よりも電気陰性度が大きいので，正電荷を不安定化するためである．シクロヘキサジエニルカチオン（**5**）は二つの二重結合にわたって正電荷が非局在化するため大きな安定化を受ける．シクロプロペニルカチオン（**6**）やシクロヘプタトリエニルカチオン（トロピリウムイオン）（**8**）は，それぞれ環状の2πおよび6π電子系であるため，芳香族性の効果により非常に安定化される（3.4.4項）．一方，シクロペンタジエニルカチオン（**7**）は4π電子系の反芳香族であるため，アリルカチオンと同程度の安定性しかもたない．

リガンド数が2でsp^2軌道に正電荷があるエテニルカチオンやフェニルカチオンはリガンド数3のカチオンよりも不安定である．これも上述のように，sp^2炭素のほうがsp^3炭素より電気陰性度が大きいため正電荷をより局在化し，系を不安定化するためである．

c. 液相における生成と安定性

ハロアルカンを求核性の低いSO_2ClF中でSbF_5をルイス酸として用いてイオン化することができる（式 (4.2)）[4]．この反応熱と気相におけるHIAとの間には良好な相関があり，溶液中と気相におけるカルボカチオンの相対的な安定性には大きな差がないといえるが，溶媒和の効果のため気相に比べて安定性に及ぼす構造の影響は小さい．

$$RCl + SbF_5 \rightarrow R^+ + [SbF_5Cl]^- \tag{4.2}$$

比較的安定なカルボカチオンについては，式（4.3）〜（4.5）の一連の反応サイクルに基づき，均一開裂の自由エネルギーと酸化還元電位を用いてDMSOのような極性溶媒中におけるC-H結合の不均一開裂の自由エネルギーを見積もることができる（式

表 4.2 液相における RH の不均一開裂の自由エネルギー[a,b]

カルボカチオン	$-\Delta G_{H^-}(R^+)_{DMSO}/$ kJ mol^{-1}	カルボカチオン	$-\Delta G_{H^-}(R^+)_{DMSO}/$ kJ mol^{-1}
$C_6H_5CH_2^{+\ c)}$	494	フルオレニルカチオン	456
$(p\text{-}CH_3OC_6H_4)CH_2^{+\ c)}$	444	トリフェニルシクロプロペニル (C_6H_5 3個)	377
$(C_6H_5)_2CH^+$	439	トロピリウムイオン 8	347
$(C_6H_5)_3C^+$	402		
$[p\text{-}(CH_3)_2NC_6H_4]_3C^+$	318		

a) 文献 5. b) DMSO 中. c) アセトニトリル中.

(4.6))[5]. この値は溶液中における HIA に相当する(表 4.2). 表 4.2 のデータも気相中での HIA と同じ傾向を示すとともに,後述の pK_{R^+} ともよい相関がある.

$$RH \rightleftharpoons R^+ + H^-, \quad -\Delta G_{H^-}(R^+)_{solv} \tag{4.3}$$

$$R\cdot + H\cdot \rightleftharpoons RH, \quad -\Delta G_{homo}(RH)_{solv} \tag{4.4}$$

$$R\cdot + H\cdot \rightleftharpoons R^+ + H^-, \quad -F\Delta E°_{NHE(aq)}[(H\cdot/H^-)-(R^+/R\cdot)] \tag{4.5}$$

$$-\Delta G_{H^-}(R^+)_{solv} = \Delta G_{homo}(RH)_{solv} - F\Delta E°_{NHE(aq)}[(H\cdot/H^-)-(R^+/R\cdot)] \tag{4.6}$$

$-\Delta G_{H^-}(R^+)_{solv}$:ある溶媒中での RH の不均一開裂の自由エネルギー.溶液中での HIA に相当する.

$-\Delta G_{homo}(RH)_{solv}$:ある溶媒中での RH の均一開裂の自由エネルギー.

$-F\Delta E°_{NHE(aq)}[(H\cdot/H^-)-(R^+/R\cdot)]$:標準水素電極に対する水素ラジカルと R ラジカルの還元電位の差.

表 4.2 のデータから,フェニル基による安定化とフェニル基のパラ位の電子供与性基による効果,およびシクロプロペニルカチオンやトロピリウムイオン(8)が芳香族性により著しく安定化されていることがわかる.

液相で NMR が観測できるほどの寿命をもつカルボカチオンを生成させる方法が Olah により開発され,カルボカチオンの化学が飛躍的に発展した[6]. 100% 硫酸より酸性の強い酸を超強酸(superacid)とよぶ. Olah らはマジック酸(magic acid)とよばれる超強酸である $FSO_3H\text{-}SbF_5$ の混合物を,高極性で求核性の低い SO_2,SO_2ClF,SO_2F_2 などを溶媒に用い,低温下でアルコール,ハロゲン化物やアルケンに作用させることによりカルボカチオンを生成し,その NMR や IR スペクトルを測定した. このような条件は安定イオン条件(stable-ion condition)とよばれる. マジッ

表 4.3 カルボカチオン $R^1R^2R^3C^+$ の正電荷をもつ中心炭素の ^{13}C NMR 化学シフト[a,b]

R^1	R^2	R^3	化学シフト（ppm）
CH_3	CH_3	CH_3	335.2
CH_3	CH_3	H	320.6
C_6H_5	CH_3	CH_3	254.1
C_6H_5	CH_3	H	234.6
C_6H_5	C_6H_5	C_6H_5	209.2
CH_3	CH_3	OH	249.5
CH_3	CH_3	Cl	312.8

a) 文献 7. b) 安定イオン条件下, $-40 \sim -80°C$ にて測定.

ク酸は知られているなかで最も強い酸であり, FSO_3H がプロトン供与体として働き, SbF_5 はルイス酸としてイオン化を促進している.

こうして生成したカルボカチオンの ^{13}C NMR の化学シフトは正電荷の分布を反映するので, 電荷の非局在化に関する有用な情報を与える[7]. 同じ混成の炭素原子どうしで比較するかぎり, 炭素がより正電荷を帯びるほど ^{13}C NMR 化学シフトはより低磁場に観測される. 表4.3 に正電荷をもつ中心炭素の ^{13}C NMR 化学シフトの例を示す. この表から, たとえば t-ブチルカチオンの中心炭素はイソプロピルカチオンのそれよりも大きな正電荷を帯びていることを示しており, 一見すると矛盾するように思われる. しかし, これは立体的にかさ高い置換基のため, 前者のほうがより溶媒和を受けにくいことに起因する. また, フェニル基が置換すると共鳴効果によって電荷が分散されることがわかる. ヘテロ原子で置換された炭素中心の化学シフトは高磁場に現れており, ヘテロ原子の大きな電気陰性度による誘起効果よりも, 非共有電子対が共鳴に寄与することで正電荷が非局在化される効果のほうが大きいことを示している.

トリアリールメチルカチオンのように安定化されたカルボカチオンは, 水のような極性溶媒中で対応するアルコールのプロトン化によって生成させることができ, 紫外・可視吸収スペクトルで観測することができる（式（4.7））. この反応の平衡定数 K_{R^+} から以下の式（4.8）によって pK_{R^+} が定義される[8]. ここで H_R は測定系の酸性度である.

$$ROH + H^+ \rightleftharpoons R^+ + H_2O \quad (4.7)$$

$$pK_{R^+} = \log\frac{[R^+]}{[ROH]} + H_R \quad (4.8)$$

希薄な水溶液中では H_R はカルボカチオンと前駆体のアルコールが等濃度で存在する pH に等しいので, 酸性度の異なるいくつかの条件でカルボカチオンの割合を測定することにより pK_{R^+} を求めることができる. 代表的な値を表4.4 に示す.

pK_{R^+} の値が正の大きな値をもつほどカルボカチオンは安定になる. 表4.4 の右側

表4.4　比較的安定なカルボカチオンのpK_{R^+}値[a]

カルボカチオン	pK_{R^+}	カルボカチオン	pK_{R^+}
$(CH_3)_3C^+$	-15.5	$(C_6H_5)_3C^+$	-6.63
(シクロプロピル)$_3C^+$　**9**	-2.34	$(C_6F_5)_3C^+$	-17.5
$C_6H_5CH_2^+$	-20	$(p\text{-}O_2NC_6H_4)_3C^+$	-16.3
$(C_6H_5)_2CH^+$	-13.3	$(p\text{-}CH_3C_6H_4)_3C^+$	-3.56
$(CH_3)_2\overset{+}{C}=CHC(CH_3)_2$	-6.3	$(p\text{-}CH_3OC_6H_4)_3C^+$	$+0.82$
シクロプロペニルカチオン **6**	-7.4	$[p\text{-}(CH_3)_2NC_6H_4]_3C^+$	$+9.36$
トロピリウム **8**	$+4.7$		

a) 文献 2d, Chapt. 28 および文献 8.

図4.3　安定なカルボカチオン

のカラムに示したトリフェニルメチルカチオンのパラ位の置換基効果は，共鳴効果と誘起効果による正電荷の非局在化の有無を明確に示している．また，トリシクロプロピルメチルカチオン（**9**）とトリフェニルメチルカチオンのpK_{R^+}値の比較からシクロプロピル基の共鳴安定化効果がわかるほか，芳香族性によりシクロプロペニルカチオン（**6**）およびトロピリウムイオン（**8**）が大きな安定化を受けていることがわかる．

カルボカチオンを安定化させる要因にさらに工夫をすることで大きな正のpK_{R^+}値をもつ化合物が合成されている．たとえば，トリシクロプロピルシクロプロペニルカチオン（**10**, pK_{R^+} = $+10.0$）[9a]，トリアズレニルメチルカチオン（**11**, pK_{R^+} = $+11.3$）[9b]，ビシクロ[2.2.2]オクテンが縮合することにより σ-π 相互作用により安定化されたトロピリウムイオン（**12**, pK_{R^+} = $+13.5$）[9c] などがある（図4.3参照）．

4.1.2　カルボカチオンの構造

リガンド数が3のカルボカチオン（カルベニウムイオン）はsp^2混成の平面構造をとっている．たとえば，理論計算によると，メチルカチオン（CH_3^+）は平面構造のほうが三方錐構造よりも $124\ kJ\ mol^{-1}$ 安定であると予測されている．リガンド数が5のカルボニウムイオンの代表であるメトニウムイオン（CH_5^+）の構造については次項で述べる．

　カルボカチオン塩のX線構造解析からカルボカチオンの構造に関する情報が得られる．精度の高い構造解析に適したカルボカチオン塩の結晶をつくることは容易ではなく，しかも対アニオンの影響や結晶中でのパッキング効果を考えると，X線構造解析から得られた構造パラメーターをそのまま溶液中の構造にあてはめることはできない．しかし，X線構造解析はカルボカチオンの構造を最も直接的に調べることができる有力な方法である．ここでは t-ブチルカチオン（**13**）と3,5,7-トリメチル-1-アダマンチルカチオン（**14**）（ともに $Sb_2F_{11}^-$ の塩）の構造について紹介し，カルボカチオンの構造と超共役が構造に及ぼす影響について述べる[10]．

　図4.4に t-ブチルカチオン（**13**）の $Sb_2F_{11}^-$ 塩のカチオン部分の構造を示す．中心炭素C1まわりの結合角は120°であり，**13**はほぼ D_{3h} 対称の平面構造（C2, C3, C4平面からのC1のずれは0.007 Å）をとっている．つまりC1はsp^2混成になっている．C1とC2, C3, C4との間の結合長はほぼ等しく，平均1.442 Åである．この距離は一般的な Csp^2-CH_3 の結合長である1.503 Åより0.061 Å短いことから，超共役によりC1上の正電荷が隣接炭素と水素の間の結合に非局在化していることがわかる．この距離は分子軌道計算に基づく結合長の予測値（1.457〜1.459 Å）とも一致している．

　上述のように，通常はカルボカチオンの炭素はsp^2混成であるため平面構造をとる．しかし，架橋ビシクロアルカンの橋頭位炭素は立体的に平面構造をとりにくいため，とくに架橋鎖が短い場合には橋頭位のカルボカチオンは不安定化される．ところが，1-アダマンチルカチオン（**4**）は，安定イオン条件下で ^{13}C NMRスペクトルが観測できるほどの安定性をもち，気相におけるHIA（表4.1）も特別な安定化の存在を示唆している．安定イオン条件下で測定された**4**の ^{13}C NMRスペクトルにおいて，中心炭素（C_α）は330.6 ppmという最も低磁場に観測される．隣接炭素（C_β）は66.6 ppmに現れ，さらに一つ離れた炭素（C_γ）の87.6 ppmよりも高磁場にある．さらにアダマンタン（CH_2：37.8 ppm, CH：28.4 ppm）と**4**の化

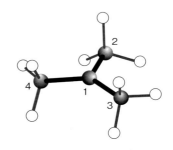

図4.4　t-ブチルカチオン（**13**）の $Sb_2F_{11}^-$ 塩のカチオン部分のX線構造解析図（文献10より転載）

学シフトの差をとると，C_β は 28.8 ppm, C_γ は 59.2 ppm となり，後者のほうがカチオン中心から離れているにもかかわらず，より大きな正電荷を帯びていることが明確にわかる．これは，σ-π 共役（C-C 超共役）によって説明される．すなわち，図 4.5 に示すように，C_α の空の軌道と平行な位置にある C_β-C_γ の σ 結合が超共役により電子供与するため，C_γ が正電荷を帯びるのである．

図 4.6 に 3,5,7-トリメチル-1-アダマンチルカチオン（**14**）の $Sb_2F_{11}^-$ 塩のカチオン部分の構造を示す．**14** の中心炭素（C1）は

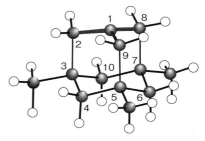

図 4.6　3,5,7-トリメチル-1-アダマンチルカチオン（**14**）の $Sb_2F_{11}^-$ 塩のカチオン部分の X 線構造解析図（文献 10 より転載）

完全な平面構造をとることはできないが，周辺炭素がつくる平面からの C1 のずれは 0.215 Å であり，アダマンタン骨格がひずんで C1 が平面化していることがわかる．t-ブチルカチオン（**13**）の場合と同様に，**14** の C1 と C2, C8, C9 との間の結合長（それぞれ 1.433 Å, 1.451 Å, 1.433 Å）は通常の値より 0.063 Å 短く，超共役の存在を示している．一方，図 4.5 の C_β-C_γ に相当する C2-C3, C7-C8, C5-C9 の結合長（それぞれ 1.610 Å, 1.607 Å, 1.619 Å）は，通常の参照結合長より 0.074 Å も長い．γ 位の第四級炭素（C3, C5, C7）まわりの結合角も図 4.5 の超共役の存在を裏づけるようにやや平面化している．以上の **14** の X 線構造解析の結果は，σ-π 共役の存在を実験的に支持している．

4.1.3　3中心2電子結合をもつ非古典的カルボニウムイオン

Cram は 2-フェニルエチルトシラートの加溶媒分解反応において，フェニル基の π 電子が隣接基関与したフェノニウムイオン中間体 **15** の存在を提唱した[2c]．Winstein はこの考えをさらに推し進めて，プロトンやカルボカチオンが C-C 二重結合に橋かけ構造を形成した **16** や **17** のような非古典的カルボニウムイオン（non-classical carbonium ion）の存在を提唱した[11]．非古典的カルボニウムイオンは，2個の電子

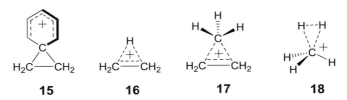

図4.7 フェノニウムイオン (15), 3中心2電子結合をもつ非古典的イオン 16, 17 およびメトニウムオン (18)

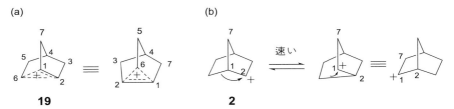

図4.8 2-ノルボルニルカチオン (2) に対する, (a) 非古典的イオン 19 と, (b) 古典的イオン 2 の速い平衡による解釈

を3個 (あるいはそれ以上もありうる) の原子が共有し, 3中心2電子結合 (three-center two-electron bond) を形成したカチオン種である. また, 実際には存在が証明されていないが, メタンの気相での質量分析条件下におけるプロトン化や, 液相でのマジック酸によるプロトン化により, メトニウムイオン (18) が生成することが提唱されている (図4.7)[12]. 極低温下の振動スペクトルの解析に基づき, 18 は図4.7に示す構造をもつことが支持されている. カチオン 17, 18 において, 正電荷をもつ炭素のリガンド数は5なので, これらはすべてカルボニウムイオンとよぶことができる (p.149 の脚注*2参照).

さらに, 2-ノルボルニルカチオン (2) を含む反応に関する研究において, Winstein らは, 2 の構造として6位の炭素が1位と2位の炭素の中間に位置し3中心2電子結合をもつ非古典的イオン 19 を提唱した (図4.8(a)). 一方, Brown は 2 を中間体とする反応は古典的なイオンが 1,2-炭素移動を含む速い平衡にあると考えれば合理的に説明できるとし (図4.8(b)), 長年にわたり激しい論争がなされた[13]*3.

Olah らは, 安定イオン条件下で発生させた2-ノルボルニルカチオンのNMRスペクトルを -158 ℃ という低温で測定し, それが C_s 対称の構造をもつことを明らかにした[14a]. たとえば, ^{13}C NMR のシグナルは 124.5 (C1, C2), 37.7 (C4), 36.3 (C3, C7), 21.1 (C6), 20.4 (C5) ppm に観測される (図4.8(a)). さらに C1, C2 のシグナルは 5 K における固体 ^{13}C NMR においても分裂しないことから, 図4.8(b) の平衡

---

*3 「非古典的イオン問題」に関する科学的「戦争」とまでいわれた.

があるとするとその活性化エネルギーは 0.8 kJ mol^{-1} 以下という小さな値になってしまう[14b]．これらの結果は，非古典的イオン **19** の構造を示しており，IR およびラマンスペクトルからも支持された．最近になって，2-ノルボルニルカチオンの Al$_2$Br$_7^-$ 塩について十分な精度の X 線構造解析が行われた[15]．結晶中には独立な3種の構造が存在したが，いずれもほぼ C_s 対称の構造をとっており，それらの C1-C2 および C1-C6（C2-C6）の平均結合長は，それぞれ 1.39，1.80 Å であった．これは橋かけイオン構造に対する分子軌道計算の結果（それぞれ 1.393 および 1.825 Å）とよく一致しており，2-ノルボルニルカチオンが結晶中でも **19** の構造をとっていることが証明された．しかし，これでも Brown の意見が完全に否定されたわけではなく，安定イオン条件下で決定されたカチオン種の構造と加溶媒分解条件の溶液中における構造が同じである保障はない．

4.1.4　ジカチオン

　分子内に複数のカチオン中心があると正電荷の反発のため系が不安定化されるが，共鳴安定化の効果が大きい場合にはジカチオンを生成させることができる．たとえば，アズレニル基により安定化されたジカチオン **20** の pK_{R^+} と p$K_{R^{++}}$（モノカチオンからジカチオンが生成するときの pK_{R^+} の値）はともに +11.5 であり，正電荷が二つになった効果は見られない（図 4.9）．対応するフェニル誘導体 **21** の場合には，pK_{R^+} = -7.9，p$K_{R^{++}}$ = -9.9 となり，二つ目のカチオン中心が不安定化されるのとは対照的である[16]．

　安定イオン条件を用いることにより，特異な構造をもつ多環式飽和炭化水素からもジカチオン種が生成することが知られている．ジフルオロデヒドロアダマンタン **22** は安定カチオン条件下でジカチオン **23** を生成する（図 4.10(a)）[17a]．**23** は 4.1.3 節で述べた3中心2電子結合に類似した4中心2電子結合をもつジカチオンである．また，ドデカヘドラン（5.4.1 項参照）の臭化物 **24** から同様の条件下で発生させたモノカチオン **25** は，徐々にヒドリドイオンの脱離を起こして反対側にカチオン中心を

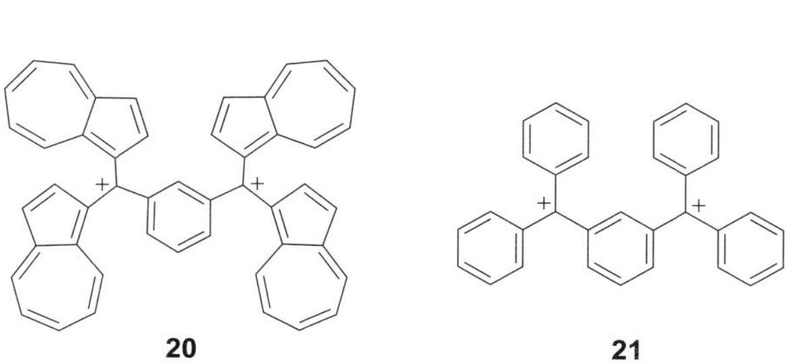

図 4.9　ジカチオン **20**, **21**

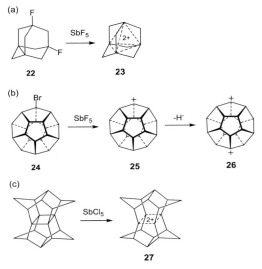

図 4.10 (a) アダマンタン骨格, (b) ドデカヘドラン骨格および, (c) パゴダン骨格をもつジカチオンの生成

もつジカチオン 26 を生成することが知られている (図 4.10(b))[17b]. 26 において二つのカチオン中心は離れており, アダマンチルカチオン 4 の場合のような σ 結合の関与による安定化もない. さらに, パゴダン (5.4.1 項参照) を五塩化アンチモンにより 2 電子酸化すると, やはり 4 中心 2 電子結合をもつと考えられるジカチオン 27 が生成する (図 4.10(c))[17c].

環状の π 共役系としては 3.4.4 項で述べたように, シクロブタジエンやシクロオクタテトラエンのような [$4n$] アヌレンの五塩化アンチモンによる 2 電子酸化により, それぞれ 2π, 6π 電子系の芳香族ジカチオンが生成することが知られている (図 3.54, 図 3.55 参照). ベンゼン系芳香族化合物も, HOMO の準位が高いと安定イオン条件下で 2 電子酸化され, 反芳香族のジカチオンを与える. ベンゼンそのものをジカチオンにまで酸化することはできないが, ヘキサクロロベンゼンを五塩化アンチモンで酸化してできるラジカルカチオンに低温下で光照射するとジカチオンができる. このジカチオンは HMO による予測どおり, 基底状態が三重項であることが確認されている. ナフタレン自体もジカチオンにまで酸化されないが, メチル置換誘導体は対応するジカチオンを与える. アントラセンになると無置換体でもジカチオンにまで酸化される[18].

4.2 カルボアニオン

カルボアニオンは,有機合成化学において非常に重要な反応性中間体である.たとえば,グリニャール試薬や有機リチウム化合物のカルボニル化合物への求核付加やエノラートアニオンを利用した求核置換反応は,有用な炭素–炭素結合形成法として広く用いられている.したがって,液相におけるカルボアニオンの生成には多岐にわたる多くの方法が知られており,安定性に関してもくわしく研究されている.液相では,炭素–金属結合が共有結合である有機金属化合物として存在するか,カルボアニオンと金属カチオンのイオン対として存在する可能性があるが,共有結合とイオン結合の中間である場合も多い.結合のイオン性(あるいは共有結合性)は,金属の種類やカルボアニオン部分の構造だけでなく,溶媒にも依存する.溶媒和されていないカルボアニオンは,カルボカチオンの場合と同様に,気相におけるイオンサイクロトロン共鳴法を利用した質量分析法を用いて生成させることができる.結晶として単離されX線構造解析がなされたカルボアニオンの塩も多く知られている.

4.2.1 カルボアニオンの安定性[19]
a. 安定性を支配する要因

カルボアニオンの安定性を支配するおもな因子については,以下のものがある.

①混成: 炭素のs性が大きいと電気陰性度が大きくなるため,アニオンが安定化される.このため,sp混成炭素上にアニオン中心があるエチニルアニオンはsp^2混成のビニルアニオンより安定である.同様にビニルアニオンのほうがsp^3混成のアルキルアニオンより安定である.

②共役: アニオン中心が二重結合や芳香環などのπ電子系と共役することで負電荷が分散され,安定化される.アリルアニオンやベンジルアニオンが代表的な例である(3.1.2項参照).環状のシクロペンタジエニルアニオンのように,共役により芳香族性を示す場合にはとくに安定化の効果が大きい(図3.16および3.4.4項参照).

炭素–炭素不飽和結合だけでなく,シアノ基,カルボニル基,ニトロ基のような不飽和結合をもつ官能基がアニオン中心に結合した場合も,非共有電子対との共役によりヘテロ原子上に負電荷を収容できるため,アニオンが安定化される.

③電気陰性度と誘起効果: アニオン中心炭素にヘテロ原子が直接結合した場合は,電気陰性度により負電荷が分散されるためアニオンが安定化される.上記のシアノ基,カルボニル基,ニトロ基のような不飽和結合をもつ官能基がアニオン中心に結合した場合は,共鳴効果とヘテロ原子の電気陰性度の効果の両方でアニオンを安定化していると考えることができる.このような置換基は電子求引基

(electron-withdrawing group) である. 安定化の能力は, NO_2 > COR > $COOR$ > SO_2 > CN ≈ $CONH_2$ > ハロゲン > H > アルキルの順であり, 電子供与性のアルキル基はアニオンを不安定化する.

電気的に陰性な原子がアニオン中心と共役していない場合でも, σ 結合を通した誘起効果によってアニオンは安定化される.

b. 気相における生成と安定性

気相におけるカルボアニオンの安定性は, 式 (4.9) で定義されるプロトン親和力 (proton affinity: PA) から見積もることができる[20]. PA は, イオンサイクロトロン共鳴法や高圧質量分析法などを利用して, 式 (4.10) の $D(RH) - EA(R\cdot)$ を実測し, カルボカチオンの pK_{R^+} を求めるのに用いたのと類似の反応サイクルに基づいて間接的に計算することできる. $D(RH)$ は R-H の結合解離エネルギー, $EA(R\cdot)$ はラジカル $R\cdot$ の電子親和力, $IP(H\cdot)$ は水素原子のイオン化ポテンシャル (1312 kJ mol^{-1}) である. 代表的な PA の値を表 4.5 に示す. PA の値が小さいほど, そのカルボアニオンは安定である.

$$R^- + H^+ \rightarrow RH \quad \Delta H° = -PA \tag{4.9}$$

$$PA = D(RH) - EA(R\cdot) + IP(H\cdot) \tag{4.10}$$

表 4.5 気相におけるプロトン親和力[a]

カルボアニオン	PA/kJ mol^{-1}	カルボアニオン	PA/kJ mol^{-1}
CH_3^-	1743	$NO_2CH_2^-$	1500
$CH_3CH_2^-$	1758	$CH_3COCH_2^-$	1543
△⁻	1722	$NCCH_2^-$	1557
FCH_2^-	1710	(シクロペンタジエニル) 29	1490
$ClCH_2^-$	1660	(シクロヘプタトリエニル) 30	1564
$BrCH_2^-$	1640	$CH_2=CH^-$	1705
$CH_2=CHCH_2^-$	1635	(フェニル)	1677
$C_6H_5CH_2^-$	1586	$CH\equiv C^-$	1571
$(C_6H_5)_2CH^-$	1525	$C_6H_5C\equiv C^-$	1549
(フルオレニル) 28	1478		

a) 文献 20.

気相におけるカルボアニオンの生成エンタルピーである PA は，C–H 結合の均一開裂のエンタルピーである結合解離エネルギー（表 1.7 参照）に比べて非常に大きい．しかし，次項で述べるように，液相では比較的容易にカルボアニオンを発生させることができることから，カルボアニオンの安定化に溶媒和が大きな寄与をしていることがわかる．

表 4.5 のデータは，4.2.1 項 a であげたカルボアニオンの安定性に及ぼす効果を表している．すなわち，(i) 電子供与性のアルキル基による不安定化，(ii) ニトロ基などの電子求引基による安定化，(iii) ビニル基やフェニル基などの C–C 不飽和結合との共役による安定化，(iv) フルオレニルアニオン (**28**) およびシクロペンタジエニルアニオン (**29**) の芳香族性による安定化とシクロヘプタトリエニルアニオン (**30**) の反芳香族性の効果，そして，(v) sp^2 混成のビニルアニオンおよびフェニルアニオン，sp 混成のエチニルアニオンにおけるアニオン中心の混成の効果である．

c. 液相における生成と安定性

カルボアニオンの共役酸の酸性度の指標である pK_a は，液相におけるカルボアニオンの安定性の尺度として広く用いられている．pK_a は式 (4.11) の平衡について式 (4.12) で定義される．液相でのカルボアニオンの生成と pK_a の測定法には様々な方法があり，化合物の pK_a に適した測定法を用いることで，pK_a が約 10 から 50 という非常に幅広い範囲の酸性度が測定されている．大まかに分けて共役酸 (RH) の平衡に基づく熱力学的な方法と速度論的な酸性度に基づく方法がある．

$$\text{RH} + \text{H}_2\text{O} \underset{}{\overset{K_a}{\rightleftharpoons}} \text{R}^- + \text{H}_3\text{O}^+ \tag{4.11}$$

$$pK_a = -\log K_a = \text{pH} + \log\frac{[\text{RH}]}{[\text{R}^-]} \tag{4.12}$$

しかし，水と有機溶媒の混合系（水の $pK_a = 15.7$）で解離するほど酸性度が高い炭素化合物は，複数の電子求引基によってカルボアニオンが安定化された共役酸に限られる．そこで，DMSO のような非プロトン性の極性有機溶媒中で適当な標準塩基 (B^-) を用い，式 (4.13) の平衡について式 (4.14) に従って pK_a を求めることが多い[21]．H_- は用いる塩基 B の酸度関数であり，塩基と溶媒の種類によって異なる．この条件下では，カルボアニオンは溶媒和された遊離イオンあるいは弱いイオン対として存在している．

$$\text{RH} + \text{B}^- \underset{}{\overset{K_a}{\rightleftharpoons}} \text{R}^- + \text{BH} \tag{4.13}$$

$$pK_a = H_- + \log\frac{[\text{RH}]}{[\text{R}^-]} \tag{4.14}$$

一方，有機溶媒中において接触イオン対を生成する平衡における pK_a として定義される酸性度もある．この場合，式 (4.15) に示すように，シクロヘキシルアミン中でセシウムシクロヘキシルアミドを塩基として用い，カルボアニオンのセシウムイオ

ンとのイオン対形成の平衡を用いる[22]．

$$RH + CsNHC_6H_{11} \underset{}{\overset{K_a}{\rightleftharpoons}} R^- Cs^+ + C_6H_{11}NH_2 \qquad (4.15)$$

非常に酸性度が低い場合には，上記のような平衡に基づくpK_aの決定は困難であるため，速度論的方法が用いられる．この場合，重水素あるいはトリチウム標識された溶媒中で基質の同位体交換反応（式（4.16），（4.17））を行う[20]．プロトン引き抜きが律速段階であり，生成したカルボアニオンが溶媒との速い平衡によってプロトン化され同位体交換が起こる．塩基と溶媒（B^-/BD）のペアにはOD^-/D_2O，CH_3O^-/CH_3OD，$C_6H_{11}ND^-$/$C_6H_{11}ND_2$などが用いられる．プロトン引き抜き速度（k）と平衡定数（K_a）の間には式（4.18）に示すαを傾きとするBrønstedの関係式が成り立つので，それに基づいてpK_aを決定する．解離度がわずかであってもpK_aを決定できるが，式（4.18）の仮定に基づいているので，正確さの点では熱力学的方法のほうが優れている．

$$RH + B^- \overset{slow}{\longrightarrow} R^- + BH \qquad (4.16)$$

$$R^- + BD \underset{slow}{\overset{fast}{\rightleftharpoons}} RD + B^- \qquad (4.17)$$

$$\log k = \alpha \log K_a + \text{const.} \qquad (4.18)$$

これらの方法を用いて求めた炭化水素と官能基をもつ化合物のpK_a値をそれぞれ表4.6と表4.7に示す．

表4.6から，炭素の混成がsp^3，sp^2，spとs性が増加するのに従って酸性度が高くなることがわかる．シクロプロパンのpK_aが通常のアルカンより小さいのはC-H結合のs性が大きいためである（1.3.2項参照）．同じ理由から，たとえばs性が40%と見積もられるビシクロ[1.1.0]ブタン誘導体**35**の橋頭位C-H結合のpK_aは32であり，酸性度とs性には正の相関がある（図4.12）．二重結合や芳香環との共役の効果は，フルオレニルアニオン部分に負電荷が非局在化されるアニオン**33**や**34**において顕著に見られ，炭化水素としては非常に高い酸性度を示す．芳香族安定化の効果は，シ

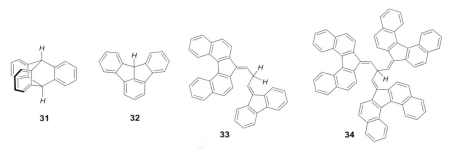

図4.11　カルボアニオンの前駆体炭化水素

表 4.6 液相における炭化水素の pK_a

化合物[a]	pK_a(DMSO)[b]	pK_a(CHA)[c]	pK_a[d]
メタン			48
エタン			49
シクロプロパン			46
シクロヘキサン			51
エテン			44
ベンゼン			43
エチン			25
プロペン $CH_2=CHCH_2-H$			40
シクロペンタジエン	18.0	16.2	15
シクロヘプタトリエン			36
フェナレン		18.5	
トルエン $C_6H_5CH_2-H$	43	41.2	41
ジフェニルメタン $(C_6H_5)_2HC-H$	32.2	33.4	34
トリフェニルメタン $(C_6H_5)_3C-H$	30.6	31.4	31.5
トリプチセン (**31**)[e]			42
インデン	20.1	19.9	18.5
フルオレン	22.6	23.0	22.9
9-フェニルフルオレン			18.5
フルオラデン (**32**)[e]			11
ビス(フルオレニリデニル)メタン誘導体 **33**[e]			9.8
トリス(フルオレニリデニル)メタン誘導体 **34**[e,f]			5.9

a) 複数の種類の水素がある場合は解離する水素を斜字体で示す. b) DMSO 中の遊離イオンあるいは弱いカリウムイオン対形成. 文献 21. c) シクロヘキシルアミン中のセシウムイオンとの接触イオン対形成. 文献 22. d) 種々の方法により決定された値を 9-フェニルフルオレンの pK_a = 18.5 を基準として計算した値. 文献 19c, Chapt. 1. e) 化合物の構造式は図 4.11 参照. f) Kuhn の炭化水素とよばれ, 最も酸性度の高い炭化水素の一つである. 文献 20.

表 4.7 液相における官能基をもつ化合物の p$K_a^{a,b)}$

化合物	pK_a	化合物	pK_a
シアノメタン	31.3	酢酸エチル	30.5
ジシアノメタン	11.1	フェニル酢酸エチル	22.6
プロパノン	26.5	マロン酸ジエチル	16.4
フェニルエタノン (アセトフェノン)	24.7	アセト酢酸エチル	14.2
シクロヘキサノン	26.4	ニトロ酢酸エチル	9.2
2,4-ペンタンジオン	13.4	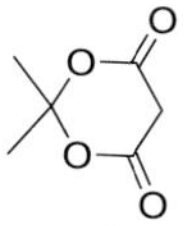 (構造式)	7.3
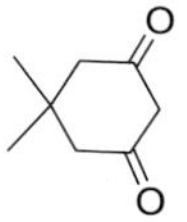 (構造式)	11.2	ニトロメタン	17.2

a) 文献 21. b) DMSO 中, 官能基に隣接した炭素上の水素の pK_a. 官能基が二つある場合は両方の官能基の間にある炭素に結合した最も酸性の高い水素の pK_a.

クロペンタジエンとシクロヘプタトリエンの pK_a の大きな差から明らかである (3.4.4 項参照).

表 4.7 に示すように, 電子求引基によるカルボアニオンの安定化の効果は NO_2>COR>COOR>CN の順である. また, その効果には加成性がある. 顕著な例として, トリシアノメタンの水溶液中の pK_a は −5.1 であり, これは鉱酸の酸性度に匹敵する.

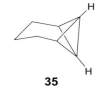

35

図 4.12 ビシクロ [1.1.0] ブタン誘導体

4.2.2 カルボアニオンの構造

負電荷を収容する混成軌道の s 性が大きいほど電気陰性度の観点からアニオンは安定化される. そのためリガンド数が 3 のカルボアニオンは, 負電荷が sp^3 軌道に収容されるほうが p 軌道に収容されるよりも安定であるため, 三角錐構造をとる. しかし, 反転障壁は 4〜8 kJ mol^{-1} と非常に小さいため, あたかも平面構造のようにふるまう (図 4.13). アニオン中心がシクロプロパン環のような小員環上にある場合には, もとの sp^3 混成から反転の遷移状態である sp^2 混成に変化すると結合角が大きくなりひずみが増すため, 反転障壁が高くなる. そのため, シクロプロピルアニオンは立体配置を保持したまま反応することがある.

シアノ基, カルボニル基, ニトロ基のようにアニオン中心と共役するような置換基がついたり, アニオン中心がアリルアニオンやベンジルアニオンのように共役系の一

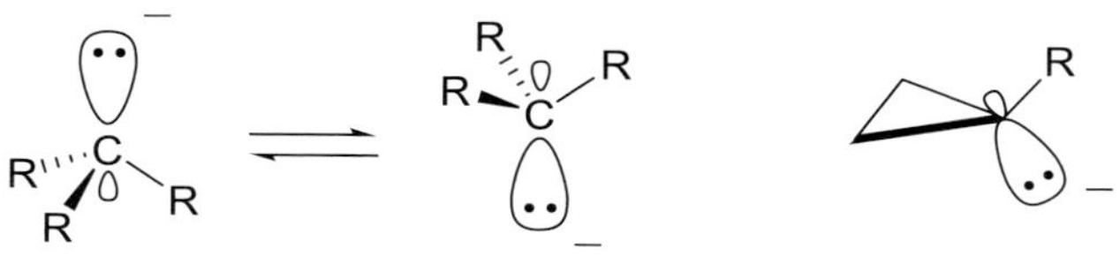

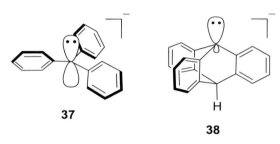

図4.13 リガンド数が3のカルボアニオンの反転とシクロプロピルアニオン

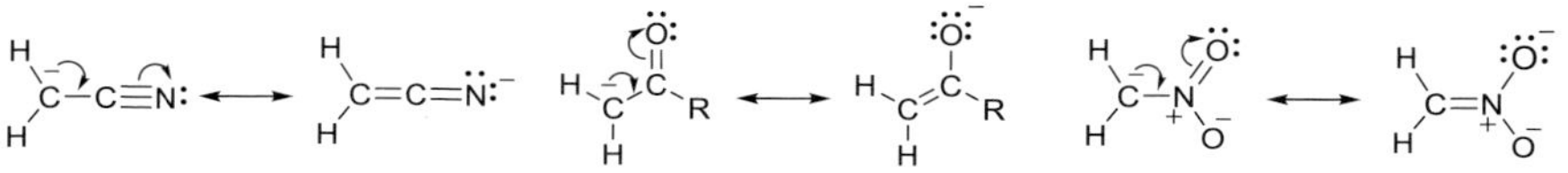

図4.14 隣接する官能基との共役による安定化を受けるアニオンの共鳴構造

図4.15 トリフェニルメチルアニオンとトリプチシルアニオン

部に組み込まれた場合は，軌道間の重なりを最大化するためにアニオン中心の炭素は平面構造をとる．これはアニオン中心が二重結合を形成している極限構造の寄与を考えることでも説明できる（図4.14）．

しかし，トリフェニルメチルアニオン（**37**）のように立体障害が大きくなると，フェニル基がアニオン中心に対してねじれたプロペラ状の構造をとり，共鳴安定化の効果が妨げられる（図4.15）．実際，トルエン（pK_a=41）とジフェニルメタン（pK_a=34）の酸性度には大きな差があるが，トリフェニルメタン（pK_a=31.5）とジフェニルメタンの差は小さくなる．トリプチセン（**31**, pK_a=42）の橋頭位のC–H結合の解離により生じるトリプチシルアニオン（**38**）は，フェニル基が橋頭位のアニオン中心と共役できない構造をもっているが，橋頭位のC–H結合の酸性度はシクロヘキサン（pK_a=51）よりはるかに高く，ベンゼン（pK_a=43）よりも高い．これは共役により安定化されているのではなく，トリプチセンの芳香環のsp^2炭素の電気陰性度が大きいためである．

ビニルアニオンのようにリガンド数が2のカルボアニオンはsp^2混成をとっており，その反転障壁は比較的大きい．たとえば1,2-ジクロロビニルアニオン（**39**）の立体

反転の障壁は 25〜35 kJ mol^{-1} と見積もられている（図 4.16）．

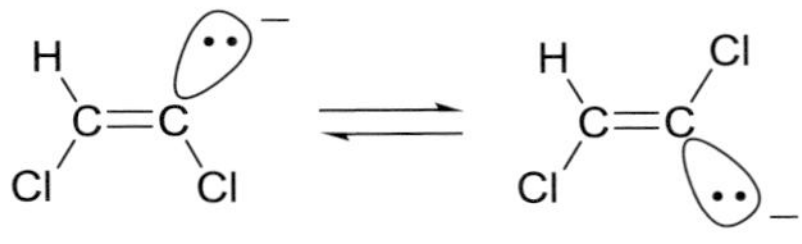

しかし，カルボアニオンの立体化学は，対イオンの影響を受けるため，溶媒や配位性添加物にも依存する．リチウムやマグネシウムをはじめとする電気的に陽性な金属が対イオンである場合は，炭素-金属結合の共有結合性が高く，溶液中では会合していることが多い．このような有機金属化合物の会合度や会合体の構造は，金属だけでなく有機部分の構造や溶媒などの条件によって大きく異なる．たとえば，n-ブチルリチウムは THF 中で二量体と四量体の平衡混合物として存在しており，後者のほうが主成分である．n-プロピルリチウムはシクロペンタン中でおもに六量体として存在する．しかし，配位性のテトラメチルエチレンジアミン（TMEDA）があると，有機リチウムどうしの会合が解ける．たとえば，n-ブチルリチウムの場合は 4 分子の TMEDA を含む二量体（(n-BuLi)$_2$(TMEDA)$_4$）になる．これらの平衡が存在することや溶媒や配位性分子がリチウムに配位していることは，^{6}Li および ^{7}Li NMR スペクトルや有機リチウム会合体の X 線構造解析に基づいて明らかにされている．

π 共役系アニオンのリチウム塩においても会合挙動が観測される．たとえば，リチウムペンタジエニリド誘導体 **40** やリチウムシクロペンタジエニリド誘導体 **41** は THF 溶液中で単量体と一つのリチウムイオンが π 共役系に挟まれた形の二量体との平衡にあることが ^{6}Li NMR スペクトルに基づいて明らかにされている（図 4.17）[23]．

図 4.16　1,2-ジクロロビニルアニオンの立体反転

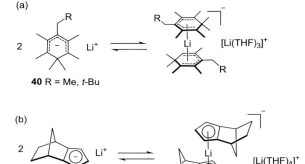

図 4.17　(a) リチウムペンタジエニリド誘導体 **40** および，(b) リチウムシクロペンタジエニリド誘導体 **41** の会合体形成

4.2.3 ジアニオン,テトラアニオン

3.4.4項において,シクロオクタテトラエンのような$4n\pi$電子系のアヌレンがアルカリ金属を用いた2電子還元により芳香族ジアニオン**42**(10π)を生成することを述べた(図4.18).二重架橋[14]アヌレンや[18]アヌレンのような芳香族の$(4n+2)\pi$電子系アヌレンも,アルカリ金属により還元されてそれぞれ反芳香族性を示すジアニオン**43**(16π),**44**(20π)を与える[24].フェナントレンやアントラセンのような三環以上の単純なベンゼン系芳香族化合物もナトリウムやカリウムにより2電子還元を受け,反芳香族性を示す16π電子系のジアニオンを生成する.

ペリレンや四環のビスビフェニレンはそれぞれテトラアニオン**45**および**46**まで還元される(図4.19)[25].アヌレンの系でも共役系が拡張すると負電荷の反発が小さくなるため,リチウムを用いて還元するとテトラアニオンにまで還元される.たとえば,アセチレン-クムレンデヒドロ[14]アヌレン(3.4.2項参照)はリチウムを用いてもジアニオン**47**にまでしか還元されないが,同族の[18]アヌレンはテトラアニオン**48**にまで還元される[24b, 26].

コラニュレン(5.1.5項参照)もリチウムを用いて還元するとテトラアニオン**49**を与えるが,中央の5員環に1電子が入ることで6π電子系(6e/5C系)になり,外周の15員環に3電子が入って18π電子系(18e/15C系)になったアヌレン内アヌレン構造(annulene-within-an-annulene)が形成されることが,^{13}C NMRスペクトルに基づいて推定されている(図4.20)[27].

C_{60}(フラーレン)は電気化学的には6価のアニオンまで還元できるが,化学的に

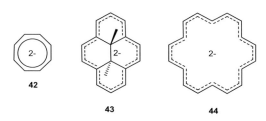

図4.18 アヌレンのジアニオン

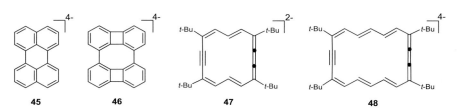

図4.19 芳香族テトラアニオンおよびアセチレン-クムレンデヒドロアヌレンの多価アニオン

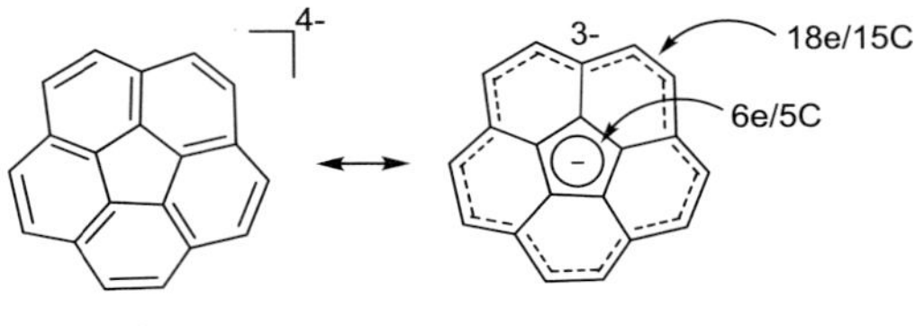

図 4.20 コラニュレンテトラアニオンの共鳴構造

還元され単離されたアニオンとしては，テトラアニオンが最も多価のアニオンであり，ナトリウム・[2.2.2]クリプタンド錯体の塩として得られている[28]．リチウムを用いて直接フラーレンを還元してもヘキサアニオン $C_{60}{}^{-6}$ や $C_{70}{}^{-6}$ はできないが，コラニュレンのジアニオンをメディエーターとして用いることによりヘキサアニオンにまで還元できる．とくに，ヘリウム内包フラーレン（5.3.1項）を用いると，$He@C_{60}{}^{-6}$ の場合には内包された ^3He の NMR 化学シフトが -48.7 ppm に観測され，中性の $He@C_{60}$ に比べて約 20 ppm 高磁場シフトしているのに対して，$He@C_{70}{}^{-6}$ の ^3He 核は $He@C_{70}$ に比べて約 15 ppm 低磁場の 8.3 ppm に現れ，$(4n+2)\pi$ 電子系である $C_{60}{}^{-6}$ （66π）におけるジアトロピシティ（3.3.3項）と $4n\pi$ 電子系である $C_{70}{}^{-6}$（76π）におけるパラトロピシティの効果が顕著に観測される．このことは，フラーレンのような三次元構造においても電子の非局在化が効率よく起こっていることを示している[29]．

π 共役系モノアニオンのリチウム塩の場合と同様に，π 共役系の多価アニオンのリチウム塩もリチウムを介した会合体を形成する．例として，46 のテトラアニオン[25b] のほか，コラニュレンのテトラアニオン 49 の二量体やフラーレン誘導体のモノアニオンと 49 から形成される会合体のペンタアニオンなどがある[30]．

4.3　ラジカル

ラジカルは，不対電子をもつ電気的に中性の化学種である．フリーラジカル（free radical）あるいはラジカルイオン（4.5節参照）と対比するため，中性ラジカルともよばれる．カチオンやアニオンと同様に反応中間体として有機合成や重合において重要な位置を占めているだけでなく，生体における代謝や細胞の損傷にも深くかかわっていることから，幅広い分野で研究されている．ラジカルは不対電子があるため磁気モーメントをもち，常磁性を示す点がカチオンやアニオンと大きく異なる．電子スピンの状態は，電子スピン共鳴（electron spin resonance：ESR）スペクトル（電子常磁性共鳴（electron paramagnetic resonance：EPR）スペクトルともいう）を用いて調べることができる[31]．構造有機化学の観点からは，安定なラジカルの生成と同定

や単離と構造解析をはじめとし，複数のラジカル中心をもつジラジカルやマルチラジカルなどにおける分子内スピン相互作用による高スピン化学種の生成や，結晶中におけるラジカル分子間のスピン相互作用による磁気的性質の制御がおもな研究の対象となっている．本節では，ラジカルの安定性に関する一般論，続いて安定性を支配する要因と安定なラジカルの例について述べたのち，複数の不対電子をもつジラジカルやマルチラジカルと分子内スピン相互作用，固相におけるスピン相互作用の制御に関する研究を紹介する．おもに炭素上に不対電子がある炭素ラジカルを中心に述べるが，ヘテロ原子上に不対電子がある安定なラジカルも多く知られているので，それらについても代表的なものを紹介する[32]．

4.3.1 ラジカルの安定性

本節では，ラジカルの熱力学的安定性に及ぼす効果とラジカルに持続性を与えるための立体効果について述べる．その前に，ラジカルの持続性について述べておく．ラジカルの持続性は濃度や温度などの条件によって異なるが，マイクロ秒以下のきわめて短い寿命をもち過渡的にしか観測されないものから，大気下でも変化せず保存できるほどの持続性をもつものまで非常に幅広い．これらはおおまかに以下の3種に分類することができる[33]．

①過渡的ラジカル（transient radical）：拡散支配の限界あるいはそれに近い速度で2分子反応を起こすラジカル

②持続性ラジカル（persistent radical）：上記のラジカルよりもずっと遅い速度で2分子反応やβ解裂のような分解反応を起こすラジカル

③安定ラジカル（stable radical）：室温において上記の反応を起こさないか非常に遅い速度で起こすラジカル．単離できて大気下で扱うことができ長期間保存できるラジカルを安定ラジカルとよんで，持続性ラジカルと区別している．

a. 安定性を支配する要因

ラジカルの安定性を支配するおもな因子については以下のものがある．

①混成：不対電子を収容している軌道のs性が大きくなるとその軌道を含む結合エネルギーが大きくなるため，ラジカルが不安定化される．したがって，sp^2混成炭素上に不対電子があるビニルラジカルやフェニルラジカルはアルキルラジカルより不安定である．エチニルラジカルはビニルラジカルよりもさらに不安定である．

②共役：不対電子が二重結合や芳香環あるいはカルボニルやシアノ基などのπ電子系と共役すると，不対電子が分散されるため安定化される．ラジカルでは共役による電子的安定化と⑤の立体効果による速度論的安定化がその持続性に大きな影響を与えることが多い．

③超共役：カルボカチオンやカルボアニオンと同様に，ラジカルも超共役により

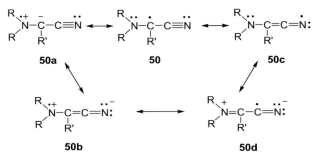

図 4.21 カプトデイティブ効果の例

安定化される．アルキルラジカルでは超共役により不対電子が非局在化されることが安定化の原因である．

④カプトデイティブ効果[34]： ラジカルは電荷をもたないため，不対電子を収容する炭素に電子求引基や電子供与基が結合しても安定化や不安定化されることはないが，50のように電子求引基や電子供与基の両方が結合している場合には安定化されることがわかっている．この効果はカプトデイティブ効果（captodative effect）あるいはプッシュ–プル効果（push-pull effect）とよばれる（図4.21）．シアノ基とアミノ基をもつラジカル50において，シアノ基は負電荷を収容することにより共鳴構造50aを安定化し（共鳴構造50b），アミノ基は電子不足の共鳴構造50あるいは50cに対して電子供与することで系を安定化している（共鳴構造50d）．

⑤立体効果： 上記の①～④はラジカルを熱力学的に安定化する効果である．一方，安定ラジカルの項で述べるように（4.3.1項d），立体効果はラジカルの持続性に著しい効果を及ぼすことがわかっている．

b. ラジカルの安定性

結合解離エネルギー（BDE，1.4.4項参照）はラジカルの安定性の主要な指標である．BDEが大きいほどラジカルは不安定になる．表4.8に代表的なC-H結合のBDEを示す．このデータからラジカルの安定性に及ぼす以下の要因がわかる．

①不対電子を収容する軌道の混成の違いによる安定性の相違：BDEの大きさがエタン＜エテン≈ベンゼン＜エチンの順になっている．

②不対電子をもつ炭素の級数すなわち超共役の効果：BDEの大きさがメタン＞エタン＞プロパン＞2-メチルプロパンの順になっている．

③π共役系との共鳴による安定化効果：プロペン，トルエンおよび1,3-シクロヘキサジエンのBDEが他に比べて小さい．

なお，ラジカルの安定性の評価には同一の原子（団）とのBDEを用いる必要がある．たとえば，C-H結合とC-C結合では炭素の級数によるBDEの大きさの傾向はあま

表 4.8 代表的な C-H 結合解離エネルギー（BDE）[a]

結合[b]	BDE/kJ mol^{-1}	結合[b]	BDE/kJ mol^{-1}
CH_3-H	439.7	$CH_2=CH-H$	460.2
CH_3CH_2-H	410.9	C_6H_5-H	464.0
$(CH_3)_2CH-H$	397.9	$CH\equiv C-H$	552.3
$(CH_3)_3C-H$	389.9	$CH_2=CHCH_2-H$	360.1
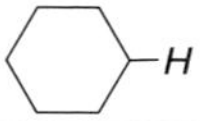 ⌬-H	399.6	$C_6H_5CH_2-H$	368.2
		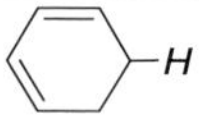 ⌬-H (benzyl-like)	305

a) 文献 35. b) 解離する水素を斜字体で示す.

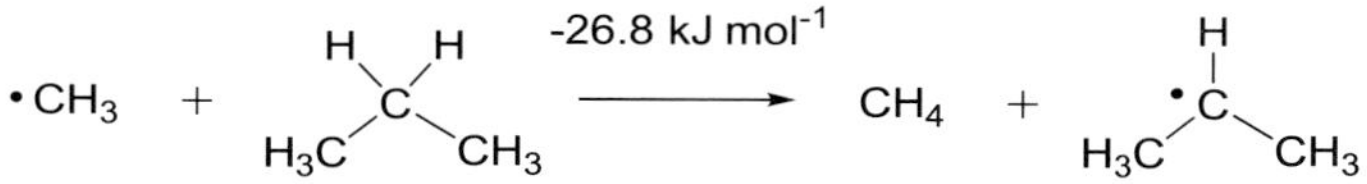

$$\cdot CH_3 + (CH_3)_2CH-H \xrightarrow{-26.8\ kJ\ mol^{-1}} CH_4 + \cdot C(CH_3)_2H$$

図 4.22 イソプロピルラジカルの RSE を求めるためのイソデスミック反応

表 4.9 代表的なラジカル安定化エネルギー（RSE）[a]

ラジカル	RSE/kJ mol^{-1}[b]	ラジカル	RSE/kJ mol^{-1}[b]
$\cdot CH_3$	0.0（0.0）	$\cdot CH(CH_3)(C_6H_5)$	-68.3（-81.7）
$\cdot CH_2CH_3$	-13.5（-18.8）	$\cdot CH_2CH=CH_2$	-72.0（-70.7）
$\cdot CH(CH_3)_2$	-23.0（-26.8）	 $\cdot$⌬	$+37.0$（$+32.9$）
$\cdot C(CH_3)_3$	-28.5（-38.9）		

a) 文献 36. b) カッコ内は実験値を示す.

り変わらないが，C-Cl 結合ではその傾向が異なる．

また，図 4.22 に示すイソデスミック反応（3.3.1 項の脚注 *3 参照）を用いてたとえばイソプロピルラジカルの安定性を評価する，ラジカル安定化エネルギー（radical stabilization energy：RSE）という指標もある[36]．RSE の値はメタンと対応するアルカンの BDE の差に等しく，負の値はメチルラジカルよりも安定，正の値は不安定であることを示す．表 4.9 に炭素ラジカルに関するいくつかの RSE の値を示す．イソプロピルラジカルの RSE（計算値）は -23.0 kJ mol^{-1} で，実測値は -26.8 kJ mol^{-1} である．この方法は，メチルラジカルに対する特定のラジカルの相対的な安定性を評価するので，直感的にわかりやすく，実験値がない場合でも高精度の量子化学計算を行えば様々なラジカルに関して安定性が評価できるという利点がある．

ラジカルがどの程度の持続性を有するのかに関する実測値として，表 4.10 に 25℃

表 4.10 代表的なラジカルの半減期[a,b)]

ラジカル	半減期/sec	ラジカル	半減期/sec
•CH_3	2.0×10^{-5}	(1,3,3,5,5-ペンタメチルシクロヘキシルラジカル)	2.5×10^2
$(CH_3)_3C-\overset{\bullet}{C}H-H$	5.0×10^{-5}	(2,4,6-トリ-t-ブチルフェニルラジカル)	6.3×10^{-3}
$(CH_3)_3C-\overset{\bullet}{C}H-(CH_3)_3C$	6.3×10	Cl_3Si 置換シクロヘキサジエニルラジカル	4.0×10^2
$(CH_3)_3C-\overset{\bullet}{C}-C(CH_3)_3$ $(CH_3)_3C$	5.0×10^2		

a) 文献 33. b) 25℃, 10^{-5} M の溶液中における半減期.

の希薄溶液中(10^{-5} M)における種々のラジカルの半減期を示す. 立体保護されていないラジカルは非常に寿命の短い過渡的な化学種である一方で, 立体保護により持続性が著しく増加することがわかる.

4.3.2 ラジカルの構造

ラジカルは不対電子を収容している軌道の対称性によってσラジカルとπラジカルに分類することができる（図 4.23）.

σラジカルは軌道が軸対称のみをもつラジカルであり, おもにリガンド数が 2 で sp^2 混成軌道に不対電子が収容されているラジカルがこれに属する. その代表であるエテニルラジカル（ビニルラジカル）は, C-C-H の結合角が 137° で折れ曲がった構造をとっている. ただし, 不対電子をもつ炭素上の置換基の電子的性質によって結合角は変化する. また, 一般に反転の障壁は小さくシス-トランス異性化が観測されることが多いが, 障壁の大きさは置換基の種類により大きく異なる. また, リガンド数

図 4.23 (a) σ ラジカルと，(b) π ラジカル

が 3 であっても比較的短い架橋構造における橋頭位のラジカルのように平面構造をとることが立体的に困難な場合は，σ ラジカルに分類される．

π ラジカルは不対電子を収容する軌道が面対称をもつラジカルであり，アルキルラジカルのようにリガンド数が 3 で sp^2 混成の炭素の p 軌道に不対電子が収容されているラジカルがこれに属する．隣接する C–H 結合との超共役や π 共役系との共役により安定化されるため，級数が増えるとともにより安定になる．π ラジカルはこのような共鳴安定化を最大限受けることができるように平面あるいはそれに近い構造をとる．

4.3.3 スピン密度分布

π ラジカルの性質を議論するうえで重要な性質として位置 r の関数であるスピン密度 (spin density) ρ_r がある．これは α スピンと β スピンの電子密度の差であり，前者の分子軌道を $\Psi_i^\alpha = C_{ir}^\alpha \varphi_r$，後者を $\Psi_i^\beta = C_{ir}^\beta \varphi_r$ とすると式 (4.19) で表される．

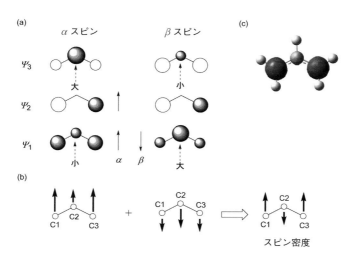

図 4.24 (a) アリルラジカルの π 分子軌道の α 軌道と β 軌道の変形，(b) スピン分極の様式，(c) アリルラジカルのスピン密度分布（黒と灰色のローブはそれぞれ α スピンと β スピンの分布を示す）

$$\rho_r = \sum_i^\alpha (C_{ir}^\alpha)^2 - \sum_i^\beta (C_{ir}^\beta)^2 \tag{4.19}$$

この式では，α スピン密度が過剰な領域で ρ_r が正になり，β スピン密度が過剰な領域では負になる．

　スピン密度分布についてアリルラジカルの π 分子軌道（図 3.6）を例にとり説明する．Pauli の排他原理により，スピン同符号の軌道はできるだけ重なりを大きくして Coulomb 反発を避けようとし，逆符号の軌道は重なりを少なくして二つの電子が同一空間を占める確率を避けようとする．そのため α 軌道と β 軌道の変形が起こり，図 4.24(a) に破線の矢印と大/小の文字で示したように，C1 と C3 上に α スピンが富み C2 上に β スピンが富むようにスピンの分布に差が生じる．ここで図 4.24(b) に矢印の向きと大きさで示すように，α スピンと β スピンについて係数の 2 乗の和を求めて差し引くと，スピン密度の偏りができる．このように Coulomb 反発によりスピン密度分布に違いが生じることをスピン分極（spin polarization）という．アリルラジカルのような奇交互炭化水素（3.4.5 項）では，NBMO の節がある C2 上で β スピンが多くなり，C1 と C3 上で α スピンが多くなる（図 4.24 (c)）[37]．

4.3.4　安定ラジカル

　本節では大気下で扱うことができるような持続性をもつ安定ラジカルについて紹介する．その代表は 1900 年に Gomberg により報告されたトリフェニルメチルラジカル（**51**）（トリチル（trityl）ラジカルともいう）である．Gomberg はブロモトリフェニルメタンを銀や水銀を用いて還元すると，生じた **51** が二量化してヘキサフェニルエタン（**52**）を与えたと報告した．**52** を溶液にすると過酸化物 **53** に変化することから，溶液中では **51** と **52** が平衡にあると考えた（図 4.25）．不対電子をもつ反応性中間体である **51** が溶液中で存在する可能性を明らかにした点で，この発見は非常に重要な

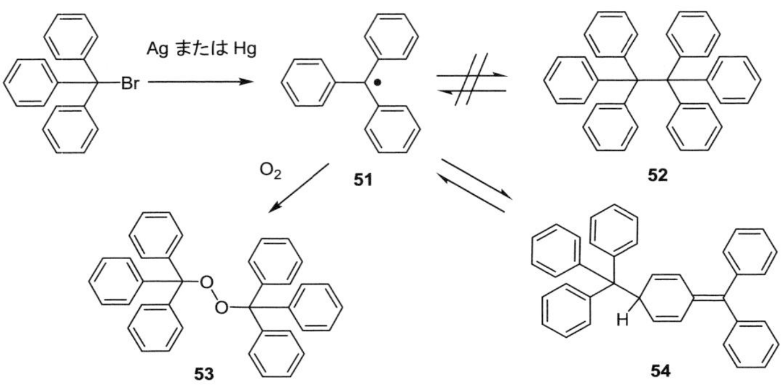

図 4.25　トリチルラジカル（**51**）の生成と二量化

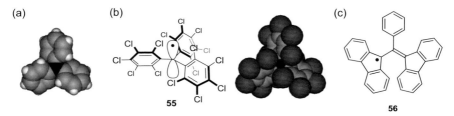

図 4.26 (a) トリフェニルメチルラジカル (**51**) の分子模型, (b) そのペルクロロ体 **55** とその分子模型, (c) Koelsch のラジカル **56**
分子模型では,不対電子をもつ中央の炭素を黒,その他の炭素を灰色,塩素を濃い灰色で示してある.**55** では中央の炭素が塩素におおわれ立体的にしゃへいされている.

意味をもつ[*4]. 二量体の構造は, 1968 年になって対称な **52** ではなく非対称な **54** であることが明らかにされた. つまり, **51** のメチル炭素間の結合形成は立体障害によって阻害されているため, もう 1 分子の **51** のフェニル基の 4 位に付加し, そのベンゼン環の芳香族性を犠牲にすることで **51** の不対電子がなくなるのである. 一方, ラジカルのベンゼン環への攻撃が抑制されるとメチル炭素間での結合が起こる. たとえば, 3,5 位にかさ高い t-ブチル基をもつヘキサキス (3,5-ジ-t-ブチルフェニル) エタンは X 線解析によって構造が決定されており, 異常に長い C-C 結合をもつことがわかっている (1.5.6 項参照)[38)].

トリフェニルメチルラジカル (**51**) は対応するカチオンやアニオンと同様にベンゼン環がプロペラの羽根のようにねじれた構造をもっている (図 4.26(a)). そのため, 不対電子とベンゼン環の π 電子との共役は **51** の安定化に寄与はしているもののあまり効果的でなく, 安定性のおもな要因は立体保護であるとされている. **51** のフェニル基をすべてペンタクロロフェニル基で置き換えた **55** は **51** よりもはるかに持続性が高く, 大気中でも分解することがないため, スピン源としてさまざまな応用に用いられている[39)]. 図 4.26(b) のモデルから,不対電子をもつ中心炭素が塩素におおわれ, 立体的にしゃへいされていることがよくわかる. **51** に類似の構造をもつ安定ラジカルとして, 1931 年に報告された Koelsch のラジカル **56** がある. **56** は固体状態では酸素が存在してもまったく分解しない.

シクロペンタジエニルラジカル **57a** では不対電子が縮退した π 軌道に収容される (図 3.16). **57a** の多くの誘導体が知られているが, ほとんどは不安定であり, 脱気下で分光学的に確認されているだけである. ペンタイソプロピル体 **57b**, ペンタフェニル体 **57c** やホモアダマンタンが縮合したラジカル **58** は溶液中では不安定であるが, 固体状態ではある程度の寿命をもち, X 線結晶構造解析が行われている. (トリイソ

[*4] Gomberg のラジカルの安定性に関する研究はラジカル化学および反応性中間体の化学の起源の一つとされている.

プロピルシリル）エチニル体 **57d** は最も持続性が高く，溶液中でも数日，固体状態では数週間の寿命をもち，シリカゲルクロマトグラフィーで精製できるほど安定である（図 4.27)[40]．

　フェナレニルラジカル **59a** では不対電子は NBMO に収容されるため，六つの等価な炭素上に非局在化される（図 3.52)．**59a** とその誘導体のおもしろい点は，溶液中あるいは結晶中でσ結合で 2 分子が結合したσダイマーと，2 個の電子を 24 個の炭素が共有（2e/24C）してできるパンケーキ結合ともよばれる結合様式をもつπダイマーができることである．**59a** は溶液中でモノマー **59a** とσダイマーの平衡にあるといわれている．トリ-*t*-ブチル誘導体 **59b** は室温の溶液中では単量体のラジカルとして存在するが，結晶状態では図 4.28 に示すπダイマー **60** の形で存在する．**60** において，*t*-ブチルの立体反発を避けるように **59b** の 2 分子がねじれた形をとっているが，NBMO の係数が大きく（図 3.16）スピン密度分布が大きい炭素が重なるようになっている．上下にある炭素間の距離は 3.2〜3.3 Å であり，これは炭素の van der Waals 半径の和（3.4 Å）よりも短いため，2 電子で合計 24 個の炭素が結合していると考えられている．トリフェニル誘導体 **59c** は，溶液中では温度に依存してモノマー

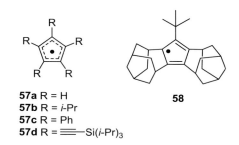

図 4.27　シクロペンタジエニルラジカルとその誘導体

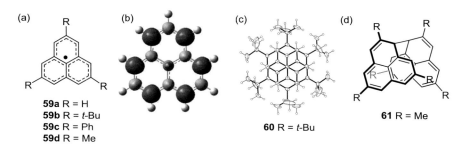

図 4.28　(a) フェナレニルラジカルとその誘導体．(b) フェナレニルラジカルのスピン密度分布（黒と灰色のローブはそれぞれαスピンとβスピンの分布を示す）．(c) πダイマー **60** の X 線構造（文献 41（b）より転載）．(d) σダイマー **61**

59c と π ダイマーの平衡にあり，結晶状態では 60 と同様に π ダイマーになっている．一方，トリメチル体 59d は σ ダイマー 61 と π ダイマーの両方の結晶を与えるというように，置換基の違いにより多様な挙動を示す[40,41]．

ヘテロ原子上に不対電子をもつ安定ラジカルも数多く知られている．共鳴効果による不対電子の非局在化（図 4.29）と，たとえば O-O 結合のようにカップリングにより生成する結合エネルギーが小さいことが，これらの熱力学的安定化のおもな原因とされている．またかさ高い置換基により速度論的に安定化されているものもある．代表的な化合物 62〜68 を図 4.30 に示す．これらは大気下でほとんど変化しないほど

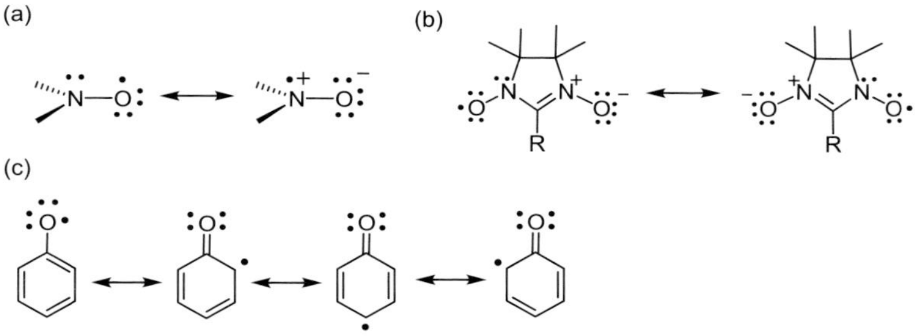

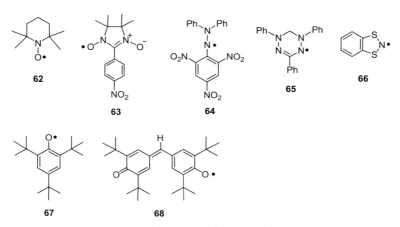

図 4.29 (a) ニトロキシド，(b) ニトロニルニトロキシドおよび，(c) フェノキシドの共鳴構造

図 4.30 ヘテロ原子上に不対電子をもつ代表的な安定ラジカル
2,2,6,6-テトラメチルピペリジン-N-オキシル（TEMPO）(62)，環状のニトロニルニトロキシド 63，N,N-ジフェニル-N'-ピクリルヒドラジル（DPPH）(64)，トリフェニルベルダジル（verdazyl）65，環状の 1,3,2-ジチアゾイル 66，2,4,6-トリ-t-ブチルフェノキシル (67)，ガルビノキシル（galvinoxyl）(68)．

の持続性をもつため，4.3.6項で述べる固相におけるスピン相互作用の制御の構造要素に用いられるだけでなく，生体分子のスピンラベル化剤やラジカル捕捉剤（スピントラップ剤）として実用化されているものも少なくない[32]．

4.3.5　ジラジカル
a.　ジラジカルのスピン多重度

分子内に二つの不対電子がある場合，この分子をジラジカルとよぶ[42]*5．図4.31(a)～(f) に縮退した二つの軌道に2個の電子が収容された場合に考えられる六つの電子配置を示す．(a) と (b) は三重項であり，(c) と (d) および (e) と (f) は一重項である．電子のスピン量子数 S は $1/2$ で，一重項状態では $S=0$ となるためそのスピン多重度 $(2S+1)$ は1で，三重項 $(S=1)$ は多重度が3となる．Hundの規則とPauliの排他原理により安定性は (a), (b) > (c), (d) ≫ (e), (f) の順になる．つまり，通常はスピンが平行になる三重項状態のほうが反平行になる一重項状態よりも安定である．しかし，一重項と三重項状態のエネルギー差は，$\Delta E_{ST}=E_S-E_T=2J_{ab}$（$J_{ab}$ は軌道 Ψ_a, Ψ_b 間の電子の交換積分）で表され，交換相互作用の大きさによって決まる．交換相互作用の大きさを，J_{ab} を Boltzmann 定数 k で割った J_{ab}/k（単位はケルビン）で表すことが多い．また，$J_{ab}>0$ と $J_{ab}<0$ の場合をそれぞれ強磁性的（ferromagnetic）および反強磁性的（antiferromagnetic）相互作用という．Ψ_a と Ψ_b が直交していて重なりがなく $J_{ab}>0$ の場合，三重項がより安定になる．このように基底状態が三重項になる場合を基底三重項という．一方，Ψ_a と Ψ_b が直交しない場合は，$J_{ab}<0$ となり，(c), (d) の電子配置の一重項がより安定になる．

Ψ_a と Ψ_b の縮退が解けると電子間反発よりも電子対を形成することによる安定化が重要になってくるため，図4.31(e), (f) の電子配置が変形した (g), (h) の電子配置をとることができる．このように (g), (h) の電子配置の線形結合で表され，HOMO（図4.31では Ψ_a）から LUMO（同じく Ψ_b）に完全あるいは部分的に2電子

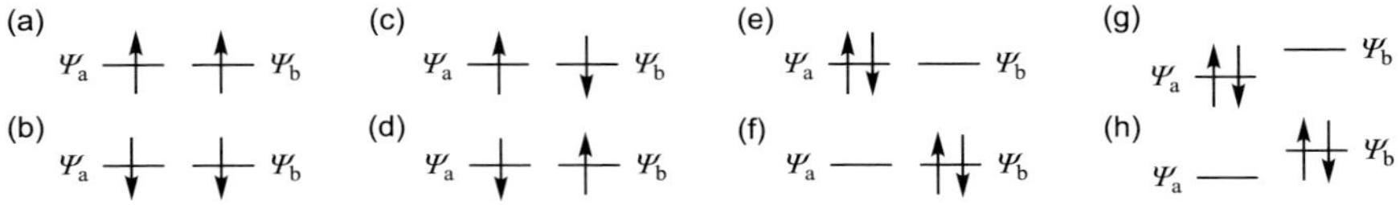

図 4.31　縮退した二つの軌道に2個の電子が収容された場合に考えられる六つの電子配置 (a)～(f) とジラジカロイドの電子配置 (g), (h)

---

*5　ビラジカルという用語もあるが，IUPAC では 2 個の電子間に相互作用がなく独立した二重項が二つ存在する分子をビラジカルとしている．つまり J_{ab} がゼロあるいはほとんどない場合に相当する．$J_{ab}>0$ または $J_{ab}<0$ で交換相互作用がある分子を三重項あるいは一重項のジラジカルとよぶ[42]．

励起された電子配置をもつ状態の分子を一重項ジラジカロイド（diradicaloid）とよぶ．ジラジカロイドにおけるジラジカル性の程度は，完全活性空間 SCF 法（complete active space SCF calculation：CASSCF）[*6] あるいは broken symmetry（BS）法[*7] により非制限型 DFT（UDFT）を用いて計算した自然軌道（natural orbital：NO）における LUMO の電子占有数で表される．HOMO-LUMO のギャップが大きくなると，LUMO の占有数はなくなり，閉殻の電子配置になる[42]．

ラジカル中心間の相互作用が大きな非局在電子系の分子は，以下の3種類に分類することができる．①Kekulé 構造を書けない非 Kekulé 分子（3.4.9項），②p-キノジメタン（3.4.9項）のように Kekulé 構造を書けるが，一部の構造の芳香族性に起因して一重項ジラジカロイドになる分子，③シクロペンタジエニルカチオン（3.4.4項 a, 4.1.1項 b）のように基底状態が三重項の電子配置をもつ反芳香族分子である．以下にそれぞれについて概説する．

b. 非 Kekulé 分子

二重結合をどのように動かしても必ず複数個の不対電子が残り Kekulé 構造を書くことができない分子を非 Kekulé 分子（non-Kelulé molecule）という．非 Kekulé 分子は縮退した NBMO をもつ．トリメチレンメタン（TMM，69），m-キノジメタン（m-QDM，70，m-キシリレンともいう），テトラメチレンエタン（TME，71）はその代表である．図4.32に示すように，いずれもスピン密度が偏った二つの縮退した NBMO をもち，Hund の規則に従えば三重項が安定であると予想される[43]．TMM と m-QDM では NBMO の電子が同一炭素上に存在するため，電子間の反発により三重項のほうが安定である．実際に，TMM では $\Delta E_{ST} = +15 \text{ kJ mol}^{-1}$，m-QDM では $\Delta E_{ST} \approx +42 \text{ kJ mol}^{-1}$ と見積もられている．一方，TME では二つの NBMO の電子は同時に同一原子上に存在することはないため，静電反発による一重項の不安定化がなくなる．このため，約 8 kJ mol^{-1} 以下の小さなエネルギー差の範囲内で一重項と三重項がほぼ縮退している．TME のように NBMO の電子が占める空間が重ならない系を disjoint とよび，TMM や m-QDM のように重なる系を non-disjoint とよんで区別されることが多い．

奇交互炭化水素のスピン多重度について簡便に考察する方法として，スピン分極（4.3.2項）を用いる Ovchinikov の方法がある（図4.33）[44]．スピンベクトルモデル

[*6] 電子配置間相互作用（configuration interaction：CI）法を用い，すべての配置間相互作用を取り込んだ高精度の理論計算法．一重項ジラジカロイドでは電子が反結合性軌道にも部分的に収容されているので，反結合性軌道とそれに対応する結合性軌道（通常は LUMO と HOMO）のことを complete active space（CAS）orbitals とよぶ．

[*7] スピン対称性の破れを導入した計算法で，比較的少ない計算機コストで配置間相互作用を取り込むことができる．BS 法で求められた解から新たに静的電子相関効果により再構成を受けた自然軌道とよばれる分子軌道を求める．

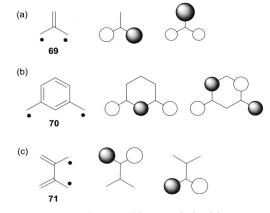

図 4.32 HMO 法による (a) TMM (**69**), (b) *m*-QDM (**70**), (c) TME (**71**) の縮退した NBMO

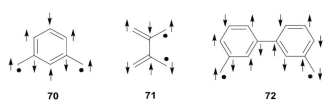

図 4.33 (a) *m*-QDM (**70**), (b) TME (**71**), (c) 3,3′-ジメチレンビフェニル (**72**) のスピンの分布

ともよばれるこの方法では，4.3.2 項で述べたように π 共役系の隣接する炭素間では逆向きの符号をもつことを利用して，炭素上のスピンを $\alpha, \beta, \alpha, \beta, \alpha, \beta, \cdots$（矢印の上向きと下向き）と交互に割り当てる．たとえば *m*-QDM では矢印の上向きと下向きの差は 1 であるため $S=1$ の三重項であり，TME では同数になるため $S=0$ の一重項と判断される．一方，*m*-QDM (**70**) の類縁体である 3,3′-ジメチレンビフェニル (**72**) も $S=0$ となり，基底状態は一重項であることが容易にわかる．**70** や **72** のように π 共役系の構造の違いにより，二つの不対電子が強磁性的あるいは反強磁性的に相互作用させることができるため，このような共役系をそれぞれ強磁性的カップリングユニット（ferromagnetic coupling unit：fCU）あるいは反強磁性的カップリングユニット（antiferromagnetic coupling unit：aCU）とよぶ[43b]．

次節で述べるマルチラジカルの基本ユニットである *m*-QDM (**70**) は三重項ジラジカルの代表である．**70** そのものは非常に反応性が高いため，α, α'-ジヨード-*m*-キシリレンの FVP により生成したのちアルゴンマトリックス中，低温 (4 K) 下で ESR

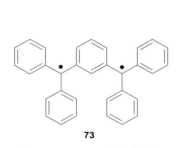
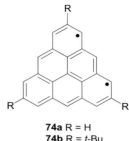

図 4.34　Schlenk の炭化水素 73　　図 4.35　トリアンギュレンとその誘導体

スペクトルにより確認された．二つのトリフェニルメチルラジカル（**51**）から構成されているジラジカル **73** は Schlenk の炭化水素とよばれ，1915 年に報告された初めてのジラジカルである（図 4.34）[38)]．

非 Kekulé 分子にはこのほかに disjoint 型に属するトリアンギュレン（**74a**）が知られている（図 4.35）．**74a** そのものは確認されていないが，3 個の *t*-ブチル基が導入された **74b** は低温における凍結マトリックス中での ESR スペクトルとその温度依存性に基づき基底三重項であることが確認されている．しかし，**74b** は溶液中ではラジカル間の結合形成によりオリゴマーを与える[40)]．

c.　一重項ジラジカロイド

m-QDM（**70**）の構造異性体である *p*-キノジメタン（*p*-QDM, **75**）と *o*-キノジメタン（*o*-QDM, **76**）は Kekulé 構造が書けるため，閉殻のポリエンのように思われる．しかし，図 4.36 に示すように，中央にベンゼン環をもつ極限構造の寄与のため，一重項ジラジカロイドの寄与も考えられる．構造によっては三重項が混じることもあるため，これらの化合物は閉殻一重項と一重項ジラジカロイドの共鳴で現すことのできる一重項状態と開殻性の三重項ジラジカルとの平衡になる可能性がある[45)]．

p-QDM（**75**）そのものは反応性が高く単離できないが，テトラフェニル誘導体 **77** は Thiele の炭化水素として 1904 年から知られている．その環外の二重結合の結合長は 1.381 Å と短く，閉殻構造の寄与が大きいことを示している（図 4.37）．一方，1907 年に合成された大気中でやや不安定な Chichibabin の炭化水素とよばれる **78** の

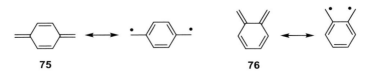

図 4.36　*p*-QDM（**75**）と *o*-QDM（**76**）の共鳴構造

環外二重結合の結合長は 1.448 Å（中央），1.415 Å（両端）とかなり伸長しており，ジラジカロイドの寄与が大きい．さらに大きな Müller の炭化水素 79 はジラジカル性が一層強くなり，基底状態は一重項ではあるが三重項とのエネルギー差は小さい（$\Delta E_{ST} = -4 \text{ kJ mol}^{-1}$）．共役系の拡張とともにジラジカル性が大きくなるのは，キノジメタン構造の伸長により対面する六員環水素間の立体反発が増えるため，環外結合が単結合になって反発を避けるためである[46]．

 p-QDM 構造を含む一重項ジラジカロイドは，比較的小さな HOMO-LUMO ギャップをもつため有機半導体としての機能をもつ可能性があることや，閉殻の炭化水素に

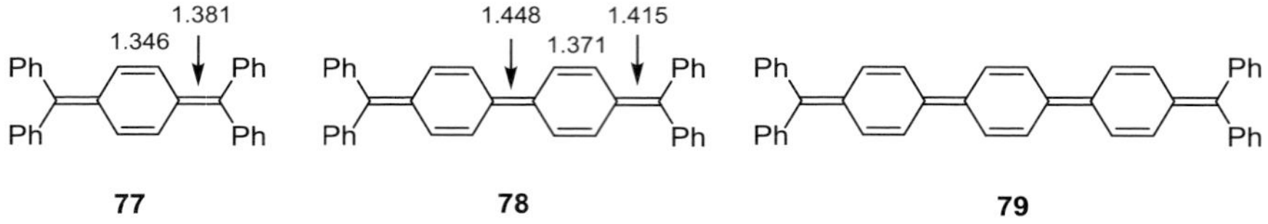

図 4.37　Thiele の炭化水素 77，Chichibabin の炭化水素 78 および Müller の炭化水素 79
77 および 78 については X 線解析による結合長（Å）を示す．

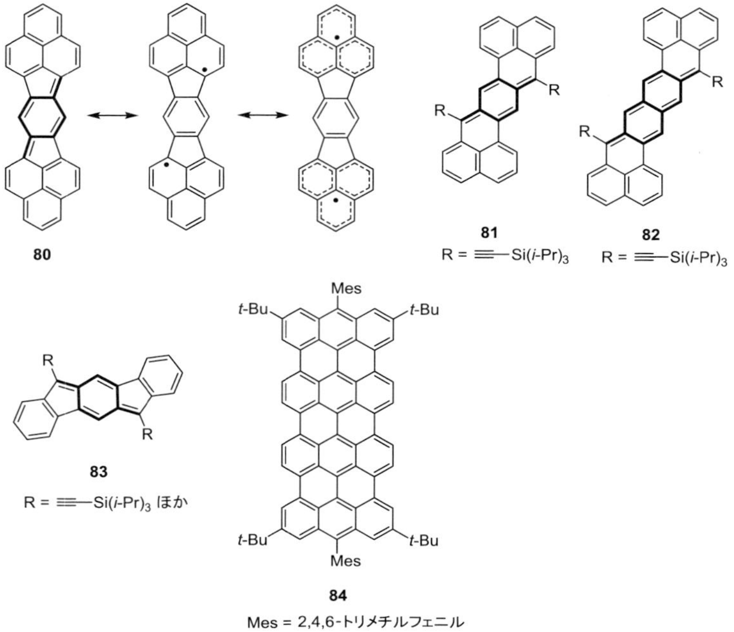

図 4.38　p-QDM 構造を含む代表的な一重項ジラジカロイドと 80 の共鳴構造，および関連するジラジカロイド 84（80〜83 の太線は p-QDM 構造を示す）

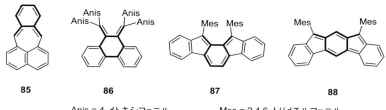

Anis = 4-メトキシフェニル Mes = 2,4,6-トリメチルフェニル

図 4.39　o-QDM 構造を含む一重項ジラジカロイド 85〜87 と m-QDM 構造を含む一重項ジラジカロイド 88（太線は QDM 構造を示す）

比べて大きな非線形光学特性を示すことが理論的に予想されているため，最近精力的に研究されている[47]．代表的な化合物とその共鳴構造の一部を図 4.38 に示す．ジインデノフェナレン（**80**）では，両末端のフェナレン構造がフェナレニルラジカルとして不対電子を非局在化するため，比較的高いジラジカル性を示す．Z の形をしたヘプタゼトレン（**81**）では閉殻の寄与が大きいのに対し，高次類縁体のオクタゼトレン（**82**）では開殻の寄与が大きい．インデノフルオレン（**83**）は閉殻であるが，有機半導体としての機能を示す．関連するジラジカロイドであるテトラアンテン（**84**）は 100% のジラジカル性を示し，グラフェンのジグザグ末端構造の物性を反映するモデル化合物である（3.4.6 項 c）．

o-QDM（**76**）については，求ジエン体との Diels-Alder 反応を利用した六員環合成に対する合成化学的利用について多くの研究があるが，反応性が高いためその物性研究は p-QDM（**70**）に比較して非常に少ない（図 4.39）．Michl は 1973 年に o-QDM 構造をもつプレイアデン（pleiadene, **85**）を 77 K の溶液マトリックス中で生成，同定し，ジラジカロイドにおける二重励起状態の関与を初めて検証した[48]．単離，構造解析がなされた化合物としてはテトラアニシル置換体 **86** があるが，立体障害のために環外の二重結合は大きくねじれている．最近になって，共役系に組み込まれ，しかも立体保護された誘導体 **87** が合成されたが，その開殻性は大きくない．m-QDM（**70**）を同様に共役系に組み込んで立体保護された誘導体 **88** も合成されたが，基底三重項の **70** とは対照的に，**88** は一重項ジラジカロイドに熱励起三重項が混じった電子配置をもつ[49]．

d.　基底三重項の反芳香族分子

Hückel 分子軌道法によると，シクロブタジエン（**89**）のような反芳香族分子は二つの NBMO にそれぞれ一つの電子が収容され，基底状態で三重項ジラジカルと同じ電子配置をとる．しかし，**89** は Jahn-Teller 効果のために NBMO の縮退が解けて閉殻の一重項状態になるだけでなく，D_{4h} 構造の **89** や D_{8h} 構造のシクロオクタテトラエン（**90**）であっても基底状態が一重項になることを述べた（3.2.2 項）．ところが，

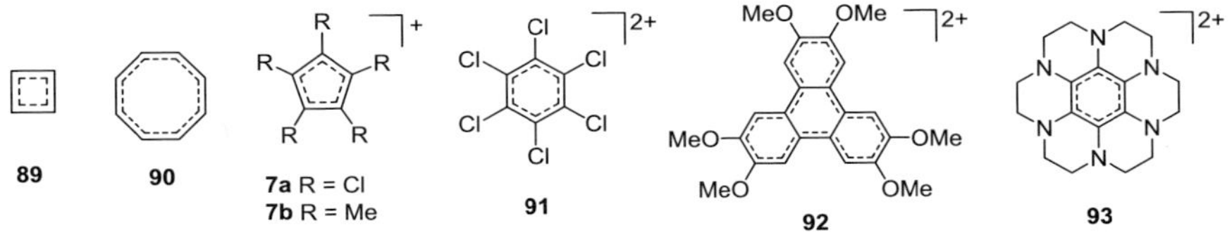

図 4.40 中性の反芳香族分子と基底状態が三重項の反芳香族カチオンおよびジカチオン種

図 4.40 に代表的な例を示すいくつかのカチオン種は，理論的予測どおり三重項の基底状態をもっていることが明らかになっている[50]．すなわち，シクロペンタジエニルカチオンのペンタクロロ体 **7a** およびペンタメチル体 **7b**，ヘキサクロロベンゼンのジカチオン **91**，ヘキサメトキシトリフェニレンのジカチオン **92**，ヘキサアザベンゼン誘導体のジカチオン **93** などである（3.4.4 項 a 参照）．これらのカチオン種は，4.3.6 項で述べる電荷移動相互作用を用いたスピン相互作用の制御に用いられている．ただし，固体状態では対アニオンの効果などにより対称性が崩れて軌道の縮退が解け，一重項が基底状態になることがある．

4.3.6 マルチラジカル，ポリラジカル

三重項（$S=1$）のジラジカル **73** を構成単位として，スピン間が強磁性的に相互作用するよう fCU を用いて連結すると，$S=n/2$（n はスピンサイトの数）のスピン多重度をもつ多重項の高スピンマルチラジカルやポリラジカルができる．すなわち π 共役鎖にスピン分極を介して同符号のスピン密度を配置すれば，すべてのスピンが同じ方向にそろうことになる．たとえば，図 4.41 のようにスピンが配置されたデカラジカルは十一重項の基底状態をもつ[43b]．

実際には，図 4.42 に代表的な例を示すように，**73** をモチーフとするトリラジカル **94**（$S=3/2$，四重項）に始まり，テトララジカル **95**（$S=2$，五重項），デカラジカル **96**（$S=5$，十一重項）が合成され，それらのスピン多重度が実験的に検証された[43b,51]．Ar には溶解度の向上のために 4-t-ブチルフェニル基が用いられている．さらに，構造的ねじれによるスピン相互作用の減少を抑制するため，環状構造にすることで平面性を維持する工夫がなされたマルチラジカル **97**（$S=6$，十三重項），**98**（$S=10$，二十一重項）や高スピンポリラジカルのラダーポリマー **99**（$S=5000$）が合成された．

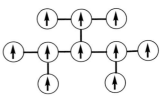

図 4.41 不対電子が強磁性的相互作用をするよう fCU で連結された基底十一重項のマルチラジカルの模式図

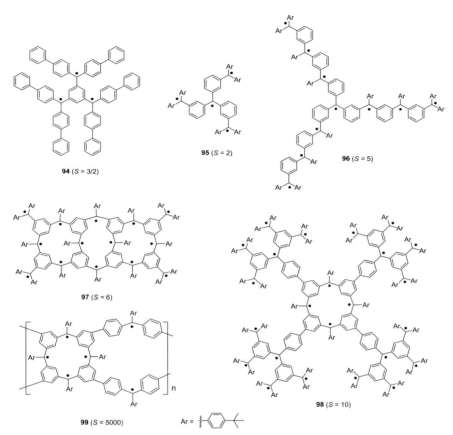

図4.42 高スピンマルチラジカルおよびポリラジカル

ポリラジカル **97** および **98** においては，ラジカル中心の欠陥が存在するため，それぞれ予想されるスピン量子数 $S=7, 12$ よりも小さな $S=6, 10$ を示す．

4.3.7 固相におけるスピン相互作用の制御

　不対電子によって生じる磁気モーメントの相互作用により固相におけるバルクの磁性が決まる．磁気モーメントの間に相互作用がない場合は，磁場の中に不対電子をもつラジカルが置かれたときに発生する磁化率 (χ) と絶対温度の逆数 ($1/T$) には式 (4.20) の直線関係がある．この関係を Curie 則，C を Curie 定数という．Curie 則に従う磁気的性質を常磁性（paramagnetism）という．常磁性物質中の磁気モーメントは外部磁場がない場合は無秩序な方向を向いておりスピンの総和はゼロである．外部磁場をかけるとスピンの総和は磁場の方向を向き，磁場がなくなるともとの無秩序な状態になる．

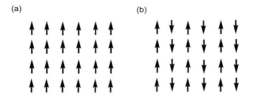

図 4.43 (a) 強磁性体と，(b) 反強磁性体における磁気モーメント間の相互作用の模式図

　Curie 則から，温度が高いほど磁気モーメントが整列しにくくなり χ が小さくなることがわかる．しかし，極低温では熱運動が抑制されるため，分子間の磁気的相互作用が現れやすくなる．スピンを同じ向きにそろえる相互作用を強磁性的相互作用，反平行にそろえて全体の磁気モーメントを相殺する相互作用を反強磁性的相互作用という（図 4.43）[51]．磁気モーメントの間に相互作用があるときの磁化率（χ）は式（4.21）の Curie-Weiss 則に従う．SQUID を用いて磁化率を測定し，その温度依存性（$1/\chi$ 対 T のプロットあるいは χT 対 T のプロット）を調べることで，相互作用が強磁性的か反強磁性的かが判断できる．さらに常磁性状態に転移する臨界温度（Curie 温度，θ あるいは T_c と表記することもある）を求めることができる．

$$\chi = \frac{C}{T} \tag{4.20}$$

$$\chi = \frac{C}{T-\theta} \tag{4.21}$$

　分子間のスピン相互作用を制御し強磁性物質を得るには，McConnell の第 1 モデルと第 2 モデルに基づく二つの方法がある．第 1 のモデルは 1963 年に有機 π ラジカルの分子間の磁気的相互作用に関して提唱されたもので，二つのラジカル A と B が相互作用するときのハミルトニアン H^{AB} を近似的に式（4.22）で表す[52,53]．

$$H^{AB} = -\sum_{ij} J_{ij}^{AB} S_i^A S_j^B = -S^A \cdot S^B \sum_{ij} J_{ij}^{AB} \rho_i^A \cdot \rho_j^B \tag{4.22}$$

ここで，S_i^A, S_j^B はそれぞれ A の原子 i および B の原子 j 上のスピン，J_{ij}^{AB} はそれらの交換積分，S^A, S^B は A および B の全スピン演算子，ρ_i^A, ρ_j^B は A の原子 i および B の原子 j 上のスピン密度である．通常は ρ_i^A, ρ_j^B の符号は正で，J_{ij}^{AB} は負（反強磁性的）になるので電子スピンの方向は反平行になる．しかし，アリルラジカルのような奇交互炭化水素ではスピン分極によりスピン密度の符号が交互に入れ替わる（図 4.24）．このような分子が図 4.44(a) のように SOMO-SOMO 間の結合性相互作用を最大限にするために原子 1 個分ずれた形で配置すると，$\rho_i^A \cdot \rho_j^B$（積）が負になるため，J_{ij}^{AB} が正になり相互作用が強磁性的になる．これを模式的に表すと，α スピンの部分に別の分子の β スピン部位が接近し，この部分では反強磁性的な相互作用が働いてスピ

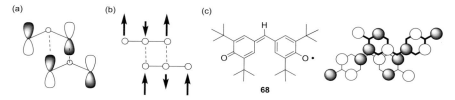

図 4.44 (a) 二つのアリルラジカル間の SOMO-SOMO 相互作用と，(b) 強磁性的相互作用によるスピン整列の模式図，(c) ガルビノキシルとその結晶中における 2 分子の π 共役系の配置と SOMO の分布

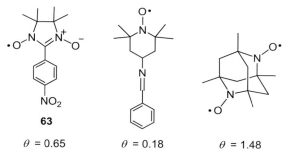

図 4.45 有機強磁性体になるニトロキシドとその Curie 温度 θ （常磁性に転移する臨界温度）(K)

ン分極が分子間にわたって広がることになる．その結果，ラジカル分子の間には強磁性的な相互作用が働く（図 4.44(b)）．

上記の議論に従って強磁性的相互作用を示す例にガルビノキシル（**68**，図 4.30）がある．**68** は 85 K で相転移を起こして反強磁性的な状態になるが，85 K 以上では強磁性的相互作用を示す．**68** の SOMO には奇交互炭化水素と同様に炭素一つおきに節がある．室温における **68** の結晶の 1 次元的カラムの中の 2 分子の配置に SOMO の分布をあてはめた図を図 4.44(c) に示す[54]．中心部分の 4 原子の重なりを見ると，アリルラジカルのように SOMO がほぼ直交していることがわかる．

しかし，多くの場合は結晶構造を制御することで SOMO の重なり積分をなくして高スピン状態をつくるのは困難であるため，SOMO を分子の一部分に局在化させる方法がとられている．たとえば，p-ニトロフェニルニトロニルニトロキシド（**63**）の β 形結晶は強磁性的相互作用を示すが，ニトロ基と NO 部位との静電的相互作用によって分子間の NO 部位どうしの相互作用を避けることで，分子間の SOMO の重なりをなくしている．このような手法に基づく強磁性体には **63** 以外にもいくつか知られているが，図 4.45 に示す代表例からもわかるように，一般に Curie 温度 θ は非常に低い[53,54]．

McConnellの分子間スピン整列に関する第2の提案は電荷移動錯体（CT錯体）（1.6.5項）を用いる方法である[53,55]．通常のCT錯体（$D^{\cdot +} \cdot A^{\cdot -}$，D：ドナー，A：アクセプター）では電荷移動前の一重項のDとAの波動関数が混じるので$D^{\cdot +}$と$A^{\cdot -}$のスピンは反平行になる（図4.46(a)）．DあるいはAが三重項の場合，$D^{\cdot +}$と$A^{\cdot -}$のスピンを平行にすることができる（図4.46(b), (c)）．この原理に基づく強磁性体の合成はまだ実現していないが，類似の発想により合成された有機強磁性体になるCT錯体として，デカメチルフェロセンとテトラシアノエチレン（TCNE）のCT錯体 **100** やテトラキス（ジメチルアミノ）エチレンとフラーレン（C_{60}）のCT錯体 **101** などが知られている（図4.47）．**101** の16.1 KというCurie温度は有機強磁性体のなかで最も高い臨界温度である[56]．

また，Breslowは反芳香族ジカチオンが基底三重項になる可能性に着目し（4.3.5項c），ジカチオンD^{2+}を用いたCT錯体でスピンを平行に揃えることを提案した（図4.46(d)）．D^{2+}としてヘキサメトキシトリフェニレンのジカチオン **92**，ヘキサアザベンゼン誘導体のジカチオン **93** などの塩（図4.40），Aとしてテトラシアノエチレン（TCNE）やテトラフルオロテトラシアノキノジメタン（$TCNQF_4$）などを用いたCT錯体が検討されたが，強磁性的相互作用を示すCT錯体は得られていない．溶液中ではD^{2+}が基底三重項であっても，錯体の対アニオンの影響で対称性が崩れて基底

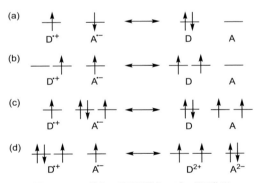

図4.46　CT錯体の電子配置とスピン相互作用

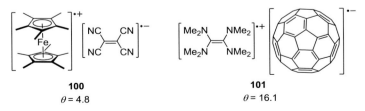

100　　　　　　　　　　　**101**
$\theta = 4.8$　　　　　　　　　$\theta = 16.1$

図4.47　有機強磁性体になるCT錯体とそのCurie温度 θ (K)

一重項になるためと考えられる[57].

4.4 カルベン

　カルベンは炭素に結合したリガンド数が2で電気的に中性の化学種である(図4.1).二つの軌道に対する電子の詰まり方の違いにより一重項と三重項の電子配置に分類することができる.カルベンは著しく反応性に富む過渡的な中間体としてその反応性に関心がもたれ,長年にわたって多くの反応機構や分光学的研究がなされてきた.また,カルベン自体やその錯体であるカルベノイドとアルケンとの付加反応を用いた三員環形成反応は有用な有機合成法の一つである.しかし,近年になって高い安定性と持続性をもち単離することが可能なカルベンが合成されたことを契機に,カルベン化学の新たな側面が開拓された.すなわち,一重項の安定なカルベンは,遷移金属の配位子として触媒反応における有用性が実証され,一般的な配位子の一つとして多用されている.一方,三重項の安定なカルベンは,4.3.5, 4.3.6項で述べた高スピン化学種とそのスピン整列による有機強磁性体の構築に関連して注目を集めている.本節では,構造有機化学の観点から,カルベンの電子配置とスピン多重度の関係ならびに安定なカルベンの構造と性質について述べる[58].なお,カルベンと関連する反応性中間体として窒素上のリガンドが1個のナイトレン[58d, 59]やケイ素上のリガンドが2個のシリレン(5.6.1項)[60]も知られている.

4.4.1　カルベンの電子配置とスピン多重度

　カルベンがsp混成の直線状の構造をもっているとすると,結合に関与しない2個

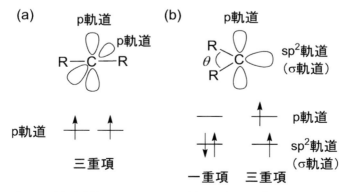

図4.48 (a) 直線状のカルベンおよび,(b) 折れ曲がった構造のカルベンとそれらの電子配置

の電子は縮退した二つのp軌道に1個ずつ収容され，Hundの規則によりそれらは平行のスピンをもつ三重項状態になる（図4.48(a)）．しかし，実際には多くのカルベンは折れ曲がった構造をとっており，縮退した二つのp軌道はp軌道とsp^2軌道（σ軌道）に分裂する（図4.48(b)）．この二つの軌道に電子が収容される際に，σ軌道に反平行のスピンをもつ2個の電子が入る場合と，平行なスピンをもつ電子がσ軌道とp軌道に1個ずつ入る場合がある．前者のスピン多重度は一重項で後者は三重項である．一重項と三重項のエネルギー差（$\Delta E_{ST} = E_S - E_T$）は，一重項における同じ軌道に収容された2個の電子相関エネルギーとσ軌道からp軌道に電子を昇位させるためのエネルギーの差によっておもに決まる．置換基のないカルベン（メチレン，H-C-H）では三重項のほうが一重項より約40 kJ mol^{-1}安定である．しかし，置換基を導入するとp軌道のエネルギー準位が影響を受けΔE_{ST}が変化するため，基底状態の電子配置ならびにスピン多重度が変化する．置換基の効果には電子的効果と立体的効果があるので，それらについて次に概説する[61]．

a. スピン多重度に及ぼす電子的効果

カルベンの二つの軌道のうちσ軌道は分子平面内にあるため，置換基のp軌道とは相互作用しない．一方，カルベンのp軌道は置換基のp軌道との相互作用によって影響を受ける．一般に，電子供与基は空のp軌道への電子供与によって一重項カルベンを安定化する．逆に，電子求引基は一重項を不安定化するので相対的に三重項が安定になる．

たとえば，アルキルカルベンに対するDFT計算によると，無置換のH-C-HではΔE_{ST} = 37.8 kJ mol^{-1}であるのに対し，H-C-MeおよびMe-C-Meではそれぞれ18.9，-4.6 kJ mol^{-1}となり，メチル基からの電子供与により一重項が安定化される．また，表4.11にハロゲンやアミノ基，ヒドロキシ基などのπ電子供与基が置換したカルベンに関して，別の基底関数を用いて行ったDFT計算の結果を示す．これらの置換基が一重項を安定化することがわかる．精度は低いがSTO-3G基底関数を用いたHF計算では，H-C-CHOとH-C-CNのΔE_{ST}はそれぞれ268，245 kJ mol^{-1}となり，電

表4.11 理論計算によるカルベンのΔE_{ST}[a,b]

カルベン	ΔE_{ST}/kJ mol^{-1}[c]	カルベン	ΔE_{ST}/kJ mol^{-1}[c]
H-C-SiH$_3$	97.3	Cl-C-Cl	-69.3 (-12.5)
H-C-H	57.1 (37.8)	F-C-F	-218 (-226)
H-C-CH$_3$	32.9	H$_3$CO-C-OCH$_3$	-222
H-C-C$_6$H$_5$	29.6	HO-C-OH	-228
F-C-Cl	-9.36	H$_2$N-C-NH$_2$	-222 [d]
H-C-F	-50.7		

a) 文献62a. b) B3LYP/6-31G(d)法. c) カッコ内は実測値を示す. 文献63.
d) cc-pVDZ基底関数. 文献62b.

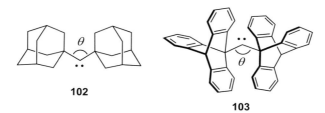

図 4.49 かさ高い置換基をもつ三重項カルベン

子求引基が三重項を安定化することを示している.

実験的には,気相でジハロカルベンの前駆体 CH_2X_2 に O^- イオンを反応させてカルベンアニオン CX_2^- を発生させ,レーザー照射による光電子分光より中性の CX_2 の電子状態に関する情報を得る.表 4.11 にはこうして得られたデータのうちの二つをカッコ内に示すが,一般に実験値と計算値はよく一致しているものもあればそうでないものもある[61,63].

b. スピン多重度に及ぼす立体的効果

ΔE_{ST} は結合角 θ(図 4.48)に依存する.θ が大きくなると図 4.48(b)の折れ曲がり構造において p 軌道と σ 軌道とのエネルギー差が小さくなるため,三重項が安定化されると予想される.実際,DFT 計算によると H-C-H の最も安定な一重項と三重項の構造における θ はそれぞれ 103° と 106° であり,三重項のほうが直線形に近い構造をもつ.かさ高い置換基をもつカルベン **102** や **103** では,立体障害により θ が大きくなるため,単純なジアルキルカルベンよりも三重項がより安定化される.DFT 計算による **102** と **103** の ΔE_{ST} はそれぞれ 38.9,58.5 kJ mol^{-1} である.三重項の θ は 149° と 153° であり,一重項の θ(125° と 129°)よりも結合角がかなり広くなっている(図 4.49)[64].

4.4.2 安定なカルベン

カルベンが電子配置に応じて電子的効果や立体効果により安定化されることを利用して,(薬品ビンに入れて)保存できる(bottleable)ほど安定なカルベンが合成され,カルベンの化学において新たな側面が開拓された[65].

a. 安定な一重項カルベン

1991 年に Arduengo はイミダゾール-2-イリデン(**104**)が融点 204℃ の結晶として単離できることを報告し,この報告が安定な一重項カルベンの研究が盛んになるきっかけになった[66].しかし,それより 3 年前の 1988 年に Bertrand はジアミノホスフィノ(シリル)カルベン **105** が減圧蒸留できる安定な化合物であることを報告していた(図 4.50(a))[65a].この二つの化合物は,一重項カルベンを電子的に安定化

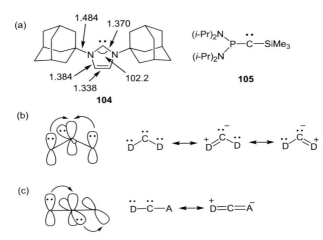

図 4.50 (a) 安定な一重項カルベン 104, 105 および, (b) D-C-D 型と,
(c) D-C-A 型カルベンの軌道間相互作用と共鳴構造
104 の構造には結合長(単結合は平均値, Å)と結合角(°)を示す.

する二つの要素をそれぞれがもっている.前節で述べたように電子供与基(D)は一重項カルベンを安定化するが,104 はそのタイプであり D-C-D 型と分類することができる.図 4.50(b) に示すように,D-C-D 型のカルベンは,空の p 軌道への非共有電子対からの電子供与により,カルベン中心が負電荷をもつイリド構造をもつ.一方,105 は電子供与性のホスフィノ基と電子求引基(A)であるシリル基がカルベン中心に結合しているので,D-C-A 型と分類することができる.D-C-A 型のカルベンは,D の非共有電子対からのカルベン炭素の p_z 軌道への電子供与とカルベン炭素の σ 電子対から A の $σ^*$ 軌道への電子供与により分極したアレン構造をもつ(図 4.50(c))[65]).

104 の X 線構造解析から判明したカルベン炭素の結合角は 102°であり,折れ曲がり構造をもつと考えられる一重項カルベンとして妥当な構造といえる.カルベン炭素と隣接する窒素との結合長は約 1.37 Å であり,これは通常の C-N の距離よりも短いことから,図 4.50(b) に示したように窒素からの電子供与によりこの C-N 結合に二重結合性があることを示している[67].104 のアダマンチル基のかわりにメチルをもつ誘導体も単離できるので,アダマンチル基の立体保護効果はあまり重要ではない.また,104 の五員環は 6π 電子系であるため,その芳香族性も安定化に寄与していると思われたが,二重結合をもたない 106 や六員環の 107,さらには非環状の 108 でも安定に単離できることから,窒素の電子供与効果が安定性に決定的な役割を果たしていることがわかった(図 4.51)[61,65].

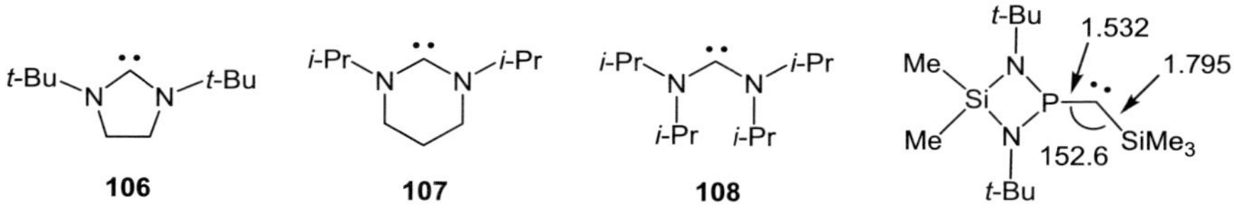

図 4.51 単離できる安定なカルベン 106〜109
109 の構造には結合長（Å）と結合角（°）を示す.

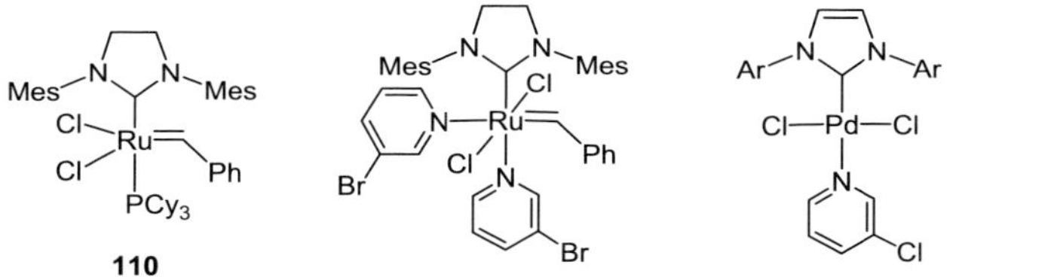

図 4.52 N-複素環カルベンを配位子にもつ遷移金属錯体触媒

一方，D-C-A 型のホスフィノ（シリル）カルベン 109 の X 線構造解析から明らかになった P-C-Si 結合角は 152.6° であり，比較的直線性が高いことはアレン構造の寄与と矛盾しない（図 4.51）．また P-C 結合長と C-Si 結合長はそれぞれ 1.532 Å, 1.795 Å と通常の距離よりも短いことも，これらの結合の二重結合性を示唆している[65]．

104 のタイプの一重項カルベンは，塩基としてルイス酸と反応するとともに，酸としてもルイス塩基にも作用する．また，アルカリ金属から遷移金属を含むさまざまな金属と錯形成することができるため，N-複素環カルベン（N-heterocyclic carbene）という名称で配位子として一般に用いられている[68]．とくにルテニウム錯体はオレフィンメタセシス触媒として有用であり数種類の化合物が市販されている．なかでも Grubbs により開発された第 2 世代 Grubbs 触媒 110 および第 3 世代 Grubbs 触媒 111 とよばれるルテニウム錯体はとくに有名で市販されている（図 4.52）．このほか，安定でクロスカップリング反応に高い触媒能を示す PEPPSI 触媒 112 とよばれるパラジウム触媒も市販されている．

b. 安定な三重項カルベン

三重項カルベンの安定化には電子的効果は有効ではないため，立体保護による速度論的安定化の手法が用いられている．まず，ジフェニルカルベンのフェニル基のオルト位にかさ高い置換基を導入する方法が Tomioka により系統的に試みられた[61,69]．ジフェニルカルベン類は対応するジアゾ化合物 113 の光分解により生成し，低温下

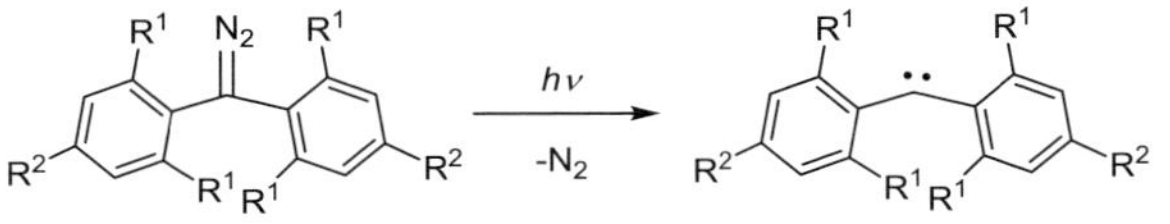

113a R¹ = R² = t-Bu
113b R¹ = R² = i-Pr
113c R¹ = R² = Me
113e R¹ = Br, R² = t-Bu

114a R¹ = R² = t-Bu (125 μsec)
114b R¹ = R² = i-Pr (129 μsec)
114c R¹ = R² = Me (160 μsec)
114e R¹ = Br, R² = t-Bu (16 sec)

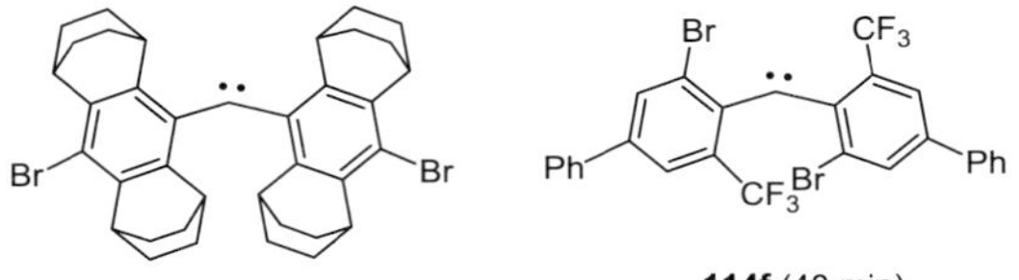

114d (2.8 sec)

114f (40 min)

図 4.53 ジアゾ化合物の光分解によるジフェニルカルベンの生成とオルト位に置換基をもつジフェニルカルベンの半減期

での溶液マトリックス中の ESR スペクトルの測定に基づいて電子状態と構造を確認し，さらに室温の溶液中での分解速度が調べられた（図 4.53）．ESR スペクトルからいずれのジフェニルカルベンも基底三重項であり，直線的な構造をもつことが確認された．アルキル置換体 **114a**～**114c** では分子内の C-H 挿入反応が起こるため，溶液中の室温における半減期は長いものでも 1 sec 以下である．ビシクロ[2.2.2]オクテンが縮合した **114d** の半減期は 2.8 sec で，アルキル置換ジフェニルカルベンで最も長い寿命をもつ．オルト位に臭素を導入した **114e** では半減期は 16 sec にまで延び，さらにオルト位の臭素の片方をトリフルオロメチル基にすると一気に 40 min にまで延びる．この **114f** はジフェニルカルベン誘導体では最も持続性が高い化合物である．

ジ（9-アントリル）カルベン（**115a**）は，二つのアントラセン環が直交した構造をしており，不対電子がアントラセン環に非局在化したアレン型極限構造の寄与があ

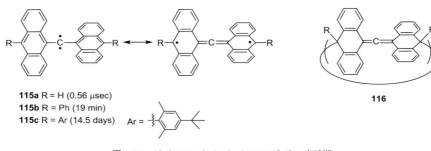

115a R = H (0.56 μsec)
115b R = Ph (19 min)
115c R = Ar (14.5 days)   Ar =

116

図 4.54 ジ（9-アントリル）カルベンとその半減期

ることがわかっていた（図 4.54）．また，**115a** はアントラセン環炭素でカップリングを起こし環状 3 量体 **116** を与えるため，その半減期は 1 μsec 以下であった．しかし，Tomioka はこの位置にフェニル基を導入した **115b** では，このカップリング反応が抑制されるため半減期が 19 min まで延びることを見出した．よりかさ高い置換基をもつ **115c** の寿命はさらに劇的に延び，その半減期は 14.5 日と見積もられている．**115c** はまさにビンに入れて保存できるほどの長い寿命をもつ三重項カルベンといえる[61,70]．

4.4.3　三重項カルベンのスピン相互作用の制御

　三重項カルベンはラジカルの 2 倍のスピン密度をもち，磁気モーメントも大きいため，スピン源としてラジカルよりも優れた面をもっている．ラジカルの場合と同様に（4.3.6, 4.3.7 項），三重項カルベンについてもスピンを分子内および分子間で整列させ多重項化学種や有機強磁性体をつくるため，対応するジアゾ化合物を低温の溶液マトリックス中で光分解し，生成したカルベンを ESR で同定するとともに磁化率の温度依存性が調べられた．

　基底三重項のジフェニルカルベンをメタ位で連結したビスカルベン **117** は，4 個のスピンが強磁性的相互作用することで基底五重項（$S=2$）になることが Itoh らにより証明された（図 4.55）[71]．この結果に基づき，Iwamura らは三重項カルベンを利用した強磁性体の合成を目指して，さらに一次元的に鎖を延ばしたポリカルベン **118**～**120** を合成した（図 4.56）[51a,b]．4 個のカルベン中心をもつ **118** は，ESR で 8 本線を示すこととシグナル強度の温度依存性が Curie 則（4.3.7 項）に従うことから，基底状態は九重項（$S=4$）であることが確認された．さらに 5 個あるいは 6 個のカルベン中心をもつ **119** と **120** も，それぞれ基底十一重項（$S=5$），十三重項（$S=6$）であることが確認された．また，フェニル基の間に二重結合が挟まれたメタ，パラ結合のビスカルベン **121** も基底五重項状態をもつ．さらに，より大きな系のモデルとしてカルベン中心を二次元的に拡張した **122, 123** も合成され，それぞれ基底十三重項（$S=6$），十九重項（$S=9$）であることが確認された．これらはそれぞれ 12 個，18 個の平行なスピンをもち，3d 遷移金属や 4f ランタノイドよりもはるかに大きな磁気モーメントをもつ有機分子である．しかし，カルベンの発生にはジアゾ化合物の光分解反

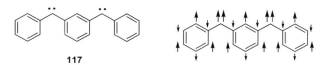

図 4.55　ビスカルベン **117** とスピン分極によるカルベン中心間の強磁性的相互作用の模式図

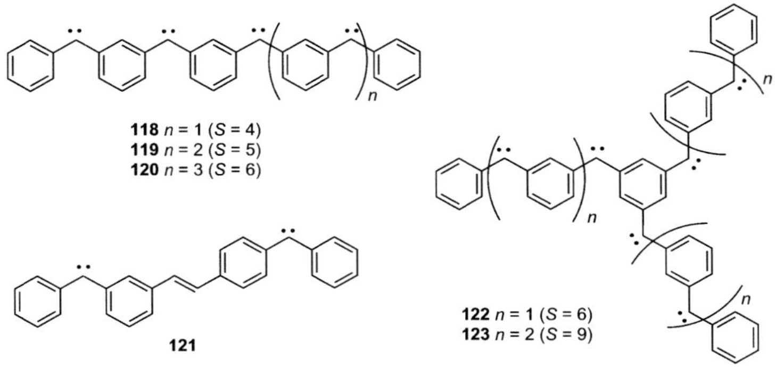

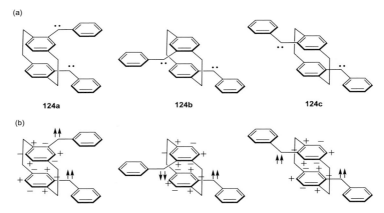

図 4.56 基底多重項のマルチカルベン

図 4.57 (a) [2.2]パラシクロファン骨格で連結されたビスカルベンと, (b) スピン間相互作用の模式図 (+と−はスピン密度の符号)

応を用いるため,カルベン中心の数が多くなると前駆体の合成や一度に多数のカルベンを発生することが困難になる.そのため,マルチラジカル (4.3.6 項) の場合のように分子設計された大きなマルチカルベン系の実現には至っていないが,それにかわって遷移金属とカルベンを組み合わせた三次元高スピン系の設計と合成が行われている.

Izuoka, Iwamura らは,三重項カルベンの分子間のスピン整列に関するモデル系として [2.2]パラシクロファン骨格で連結されたビスカルベン **124a**〜**124c** を合成し,そのスピン多重度を調べた(図 4.57(a)).その結果,擬オルト体 **124a** と擬パラ体 **124c** ではスピン間の強磁性的相互作用により基底五重項になるのに対して,擬メタ体 **124b** は反強磁性的であり基底一重項であることがわかった.この結果は図 4.57(b)

に示すように，McConnellの提案（図4.44，式（4.22））に基づいて予想されるスピン間相互作用と一致しており，McConnellの提案を実験的に証明したといえる[51a, b]．

4.5 ラジカルイオン

ラジカルイオン（radical ion）は電荷を帯びたラジカルの総称であり，正電荷を帯びた場合がラジカルカチオン（radical cation），負電荷を帯びた場合がラジカルアニオン（radical anion）である[*8]．ラジカルイオンは，グリニャール反応のような電子移動をともなう多くの有機合成反応の鍵中間体であるだけでなく，導電性高分子，有機半導体，有機太陽電池や有機発光ダイオードのような有機電子材料が機能を発現する過程において生成する重要な中間体である．さらには生体内の酸化還元や光合成などの多くの生物化学反応をはじめ地球・宇宙科学においても重要な役割を果たしている反応性中間体であり，その存在と機能は非常に広範囲にわたる[72]．本節では，ラジカルイオンの生成と安定性に関して概説したあと，ラジカルイオンが機能の発現に主要な役割を果たしている系として，長寿命電荷分離状態の生成と導電性電荷移動錯体について述べる．

4.5.1 ラジカルイオンの生成と安定性
a. 生成と検出
ラジカルイオンの生成には，X線やγ線などの放射線照射，直接の光照射や光誘起電子移動反応，多光子励起などの光化学的手法，電子ビーム照射やイオンあるい

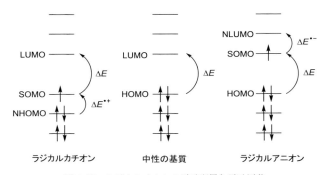

図4.58　ラジカルイオンの電子配置と電子遷移

[*8] IUPACではラジカルで始まる名称を推奨しているが，それぞれイオンラジカル，カチオンラジカル，アニオンラジカルとよばれることもある．$C_6H_6^{\cdot+}$あるいは$C_6H_6^{\cdot-}$のように，点と電荷を表す符号を分子式等のあとにこの順に上付きでつける．

は原子衝突法，電気化学的あるいは酸化還元剤を用いる酸化還元など幅広い方法が用いられる．その検出や同定には，紫外・可視・近赤外の吸収スペクトルや蛍光スペクトルだけでなく，電子スピンをもつため ESR も有力な方法として用いられる[73]．ラジカルイオンは図 4.58(a)，(c) に示す電子配置をもつため，遷移エネルギーが ΔE の通常の電子遷移（ラジカルカチオンの SOMO→LUMO，ラジカルアニオンの HOMO→SOMO）だけでなく，NHOMO→SOMO（遷移エネルギー：$\Delta E^{\bullet+}$）および SOMO→NLUMO（遷移エネルギー：$\Delta E^{\bullet-}$）に起因する低エネルギーの遷移が起こる[*9]．このため，ラジカルイオンは可視領域から近赤外領域に吸収をもち，濃い色を呈することが多い．ラジカルイオンの寿命は，低温下でのマトリックス単離やナノ〜ピコ秒レベルの高速分光法でのみ検出できるきわめて短寿命のものから，室温の溶液中で分光学的に検出可能なものや塩の結晶として単離し X 線構造解析ができるものまで様々である．

b. 安定性とそれを支配する要因

ラジカルカチオンは基質の HOMO（あるいは NBMO）から 1 電子を奪うことにより生成するので，HOMO のエネルギー準位が高く酸化されやすい基質から生成しやすい．そのような基質にはπ共役系，非共有電子対をもつ化合物，ひずんだ結合をもつ小員環化合物がある．また，分子内で電荷と不対電子が分離した形で存在しうる 2 官能性ラジカルイオンは distonic radical ion とよばれる．一方，ラジカルアニオンは LUMO に 1 電子を収容することにより生成するので，低い LUMO 準位をもつ基質から生成しやすい．そのため，拡張π共役系や電子求引基をもつπ共役系の化合物の例が多い．代表的なラジカルイオンを図 4.59 に示す．

HOMO と LUMO のエネルギー準位は，量子化学計算を用いて見積もることができ

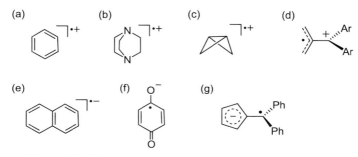

図 4.59 （a）〜（d）ラジカルカチオンと，（e）〜（g）ラジカルアニオンの例．（d）と（g）は distonic radical ion とよばれる系．

[*9] NHOMO（next HOMO），NLUMO（next LUMO）は，それぞれ HOMO の次にエネルギー準位が低い被占軌道と LUMO の次にエネルギー準位が高い空軌道のことをいう．

4.5 ラジカルイオン

る（1.3.2項，3.1.1項b）．実験的には，HOMOの準位は光電子分光法を用いて測定されるイオン化ポテンシャル（IP）に相当し，LUMOの準位は電子離脱法や逆光電子分光法を用いて測定される電子親和力（EA）に相当する[*10]．溶液中の酸化還元電位は電気化学的手法により求めることができるが，なかでもサイクリックボルタンメトリー（cyclic voltammetry：CV）は簡便であるため広く用いられている．ただし，用いる参照電極や溶媒により電位は大きく異なる．たとえば，よく用いられるフェロセンの酸化還元電位を基準とする電位（Fc/Fc^+と略記される）は，標準水素電極（NHE）および飽和カロメル電極（SEC）に比べてそれぞれ+0.34 V，+0.10 Vずれている．また，HOMO，LUMO準位と酸化還元電位を経験的に関係づける方法もある．たとえば，IP（eV単位）とDMF中でのFc/Fc^+基準の酸化電位（V_{ox}，V単位）について式(4.23)の関係が報告されているが[74a]，上述のように酸化電位は測定条件により異なるので使用には注意を要する．一方，EA（eV単位）と還元電位（V_{red}，V単位）の関係については，参照電極（E_{ref}，V単位：たとえばSECの場合は−4.71 V）や化合物の種類の違いによる溶媒和エネルギー（$-\Delta\Delta G_{sol}$，eV単位：たとえば芳香族炭化水素の場合は2.29 eV）の違いを考慮した関係式が報告されている（式(4.24)）[74b]．

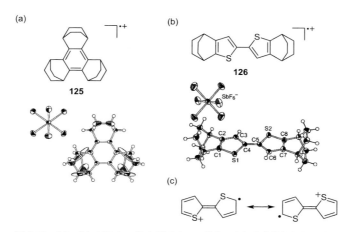

図4.60 (a), (b) ビシクロ[2.2.2]オクテン骨格により安定化されたラジカルカチオン**125**および**126**のSbF_6^-塩のX線構造と，(c) **126**のビチオフェン部分の共鳴構造（それぞれ文献75a, 75bより転載）

[*10] 光電子分光法：基質にX線や紫外線などの電磁波を照射した際に飛び出してくる電子のエネルギーからIPを測定する方法．
電子離脱法：基質の陰イオンに光を照射して電子を取り除く際に必要なエネルギーからEAを測定する方法．
逆光電子分光法：基質に電子線を照射してLUMOに電子を注入する際に発生する光のエネルギーからEAを測定する方法．

$$\text{IP}(\text{eV}) = -(1.4 \pm 0.1) \times V_{\text{ox}}(\text{V}) - (4.6 \pm 0.08) \tag{4.23}$$
$$V_{\text{red}}(\text{V}) = \text{EA}(\text{eV}) - \Delta\Delta G_{\text{sol}}(\text{eV}) + E_{\text{ref}}(\text{V}) \tag{4.24}$$

　ラジカルイオンは正電荷あるいは負電荷をもつので，それらを安定化する要因はカチオンあるいはアニオンを電子的に安定化する要因と基本的に同じである．また不対電子をもつため，カプトデイティブ効果を除けば，ラジカルを安定化する効果もラジカルイオンを安定化する．ラジカルカチオンの安定化における顕著な例として，カルボカチオンにおいて有効であったビシクロ[2.2.2]オクテン骨格の縮合によるσ-π共役（4.1.1項b，4.1.2項）の利用例を図4.60に示す．**125**と**126**はそれぞれアルキル置換ベンゼンとビチオフェンのラジカルカチオン塩の初めての構造解析例である[75]．**125**ではすべての結合長（縮合環内：1.442 Å，縮合環外：1.429 Å）が中性の化合物（縮合環内：1.400 Å，縮合環外：1.389 Å）より著しく伸張している．**126**ではチオフェン環を結ぶ結合（C4-C5）の長さ（1.398 Å）が中性の化合物（1.455 Å）より著しく短縮しており，図4.60(c)の共鳴構造の寄与を示している．

4.5.2　電荷分離状態の生成

　植物，らん藻類や光合成細菌などにおいては，膜タンパク中のクロロフィルとその周辺に配置された複数の色素との間で光誘起電子移動反応が起こって前者のラジカルカチオンと後者のラジカルアニオンが効率よく生成し，最終的には補酵素である$NADP^+$の還元に至る多段階の電子移動反応が起こることが明らかになっている．このような光誘起電子移動により生成する電荷分離状態を長く保つことができれば，光のエネルギーを利用した化学反応系を構築できる可能性がある．Fukuzumiらは光合成反応中心モデルの詳細な検討に基づき，電子供与体（ドナー，D）と電子受容体（アクセプター，A）を共有結合で連結した人工系を用いて長寿命の電荷分離状態の実現に取り組んだ[76]．

a.　Marcusの電子移動理論[77]

　人工の電子移動系の設計はMarcusの電子移動理論に基づいて行われたので，まずこの理論について簡潔に説明する．
　ドナーとアクセプターから前駆体である電荷移動錯体DAを経由し，核配置と溶媒の配列が変化した安定な$D^{\cdot +}$と$A^{\cdot -}$ができる過程を考える．反応物DAと生成物$D^{\cdot +}+A^{\cdot -}$のポテンシャルエネルギー曲線のモデルを図4.61(a)に示す．曲線の交点が遷移状態に相当し，電子移動がFrank-Condon原理に従って起こるため，この地点ではDAは$D^{\cdot +}+A^{\cdot -}$の安定な状態の核配置と溶媒の配列をとっている必要がある．このような活性化過程を経ずに$D^{\cdot +}+A^{\cdot -}$のポテンシャル曲線に乗り移るには，λのエネルギーが必要である．つまりλはDAを$D^{\cdot +}+A^{\cdot -}$の安定な状態の核配置と溶媒の配列に変換するのに必要なエネルギーとみなせるため，電子移動の再配列エネルギー

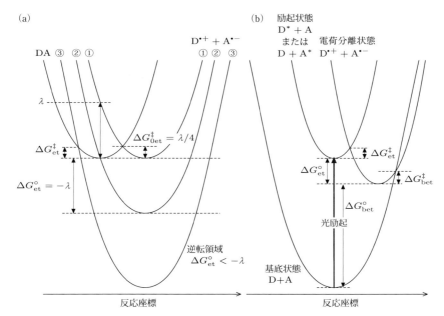

図 4.61 (a) 電荷移動錯体 DA から電子移動により $D^{•+}$ と $A^{•-}$ ができる過程のポテンシャル曲線と，(b) 光誘起電子移動により起こる電荷分離と電荷再結合過程のポテンシャルエネルギー曲線

(reorganization energy) とよばれる．反応物 DA と生成物 $D^{•+} + A^{•-}$ のエネルギーが等しく $\Delta G_{et}^\circ = 0$ の場合（図 4.61(a) の①），それぞれのポテンシャル曲線を放物線で近似すると，その交点における活性化自由エネルギー $\Delta G_{et}^\ddagger$ は $\lambda/4$ になる．これを固有エネルギー障壁 $\Delta G_{0et}^\ddagger$ (intrinsic energy barrier) という．Marcus は電子移動の前駆体錯体と生成物錯体のポテンシャルエネルギー曲線を放物線で近似し，反応の活性化自由エネルギー $\Delta G_{et}^\ddagger$ を式 (4.25) に示す $\Delta G_{0et}^\ddagger$ の二次関数で表した．

$$\Delta G_{et}^\ddagger = \Delta G_{0et}^\ddagger \left(1 + \frac{\Delta G_{et}^\circ}{4\Delta G_{0et}^\ddagger}\right)^2 + \omega \tag{4.25}$$

ここで ω は前駆体錯体 DA をつくるのに必要なエネルギーであり，おもに静電相互作用に基づくので中性分子の場合には無視できる．

ΔG_{et}° が負側に大きくなるに従って $\Delta G_{et}^\ddagger$ は小さくなり，電子移動の速度は大きくなる．$\Delta G_{et}^\circ = -4\Delta G_{0et}^\ddagger = -\lambda$ のときに $\Delta G_{et}^\ddagger = 0$ となり，拡散律速になる（図 4.61(a) の②）．さらに ΔG_{et}° が負側に大きくなると，逆に $\Delta G_{et}^\ddagger$ が大きくなり電子移動の速度は小さくなる（図 4.61(a) の③）．この領域は Marcus の逆転領域 (inverted region) といわれ，熱力学的により有利な反応の速度がこの領域では小さくなることを意味する．

図 4.61(a) を光誘起電子移動の系について書き直すと図 4.61(b) のようになる．ここでは DA のかわりにどちらかが励起状態にある $D+A^*$ または D^*+A が電子移動の前駆体であり，そこからの電荷分離（charge separation）過程の速度は $\Delta G_{et}^{\ddagger}$ で表されている．一般に，生成物錯体 $D^{\cdot+}+A^{\cdot-}$ と基底状態のエネルギー差は大きいので，逆電子移動（back electron transfer）つまり電荷再結合（charge recombination）過程の ΔG_{bet}° のほうが電荷分離の ΔG_{et}° より大きい．このため，図 4.61(b) では電荷再結合過程が逆転領域に入り，逆電子移動の活性化自由エネルギー $\Delta G_{bet}^{\ddagger}$ が大きくなるように書いてある．したがって，電荷分離の速度を大きくし，しかも電荷再結合の速度を小さくして長寿命の電荷分離状態を得るには，再配列エネルギー λ が小さな D と A を用いればよいと考えられる．

b. 長寿命電荷分離状態の生成

ポルフィリンとフラーレンはいずれも再配列エネルギーが λ 小さいため，それらを組み合わせると長寿命電荷分離状態ができると期待される．実際，たとえばイミダゾポルフィリンの亜鉛錯体と C_{60} を溶媒の再配列エネルギーを小さくするため短い連結部位で結合した **127** では，電荷分離速度 ($1.4\times10^{10}\,s^{-1}$) よりも電荷再結合速度 ($3.9\times10^{3}\,s^{-1}$) のほうがはるかに小さくなり，電荷分離状態の寿命は 260 μs（298 K）になった（図 4.62）．亜鉛クロリン錯体と C_{60} を比較的長い連結部位で結合した 2 成分連結系では電荷分離状態の寿命はあまり長くなかったが，短い連結部位をもつ **128** は 230 μs（298 K）という長い寿命を示した．

多段階電子移動を用いた電荷分離状態の長寿命化も行われた．たとえば，ドナーとしてフェロセン（Fc），受容体として C_{60} をもち，それらを亜鉛ポルフィリン（ZnP）と金属をもたないフリーのポルフィリン（H_2P）で連結した **129** では，まず ZnP が光励起され H_2P へのエネルギー移動が起こる．次に H_2P の励起一重項から C_{60} への

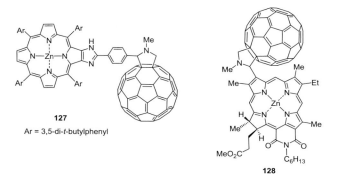

図 4.62 長寿命電荷分離状態をもつ亜鉛ポルフィリンと C_{60} および亜鉛クロリンと C_{60} の 2 成分連結系

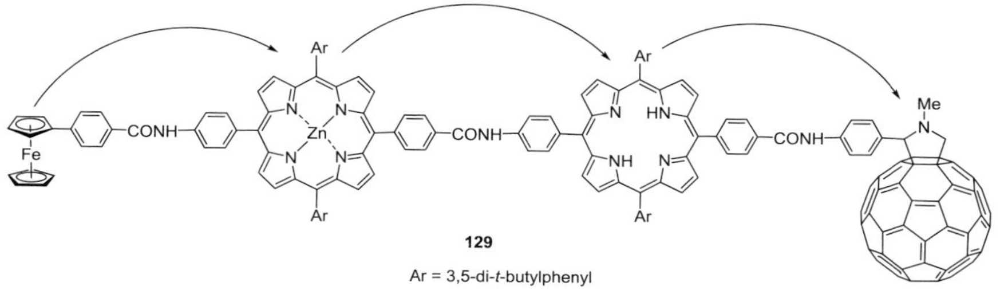

4.5 ラジカルイオン

図 4.63 長寿命電荷分離状態をもつフェロセン，ポルフィリン，C_{60} の 4 成分連結系（矢印は電子移動の方向を示す）

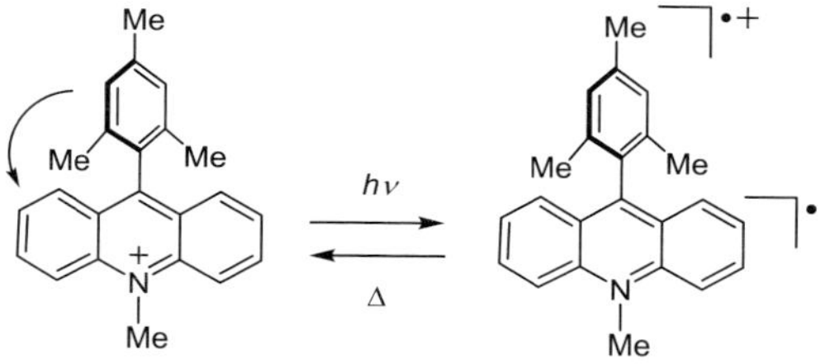

図 4.64 10-メチル-9-メチルアクリジニウムイオンの光照射で生じる長寿命電荷分離状態（矢印は電子移動の方向を示す）

電子移動，ZnP から $H_2P^{•+}$ への電子移動，Fc から $ZnP^{•+}$ への電子移動が連続的に起こり，約 50 Å 離れた位置に Fc^+ と $C_{60}^{•−}$ からなる電荷分離状態ができる（図 4.63）．この電荷分離状態の寿命は 0.38 s であったが，H_2P を ZnP に置き換えた化合物では寿命が 1.6 s まで長くなった．

さらに，より単純な系で長寿命電荷分離状態を実現するため，電荷再配列エネルギーが小さく，三重項励起エネルギーが高いという設計指針のもとに 10-メチル-9-メチルアクリジニウムイオン（**130**）の過塩素酸塩が合成された（図 4.64）．**130** の電子供与部であるメシチル基（Mes）と受容部であるアクリジニウムイオン部（Acr）は直交しているため互いに分離しており，しかもそれらの距離は短いため溶媒が入り込みにくい設計になっている．**130** の光照射で生成する電荷分離状態（$Acr^{•−}$-$Mes^{•+}$）は 2.37 eV という高いエネルギーをもつだけでなく，2 日という著しく長い寿命をもつことがわかった．そのため，**130** の光誘起電荷分離状態を利用した光触媒反応系への利用も行われている．

4.5.3 電導性電荷移動錯体

有機化合物は電気を流さない絶縁体であると考えられてきたが，1970年代になって，Shirakawa, MacDiarmid, Heegerらは，フィルム状のポリアセチレンをヨウ素でドーピングすることにより10^3 S cm^{-1}という高い電気伝導度を示すことを見いだした[78)*11]．この成果がきっかけとなり，現在では導電性高分子はさまざまな電子材料に用いられている．しかし，それより前の1954年に，Akamatsu, Inokuchiらはペリレン（**131**）と臭素の電荷移動錯体が約1 S cm^{-1}というそれまでの常識を覆す高い電導度を示すことを見いだしている（図4.65）[79a)]．またペリレンのヨウ素錯体およびピレン（**132**）のヨウ素錯体もそれぞれ約10^{-1} S cm^{-1}, 10^{-2} S cm^{-1}の電気伝導率を示した[79b)]．これらの発見を契機に多くのドナー分子とアクセプター分子が合成され，それらを用いた分子錯体の電導率が測定された．そして1973年にFerraris, Cowanらにより，テトラチアフルバレン（TTF, **133**）とテトラシアノキノジメタン（TCNQ, **134**）の電荷移動錯体（3.4.9）が高い電気伝導度（500 S cm^{-1}）と金属的な電導挙動を示すことが報告された[80)*12]．本項では，TTF-TCNQ錯体を軸に，高い電導率を示す電導性分子錯体について重要なポイントに絞って概説する[81)]．

a. 電荷移動錯体の結晶構造

分子が互いに接近すると分子軌道の重なりが生じ，軌道の分裂が起こる．固体の中では無数の分子軌道が相互作用することにより，エネルギーの幅をもつバンド（band）

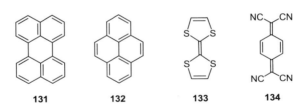

図4.65 ペリレン（**131**），ピレン（**132**），TTF（**133**），TCNQ（**134**）

---

*11 電気の流れやすさは電気抵抗率ρ（比抵抗ともよばれる．単位はΩm）で表し，電流の流れる物体の長さをl, 断面積をS, 電気抵抗をRとすると，$R=\rho\dfrac{l}{S}$で表される．電気伝導体の電気の流れやすさの評価には，電気抵抗率ρの逆数である電気伝導率σ（導電率または電気伝導度ともいう）を用いることが多い．単位はS cm^{-1}（Sはジーメンス（siemens））またはΩ^{-1}m^{-1}を用いる．

*12 金属と半導体は電気伝導率が異なるだけではなく（金属：およその範囲$10^6 \sim 10$ S cm^{-1}, 半導体：およその範囲$10^2 \sim 10^{-5}$ S cm^{-1}），熱に対する電気伝導率の挙動が異なる．金属の場合は，温度が上がると格子振動とよばれる原子の振動によって電荷のキャリアー（電荷の運び手である電子と正孔（ホール））が散乱されるため電気伝導度は低下する．一方，半導体の電気抵抗率ρは，$\rho=\rho_0\exp\left(\dfrac{E_\mathrm{a}}{kT}\right)$で表され（$\rho_0$は定数，$k$はBoltzmann定数，$T$は絶対温度，$E_\mathrm{a}$は活性化エネルギー）．温度が上がるとエネルギーギャップを越えるキャリアーの数が増えるため電気伝導率は上昇する．金属的挙動を示す有機物は有機金属（organic metal）とよばれる．

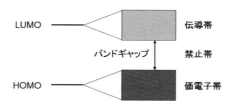

図 4.66 分子軌道の重なりによるバンドの形成

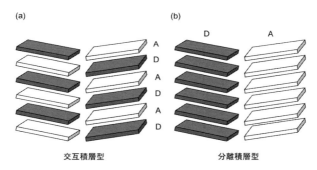

図 4.67 (a) 交互積層型と，(b) 分離積層型結晶構造の模式図

が形成される（図4.66）．分子間の相互作用が大きいほど，厳密にいうと隣接分子間の移動積分 t（トランスファー積分ともいう）*13 が大きいほど，バンド幅は広くなる．HOMO からできるバンドには電子が満たされており価電子帯（valence band）とよばれ，LUMO からできるバンドは空で伝導帯（conduction band）とよばれる．両者の間のエネルギー帯を禁止帯（forbidden band）とよび，その幅をバンドギャップ（band gap）という．通常の有機化合物の結晶ではバンドギャップが大きいため，電子は移動できず絶縁体となる．半導体はバンドギャップが小さいため，温度を上げると電子が伝導帯に熱励起され，伝導帯では電子が自由に動きまわり，価電子帯では電子が抜けることによってできた正孔が自由に動きまわることができるようになり，電気が流れる．

電荷移動錯体が形成する結晶にはドナーとアクセプターが交互に重なった交互積層型（alternate stack あるいは mixed stack）と，それぞれが互いに重なったカラムを形成する分離積層型（segregated stack）があり，電気伝導性をもつのは後者の結晶構造である（図4.67）．つまり，ドナーの HOMO どうし，アクセプターの LUMO どうしが重なることで，価電子帯と伝導帯のバンドを形成することが必要とされる．ま

---

*13　移動積分は，波動関数の積の積分である重なり積分と似ているが（1.3.1項），$t=\int \Psi_a H \Psi_b$ に示すように波動関数とハミルトニアンの積の積分であり，相互作用によるエネルギーを表す．

た分子が積み重なった方向によく電流が流れるので,このような結晶構造をもつ電導性物質を一次元導体とよぶ.

分離積層型になるか交互積層型になるかはドナー分子とアクセプター分子の組み合わせで決まる.Saito らは電荷移動錯体をドナー分子の酸化電位とアクセプター分子の還元電位の差によって,完全電荷移動錯体 $(E_{ox}(D) - E_{red}(A) < -0.02 V)$,不完全電荷移動錯体 $(-0.02 V < E_{ox}(D) - E_{red}(A) < 0.34 V)$,中性錯体 $(0.34 V < E_{ox}(D) - E_{red}(A))$ に分類した[82].ドナー分子とアクセプター分子が電荷分離したイオン性の強い完全電荷移動錯体では,互いが近傍に位置することで Madelung エネルギーとよばれる静電的な力で安定化されるため交互積層型になりやすい.不完全電荷移動錯体では,Madelung エネルギーの寄与が減るので van der Waals 力などの分子間相互作用が重要となり,交互積層型ができやすくなる.さらに相互作用が弱い中性錯体では,結晶構造を支配する要因が複雑になり,結晶作製条件によって構造が変化するため,それを予測することは困難になる.

図 4.68 に TTF-TCNQ 錯体の結晶構造を示す[83].TTF と TCNQ がそれぞれ積層したカラムを形成している.TTF 分子の面間距離は 3.47 Å,TCNQ 分子は 3.17 Å であり,van der Waals 接触(1.4.2 項)よりもかなり短い.これはドナー分子とアクセプター分子のそれぞれの 60% 程度しか電荷移動していないためである.つまりこの結晶は $(TTF)^{0.6+}(TCNQ)^{0.6-}$ と表すことができる.いいかえるとドナー分子とアクセプター分子の 6 割がそれぞれラジカルカチオンとラジカルアニオンになり,残

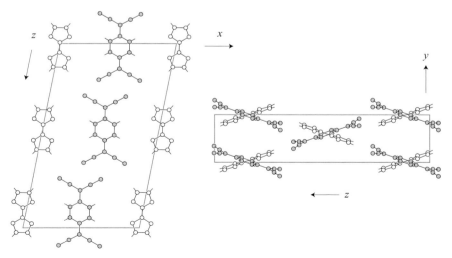

図 4.68 (a) カラムの上面と,(b) カラムの側面から見た TTF-TCNQ 錯体の結晶構造(文献 83 より転載)

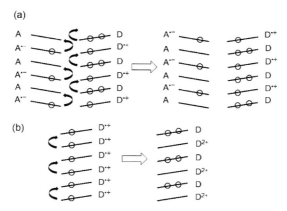

図 4.69 (a) 部分電荷移動錯体と，(b) 完全電荷移動錯体の
ドナーカラムにおける電子移動の模式図
(b) は Mott 絶縁体になる．

りの 4 割は中性分子のままである．したがって，中性のドナー分子とラジカルカチオン，中性のアクセプター分子とラジカルアニオンの間に静電的相互作用が働くため，それぞれのカラム内での分子どうしの面間距離が短くなっている．このように，中性の閉殻部位と電荷をもった開殻部位との間で電子が非局在化している系を混合原子価 (mixed valence) 状態とよぶ．

次に，電荷の移動度が電気伝導性の重要な要因であることを，電子移動の模式図を用いて説明する（図 4.69）．電荷の移動度が 50% の場合，ドナー分子のカラムとアクセプター分子のカラムには，それぞれ静電反発を避けるように一つおきに正孔と電子が収容される（図 4.69(a)）．この場合，ドナー分子のカラムの HOMO に入った電子が隣の分子の正孔に移動すると移動前と同じ状態ができるため，電子は円滑に移動することができる．アクセプター分子のカラムでも同様に電子が隣の分子の LUMO に円滑に移動できる．一方，電荷の移動度が 100% の場合は，すべてのドナー分子はすべてラジカルカチオンになっているので，電子（あるいは正孔）が移動するとドナーカラムでは中性の分子 D とそのジカチオン D^{2+} ができる（図 4.69(b)）．また，アクセプター分子はすべてラジカルアニオンになっているので，アクセプターカラムでは電子移動により中性の分子 A とそのジアニオン A^{2-} ができる．ジカチオンやジアニオンにはオンサイト Coulomb 反発 (on-site Coulomb repulsion) とよばれる分子内での Coulomb 反発があるため，電子移動の障壁が生じ絶縁体になる．このように電子間の Coulomb 反発に起因する絶縁体は，Mott 絶縁体 (Mott insulator) とよばれる．TCNQ より強いアクセプターである 2,3-ジクロロ-5,6-ジシアノ-p-ベンゾキノン（DDQ，**135**，次項の図 4.72）と TTF は完全電荷移動錯体をつくるが，この錯体

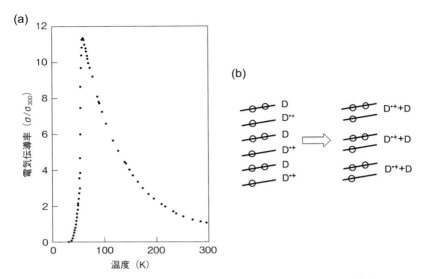

図 4.70 (a) TTF-TCNQ 錯体の積層方向の電気伝導率(300 K における電気伝導率との比, σ/σ_{300}) の温度依存性(文献 84 より転載)および, (b) Peierls 転移の模式図

は Mott 絶縁体の例である.

TTF-TCNQ 錯体の積層方向の電気伝導率の温度依存性を図 4.70(a) に示す[84]. 53 K 付近まで伝導率は上昇し金属的挙動を示す. しかし, 53 K 付近で絶縁体への転移が起こり, 伝導率が急激に減少してしまう. この変化は Peierls 転移 (Peierls transition) とよばれ, 積層カラムの均一な構造が熱力学的により安定なラジカルイオンと中性分子との二量体あるいは多量体構造に変化し, 電子移動に障壁が生じるため絶縁体になる相転移である (図 4.70(b)).

b. 電荷移動錯体の合成と電気伝導性

上述のように, 多くの試行錯誤と理論的裏づけの結果, 高い伝導性を示す電荷移動錯体に関して以下の四つの要因が明らかになった. 本節では, それぞれの要因に対応したドナー分子とアクセプター分子の設計と合成について述べる[85].

① ドナーとアクセプターの酸化還元電位を適切に組み合わせることにより不完全電荷移動錯体をつくる.

② 移動積分を大きくしてバンド幅を広げる.

③ オンサイト Coulomb 反発を小さくして Mott 絶縁体の生成を抑制する.

④ 導電経路や分子間相互作用の次元性を大きくして Peierls 転移を抑制する.

具体的には以下の分子設計に基づいてドナーとアクセプターの合成が行われた.

① TTF や TCNQ のように (3.4.9 項), 酸化あるいは還元によって芳香族性をも

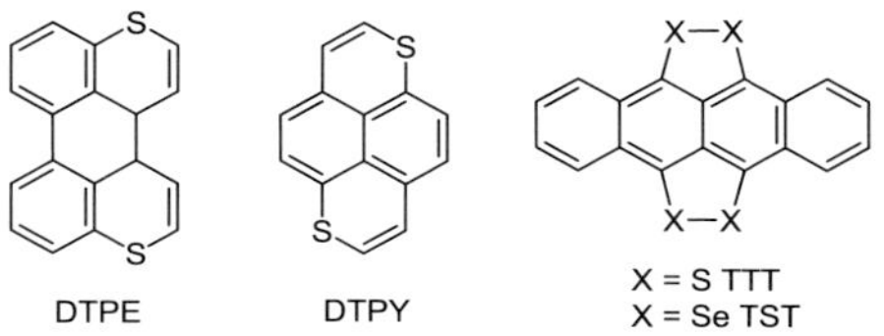

図 4.71 代表的なドナー分子

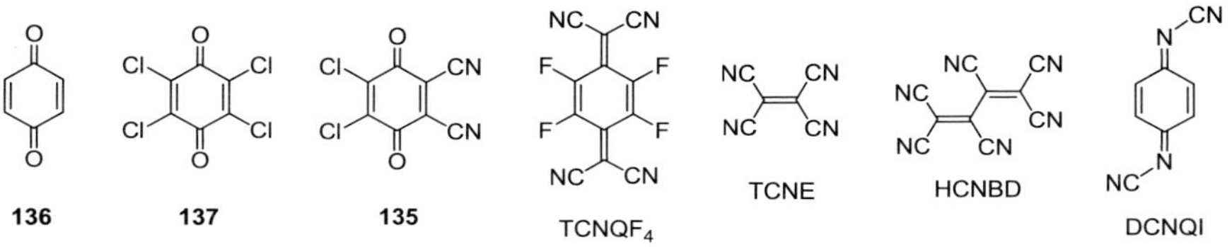

図 4.72 代表的なアクセプター分子

つ安定なラジカルイオンが生成する構造を設計する．

②ドナーのHOMOのエネルギー準位を上げ，アクセプターのLUMOの準位を下げるため，ドナーには電子供与基，アクセプターには電子求引基を導入する．

③オンサイトCoulomb反発を小さくすると同時に移動積分を大きくするため，共役系を拡張する．

④オンサイトCoulomb反発を軽減するとともに電導経路の次元性を高めるため，分極率の大きなカルコゲン元素を導入する．

⑤分子間相互作用を大きくするため鎖状あるいは環状のアルキル基を導入する．

代表的なドナー分子（図 4.65, 図 4.71），アクセプター分子（図 4.65, 図 4.72），それらの酸化還元電位をそれぞれ表 4.12 に示す．

ドナー分子については，①～④の設計指針に基づき，おもに硫黄やセレンを導入

表 4.12 代表的なドナー分子とアクセプター分子の酸化還元電位[a,b]

ドナー分子	酸化電位/V[c]	アクセプター分子	還元電位/V[c]
ペリレン (131)	+1.00	p-ベンゾキノン (136)	−0.46
ピレン (132)	+1.35	クロラニル (137)	+0.05
DTPE	+0.42	DDQ (135)	+0.56
DTPY	+0.36	TCNQ (134)	+0.22
TTT	+0.19	TCNQF$_4$	+0.60
TST	+0.21	TCNE	+0.28
TTF (133)	+0.34	HCNBD	+0.72
BTP	+0.20	DCNQI	+0.39

a) 文献 80a. b) 構造式は図 4.65, 図 4.71, 図 4.72 を参照. c) アセトニトリル中, Ag/AgCl 電極基準.

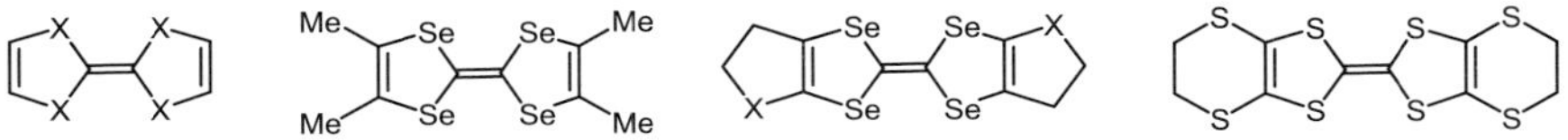

```
X = S  TTF
X = Se TSF
X = Te TTeF
```

TMTSF

```
X = CH₂ HMTSF
X = S  BET-TSF
X = Se BES-TSF
```

BEDT-TTF

図 4.73　TTF の分子修飾によるドナー分子の改良

したπ共役系化合物が合成された．ペリレン (**131**) やピレン (**132**) に硫黄を導入した DTPE, DTPY は著しく電子供与性が向上し，とくに DTPY-TCNQ 錯体は $4\,\mathrm{S\,cm^{-1}}$ という比較的高い伝導率の電荷移動錯体を与えた．また，テトラセン骨格をもつ TTT やそのセレン類縁体 TST のヨウ素錯体は，それぞれ $600\sim1200\,\mathrm{S\,cm^{-1}}$, $1500\,\mathrm{S\,cm^{-1}}$ という非常に高い伝導率を示した．TTF と BTP はともに電子供与能が高く，酸化により芳香族性のラジカルカチオンを生成するが，TTF-TCNQ 錯体が金属的性質を示したのに対し，BTP-TCNQ 錯体は半導体であった．

　TTF の優れた点は様々な分子修飾が可能な点にもある．それにより分子設計指針の④および⑤に基づいたドナー分子の改良が加えられた（図 4.73）．④の方針に従って合成された TSF および TTeF の TCNQ 錯体の伝導率はそれぞれ $800\,\mathrm{S\,cm^{-1}}$, $2200\,\mathrm{S\,cm^{-1}}$ であり，これは TTF-TCNQ の $500\,\mathrm{S\,cm^{-1}}$ よりも大きい．分極率の大きなカルコゲン原子により，分子間相互作用が増大したことによると考えられる．また TSF-TCNQ 錯体と TTeF-TCNQ 錯体の Peierls 転移温度はそれぞれ 40 K および 2 K 以下であり，TTF-TCNQ 錯体の 53 K より低下している．これはカルコゲン原子間相互作用により，構造の次元性が向上したためと考えられている．⑤の方針に従って，図 4.73 に示す TMTSF, HMTSF, BET-TSF, BES-TSF, BEDT-TTF などが合成された．このうち TMTSF, BET-TSF, BES-TSF と TCNQ の錯体はそれぞれ $1000\,\mathrm{S\,cm^{-1}}$, $2600\,\mathrm{S\,cm^{-1}}$, $2700\,\mathrm{S\,cm^{-1}}$ という非常に高い伝導率を示す．BEDT-TTF の電荷移動錯体の電気伝導率はこれらの錯体ほど高くないが，BEDT-TTF は TMTSF とともにそれらのラジカルカチオン塩が超伝導になることから有機超伝導体として重要な位置を占めているドナー分子である[80]．たとえば，BEDT-TTF の $\mathrm{Cu(SCN)_2}$ 塩の κ 型結晶は常圧下，10.8 K で超伝導体になる．

　アクセプターの設計指針はシアノ基を導入して電子受容能を向上させることである．しかし，TCNE や HCNBD は TCNQ と同等あるいはより優れた電子受容能をもち多くの電荷移動錯体を与えたが，ほとんどが電気伝導性を示さなかった．その理由は，共役系の広がりが小さいためオンサイト Coulomb 反発が大きいことによると考えられた．そこで共役系を拡張した縮合多環構造をもつ多くのキノイド化合物が合成されたが，溶解度が低く取り扱いにくいためあまり用いられていない．このため，1962 年にデュポン社が開発した TCNQ が現在でも最もよく用いられるアクセプター

である.DCNQI は TCNE より優れた電子受容能をもち,その誘導体のラジカルアニオンの銅塩は $10^2 \sim 10^3$ S cm^{-1} の高い伝導率を示す.シアノ基の窒素原子が銅イオンに配位して構造の次元性を高めていることが,高い伝導率に関与していると考えられている[86].

このように電荷移動錯体の合成は,適切なドナー分子とアクセプター分子の組み合わせが必要であるという制約があり,その調製も必ずしも容易でない.このため,最近ではドナー分子を電解法で酸化しながら結晶化することで合成でき,BF_4^-, ClO_4^-, PF_6^- などの陰イオンを対アニオンとするラジカルカチオン塩の研究が盛んに行われている[80].たとえば,TTF$^{\cdot+}\cdot BF_4^-$ や TMTSF$_2^{\cdot+}\cdot BF_4^-$ などが知られており,後者では TMTSF の片方の分子は中性でもう一方の分子がラジカルカチオンになった混合原子価状態にあり,結晶中で積層カラムを形成する.

c. 伝導電子を介したスピン整列

ある種の薄膜合金では伝導電子と孤立スピンとの相互作用により,局在スピンとして予想されるよりもはるかに大きな磁気モーメントを示すことが知られている.Sugawara らは有機化合物でこのような現象を実現することを目的として,有機伝導体と有機ラジカルを組み合わせた分子を設計した.伝導体のラジカルイオンがもつ伝導電子とラジカルの局在スピンの間に強磁性的な相互作用が働けば,強磁性を示す伝導性物質ができると考えた[87].

まず分子全体を基底三重項にする必要がある.有機伝導体部位としてドナー分子を用いる場合は,ドナー部位を1電子酸化してラジカルカチオンを生成するために,ドナーの HOMO のエネルギー準位がラジカルの SOMO の準位よりも高くなければならない(図 4.74(a), (b)).次に1電子酸化により生成したジラジカルが三重項になるためには,SOMO と酸化でできた SOMO' のエネルギー差が小さいことと,スピン間に大きな交換相互作用 J がある系でなければならない(4.3.5 項 a).そのような系として,TTF と TSF のハイブリッド骨格とニトロニルニトロキシド(図 4.30)を連結した **138a**, **138b** が合成された.ESR スペクトルと磁化率測定の結果,電解法で

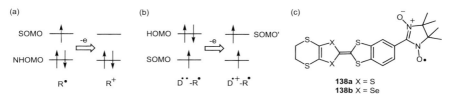

図 4.74 (a), (b) ドナー分子と局在ラジカル連結系の電子配置と,(c) 分子構造 (a) では SOMO が NHOMO より上にあるので,1電子酸化により閉殻のカチオンができる.(b) では HOMO が SOMO より上にあるので,1電子酸化により三重項ができる可能性がある.

作製した（**138a**）$_2$ClO$_4$ 塩は熱励起三重項を含む基底一重項であったが，（**138b**）$_2$ClO$_4$ 塩は基底三重項状態をとることがわかった．なお，これらの塩においても，ドナー部位は **138a**，**138b** のそれぞれ一方の分子が中性でもう一方がラジカルカチオンになった混合原子価状態になっている．（**138b**）$_2$ClO$_4$ 塩の結晶の導電パスと平行な方向に5テスラの外部磁場をかけると，15 K 以下で負の磁気抵抗（11 K で−5%，20 K では約＋1%）が観測された．これは外部磁場により局在スピンの方向が制御されたことで，交換相互作用を通して伝導電子の流れる方向も制御されたことを意味しており，これは有機物において局在スピンと伝導電子の相互作用を観測した初めての例である．

文　献

1) 反応性中間体に関する一般的な教科書・参考書
  (a) 野依良治，柴崎正勝，鈴木啓介，玉尾皓平，中筋一弘，奈良坂紘一編，大学院講義有機化学 I，東京化学同人（1999）；(b) F. A. Carey and R. J. Sundberg, Advanced Organic Chemistry : Part A, 5th ed., Springer, New York（2007）；(c) M. B. Smith, March's Advanced Organic Chemistry : Reactions, Mechanisms, and Structure 7th ed., Wiley, Hoboken（2013）；(d) E. V. Anslyn and D. A. Dougherty, Modern Physical Organic Chemistry, University Science Books, Sausalito（2004）；(e) R. A. Moss, M. S. Platz and M. Jones, Jr., eds., Reactive Intermediate Chemistry, Wiley, Hoboken（2004）.
2) (a) G. A. Olah and P. v. R. Schleyer, ed., Carbonium Ions, Wiley-Interscience, New York, Vol. 1 (1968)；(b) Vol. 2（1970）；(c) Vol. 3（1972）；(d) Vol. 4（1973）；(e) Vol. 5（1976）. (f) G. A. Olah and G. K. S. Prakash, Carbocation Chemistry, Wiley-Interscience, Hoboken（2004）.
3) (a) D. H. Aue and M. T. Bowers, Gas Phase Ion Chemistry, M. T. Bowers, ed., Academic Press, New York, Vol. 2(1979), Chapt. 9；(b) D. W. Berman, V. Anicich and J. L. Beauchamp, *J. Am. Chem. Soc.*, **110**, 1239（1979）.
4) E. M. Arnett and N. J. Pienta, *J. Am. Chem. Soc.*, **102**, 3329（1980）.
5) J.-P. Cheng, K. L. Handoo and V. D. Parker, *J. Am. Chem. Soc.*, **115**, 2655（1993）.
6) (a) G. A. Olah, G. K. S. Prakash and J. Sommer, Superacids, Wiley-Interscience, New York（1985）；(b) G. A. Olah, G. K. S. Prakash, J. Sommer and A. Molnar, Superacid Chemistry, 2nd ed., Wiley, Weinheim（2009）.
7) (a) G. A. Olah and D. J. Donovan, *J. Am. Chem. Soc.*, **99**, 5026(1977)；(b) R. N. Young, *Prog. Nucl. Magn. Reson. Spectrosc.*, **12**, 261（1979）.
8) (a) N. C. Deno, J. J. Jaruzelski and A. Schriesheim, *J. Am. Chem. Soc.*, **77**, 3044（1955）； (b) N. C. Deno, H. G. Richey, Jr., J. S. Liu, D. N. Lincoln and J. O. Turner, *J. Am. Chem. Soc.*, **87**, 4533（1965）；(c) T. L. Amyes, J. P. Richard and M. Novak, *J. Am. Chem. Soc.*, **114**, 8032（1992）.
9) (a) K. Komatsu, I. Tomioka and K. Okamoto, *Tetrahedron Lett.*, **21**, 947（1980）；(b) S. Ito, N. Morita and T. Asao, *Tetrahedron Lett.*, **32**, 773（1991）；(c) K. Komatsu, H. Akamatsu, Y. Jinbu and K. Okamoto, *J. Am. Chem. Soc.*, **110**, 633（1988）.

文　　献

10) T. Laube, *Acc. Chem. Res.*, **28**, 399 (1995).
11) (a) S. Winstein and D. S. Trifan, *J. Am. Chem. Soc.*, **71**, 2953 (1949) ; (b) *idem.*, **74**, 1147 (1952) ; (c) *idem.*, **74**, 1159 (1952). (d) G. A. Olah, *Acc. Chem. Res.*, **9**, 41 (1976).
12) (a) F. H. Field, *Acc. Chem. Res.*, **1**, 42 (1968) ; (b) D. P. Stevenson and D. O. Schissler, *J. Chem. Phys.*, **23**, 1353 (1955) ; (c) O. Asvany, K. M. T. Yamada, S. Brünken, A. Potapov and S. Schlemmer, *Science*, **347**, 1346 (2015).
13) (a) H. C. Brown, *Acc. Chem. Res.*, **16**, 432 (1983) ; (b) H. C. Brown 著, 守谷一郎訳, ボラン, 東京化学同人 (1975), 第3編 ; (c) R. A. Moss, *J. Phys. Org. Chem.*, **27**, 374 (2014).
14) (a) G. A. Olah, G. K. S. Prakash, M. Arvanaghi and F. A. L. Anet, *J. Am. Chem. Soc.*, **104**, 7105 (1982) ; (b) C. S. Yannoni, V. Macho and P. C. Myhre, *J. Am. Chem. Soc.*, **104**, 7380 (1982).
15) F. Scholz, D. Himmel, F. W. Heinemann, P. v. R. Schleyer, K. Meyer and I. Krossing, *Science*, **341**, 62 (2013).
16) S. Ito, N. Morita and T. Asao, *Tetrahedron Lett.*, **33**, 3773 (1992).
17) (a) M. Bremer, P. von R. Schleyer, K. Schötz, M. Kausch and M. Schindler, *Angew. Chem., Int. Ed. Engl.*, **27**, 761 (1987) ; (b) G. A. Olah, G. K. S. Prakash, T. Kobayashi and L. A. Paquette, *J. Am. Chem. Soc.*, **110**, 1304 (1988) ; (c) G. K. S. Prakash, V. V. Krishnamurthy, R. Herges, R. Bau, H. Yuan, G. A. Olah, W.-D. Fessner and H. Prinzbach, *J. Am. Chem. Soc.*, **108**, 836 (1986).
18) G. K. S. Prakash, T. N. Rawdah and G. A. Olah, *Angew. Chem., Int. Ed. Engl.*, **22**, 390 (1983).
19) (a) A. Streitwieser, J. H. Hammons, *Prog. Phys. Org. Chem.*, **3**, 41 (1965) ; (b) E. Buncel and T. Durst, eds., Comprehensive Carbanion Chemistry, Elsevier, Amsterdam (1980) ; (c) D. J. Cram, Fundamental of Carbanion Chemistry, Academic Press, New York (1965).
20) M. J. Pellerite and J. I. Brauman, Comprehensive Carbanion Chemistry, E. Buncel and T. Durst, eds., Elsevier, Amsterdam (1980), Chapt. 2.
21) (a) F. G. Bordwell, *Pure Appl. Chem.*, **49**, 963 (1977) ; (b) F. G. Bordwell, *Acc. Chem. Res.*, **21**, 456 (1988).
22) (a) A. Streitwieser, Jr. and D. W. Boerth, *J. Am. Chem. Soc.*, **100**, 755 (1978) ; (b) A. Streitwieser, Jr., E. Juaristi and L. L. Nerenzahl, Comprehensive Carbanion Chemistry, E. Buncel and T. Durst, eds., Elsevier, Amsterdam (1980), Chapt. 7.
23) (a) G. Fraenkel and M. P. Hallden-Abberton, *J. Am. Chem. Soc.*, **103**, 5657 (1981) ; (b) L. A. Paquette, W. Bauer, M. R. Sivik, M. Bühl, M. Feigel and P. v. R. Schleyer, *J. Am. Chem. Soc.*, **112**, 8776 (1990).
24) (a) R. G. Lawler and C. V. Ristangno, *J. Am. Chem. Soc.*, **91**, 1534 (1969) ; (b) K. Müllen, *Chem. Rev.*, **84**, 603 (1984).
25) (a) K. Müllen, *Helv. Chim. Acta*, **61**, 2307 (1978) ; (b) R. Shenhar, H. Wang, R. E. Hoffman, L. Frish, L. Avram, I. Willner, A. Rajca and M. Rabinovitz, *J. Am. Chem. Soc.*, **124**, 4685 (2002).
26) K. Müllen, W. Huber, T. Meul, M. Nakagawa and M. Iyoda, *J. Am. Chem. Soc.*, **104**, 5403 (1982).
27) M. Baumgarten, L. Gherghel, M. Wagner, A. Weitz, M. Rabinovitz, P.-C. Cheng and L. T.

Scott, *J. Am. Chem. Soc.*, **117**, 6254 (1995).
28) C. A. Reed and R. D. Bolskar, *Chem. Rev.*, **100**, 1075 (2000).
29) E. Shabtai, A. Weitz, R. C. Haddon, R. E. Hoffman, M. Rabinovitz, A. Khong, R. J. Cross, M. Saunders, P.-C. Cheng and L. T. Scott, *J. Am. Chem. Soc.*, **120**, 6389 (1998).
30) (a) A. Ayalon, A. Sgula, P.-C. Cheng, M. Rabinovitz, P. W. Rabideau and L. T. Scott, *Science*, **265**, 1065 (1994); (b) A. V. Zabula, A. S. Filatov, S. N. Spisak, A. Y. Rogachev and M. A. Petrukhina, *Science*, **333**, 1008 (2011); (c) I. Aprahamian, D. Eisenberg, R. E. Hoffman, T. Sternfeld, Y. Matsuo, E. A. Jackson, E. Nakamura, L. T. Scott, T. Sheradsky and M. Rabinovitz, *J. Am. Chem. Soc.*, **127**, 9581 (2005).
31) 日本化学会編, 第5版実験化学講座8, NMR・ESR, 2編, 丸善 (2006).
32) R. G. Hicks, ed., Stable Radicals, Wiley, Chichester (2010).
33) D. Griller and K. U. Ingold, *Acc. Chem. Soc.*, **9**, 13 (1976).
34) (a) H. G. Viehe, A. Janousek and R. Merényi and L. Stella, *Acc. Chem. Res.*, **18**, 148 (1985); (b) R. Sustmann and H.-G. Korth, *Adv. Phys. Org. Chem.*, **26**, 131 (1990).
35) (a) D. F. McMillen and D. M. Golden, *Ann. Rev. Phys. Chem.*, **33**, 493 (1982); (b) S. J. Blanksby and G. B. Ellison, *Acc. Chem. Res.*, **36**, 255 (2003).
36) J. Hioe and H. Zipse, *Org. Biomol. Chem.*, **8**, 3609 (2010).
37) (a) 山口 兆, 分子設計のための量子化学, 西本吉助, 今村 詮編, 講談社サイエンティフィク (1989), 第2部3章; (b) 山口 兆, 川上貴資, 山本大輔, 分子磁性, 伊藤公一編, 学会出版センター (1996), 第2章, 1.
38) T. T. Tidwell, Stable Radicals, R. G. Hicks, ed., Wiley, Chichester (2010), Chapt. 1.
39) J. Veciana and I. Ratera, Stable Radicals, R. G. Hicks, ed., Wiley, Chichester (2010), Chapt. 2.
40) Y. Morita and S. Nishida, Stable Radicals, R. G. Hicks, ed., Wiley, Chichester (2010), Chapt. 3.
41) (a) Z. Mou, K. Uchida, T. Kubo and M. Kertesz, *J. Am. Chem. Soc.*, **136**, 18009 (2014); (b) T. Kubo, *Chem. Rec.*, **15**, 218 (2015).
42) M. Abe, *Chem. Rev.*, **113**, 7011 (2013).
43) (a) W. T. Borden, H. Iwamura and J. A. Berson, *Acc. Chem. Res.*, **27**, 109 (1994); (b) A. Rajca, *Adv. Phys. Org. Chem.*, **40**, 153 (2005).
44) A. A. Ovchinnikov, *Theoret. Chim. Acta*, **47**, 297 (1978).
45) T. Kubo, *Chem. Lett.*, **44**, 111 (2015).
46) (a) J. Thiele and H. Balhorn, *Chem. Ber.*, **37**, 1463 (1904); (b) A. E. Chichibabin, *Chem. Ber.*, **40**, 1810 (1907); (c) L. K. Montgomery, J. C. Huffman, E. A. Jurczak and M. P. Grendze, *J. Am. Chem. Soc.*, **108**, 6004 (1986); (d) R. Schmidt and H.-D. Brauer, *Angew. Chem., Int. Ed. Engl.*, **10**, 506 (1971).
47) (a) A. G. Fix, D. T. Chase and M. M. Haley, *Top. Curr. Chem.*, **349**, 159 (2014); (b) Z. Sun and J. Wu, *Top. Curr. Chem.*, **349**, 197 (2014).
48) J. Kolc and J. Michl, *J. Am. Chem. Soc.*, **95**, 7391 (1973).
49) A. Shimizu, R. Kishi, M. Nakano, D. Shiomi, K. Sato, T. Takui, I. Hisaki, M. Miyata and Y. Tobe, *Angew. Chem. Int. Ed.*, **52**, 6076 (2013).
50) R. Breslow, *Mol. Cryst. Liq. Cryst.*, **176**, 199 (1989).
51) (a) H. Iwamura, *Adv. Phys. Org. Chem.*, **26**, 179 (1990); (b) 岩村 秀, π電子系有機

固体，化学総説，35，日本化学会編，学会出版センター (1998)，4章；(c) A. Rajca, *Chem. Rev.*, **94**, 871 (1994)；(d) 小林啓二，林　直人，固体有機化学，化学同人 (2009)，12章.
52) (a) H. M. McConnell, *J. Chem. Phys.*, **39**, 1910 (1963)；(b) 阿波賀邦夫，π電子系有機固体，化学総説，35，日本化学会編，学会出版センター (1998)，13章.
53) (a) 杉本豊成，材料有機化学，伊与田正彦編著，朝倉書店 (2002)，7章；(b) 杉本豊成，π電子系有機固体，化学総説，35，日本化学会編，学会出版センター (1998)，3；(c) 杉本豊成，植田一正，分子磁性，伊藤公一編，学会出版センター (1996)，第4章，1.
54) (a) 阿波賀邦夫，木下　實，分子磁性，伊藤公一編，学会出版センター (1996)，第3章，3；(b) 木下　實，π電子系有機固体，化学総説，35，日本化学会編，学会出版センター (1998)，14章.
55) H. M. McConnell, *Proc. Robert A Welch Found. Conf. Chem. Res.*, **11**, 144 (1967).
56) (a) J. S. Miller, A. J. Epstein and W. M. Reiff, *Acc. Chem. Res.*, **21**, 114 (1988)；(b) J. S. Miller, A. J. Epstein and W. M. Reiff, *Chem. Rev.*, **88**, 201 (1988).
57) R. Breslow, B. Jaun, R. Q. Kluttz and C.-Z. Xia, *Tetrahedron*, **38**, 863 (1982).
58) (a) W. Kirmse, ed., Carbene Chemistry, Academic Press, New York, 2nd ed. (1971)；(b) M. Jones, Jr., R. A. Moss, eds., Carbenes, John Wiley & Sons, New York, Vol. 1 (1973)；(c) Vol. 2 (1975)；(d) 後藤俊夫編，カルベン・イリド・ナイトレンおよびベンザイン，廣川書店 (1976).
59) N. Tokitoh and W. Ando, Reactive Intermediate Chemistry, R. A. Moss, M. S. Platz and M. Jones, Jr., eds., Wiley, Hoboken (2004), Chapt. 14.
60) M. Platz, Reactive Intermediate Chemistry, R. A. Moss, M. S. Platz and M. Jones, Jr., eds., Wiley, Hoboken (2004), Chapt. 11.
61) 富岡秀雄，最新のカルベン化学，名古屋大学出版会 (2009).
62) (a) F. Mendez and M. A. Garcia-Garibay, *J. Org. Chem.*, **64**, 7061 (1999)；(b) R. W. Alder, M. E. Blake and J. M. Oliva, *J. Phys. Chem., A*, **103**, 11200 (1999).
63) R. L. Schwartz, G. E. Davico, T. M. Ramond and W. C. Lineberger, *J. Phys. Chem., A*, **103**, 8213 (1999).
64) E. Iiba, K. Hirai, H. Tomioka and Y. Yoshioka, *J. Am. Chem. Soc.*, **124**, 14308 (2002).
65) (a) D. Bourissou, O. Guerret, F. P. Gabbaï and G. Bertrand, *Chem. Rev.*, **100**, 39 (2000)；(b) J. Vignolle, X. Cattoën and D. Bourissou, *Chem. Rev.*, **109**, 3333 (2009)；(c) G. Bertrand, Reactive Intermediate Chemistry, R. A. Moss, M. S. Platz and M. Jones, Jr., eds., Wiley, Hoboken (2004), Chapt. 8.
66) A. J. Arduengo, III, *Acc. Chem. Res.*, **32**, 913 (1999).
67) A. J. Arduengo, III, R. L. Harlow, M. Kline, *J. Am. Chem. Soc.*, **113**, 361 (1991).
68) (a) W. A. Herrmann, *Angew. Chem. Int. Ed.*, **41**, 1290 (2002)；(b) F. E. Hahn and M. C. Jahnke, *Angew. Chem. Int. Ed.*, **47**, 3122 (2008).
69) (a) H. Tomioka, *Acc. Chem. Res.*, **30**, 315 (1997)；(b) H. Tomioka, Reactive Intermediate Chemistry, R. A. Moss, M. S. Platz and M. Jones, Jr., eds., Wiley, Hoboken (2004), Chapt. 9.
70) H. Tomioka, E. Iwamoto, H. Itakura and K. Hirai, *Nature*, **412**, 626 (2001).
71) K. Itoh, *Chem. Phys. Lett.*, **1**, 235 (1967).
72) (a) E. T. Kaiser, L. Kevan, eds., Radical Ions, Interscience, New York (1968)；(b) Z. V.

Todres, Ion-radical Organic Chemistry：Principles and Applications, CRC Press, Boca Raton, 2nd ed. (2009)；(c) H. D. Roth, Reactive Intermediate Chemistry, R. A. Moss, M. S. Platz and M. Jones, Jr., eds., Wiley, Hoboken (2004), Chapt. 6.

73) (a) T. Shida, E. Haselbach and T. Bally, *Acc. Chem. Res.*, **17**, 180 (1984)；(b) H. Iwamura and D. F. Eaton, *Pure Appl. Chem.*, **63**, 1003 (1991)；(c) J. Gębicki and A. Marcinek, General Aspects of the Chemistry of Radicals, Z. B. Alfassi, ed., Wiley, New York (1999), Chapt. 6.

74) (a) B. W. D'Andrade, S. Datta, S. R. Forrest, P. Djurovich, E. Polikarpov and M. E. Thompson, *Org. Electron.*, **6**, 11 (2005)；(b) R. S. Ruoff, K. M. Kadish, P. Boulas and E. C. M. Chen, *J. Phys. Chem.*, **99**, 8843 (1995).

75) (a) A. Matsuura, T. Nishinaga and K. Komatsu, *J. Am. Chem. Soc.*, **122**, 10007 (2000)； (b) T. Nishinaga, A. Wakamiya, D. Yamazaki and K. Komatsu, *J. Am. Chem. Soc.*, **126**, 3163 (2004).

76) S. Fukuzumi, *Bull. Chem. Soc. Jpn.*, **79**, 177 (2006).

77) (a) R. A. Marcus, *Angew. Chem., Int. Ed. Engl.*, **32**, 1111 (1993) (Nobel Lecture)；(b) 野依良治，柴崎正勝，鈴木啓介，玉尾晧平，中筋一弘，奈良坂紘一編，大学院講義有機化学I，東京化学同人 (1999)，5 章；(c) 奥山　格，山高　博，有機反応論，朝倉書店 (2005)，10 章；(d) 伊藤　攻，電子移動，日本化学会編，共立出版 (2013).

78) H. Shirakawa, E. J. Louis, A. G. MacDiarmid, C. K. Chiang and A. J. Heeger, *J. Chem. Soc., Chem. Commun.*, 578 (1977).

79) (a) H. Akamatsu, H. Inokuchi and Y. Matsunaga, *Nature*, **173**, 168 (1954)；(b) J. Kommandeur and F. R. Hall, *J. Chem. Phys.*, **34**, 129 (1961).

80) (a) 伊与田正彦，材料有機化学，伊与田正彦編著，朝倉書店 (2002)，6 章；(b) 小林啓二，林　直人，固体有機化学，化学同人 (2009)，11 章；(c) G. Saito and Y. Yoshida, *Bull. Chem. Soc. Jpn.*, **80**, 1 (2007).

81) J. P. Ferraris, D. O. Cowan, V. Walatka, Jr. and J. H. Perlstein, *J. Am. Chem. Soc.*, **95**, 948 (1973).

82) G. Saito and J. P. Ferraris, *Bull. Chem. Soc. Jpn.*, **53**, 2141 (1980).

83) T. J. Kistenmacher, T. E. Phillips and D. O. Cowan, *Acta Cryst.*, **B30**, 763 (1974).

84) M. J. Cohen and A. J. Heeger, *Phys. Rev., B*, **16**, 688 (1977).

85) (a) 中筋一弘，佐々木　充，村田一郎，有機合成化学協会誌，**46**，955 (1988)；(b) 大坪徹夫，安蘇芳雄，瀧宮和男，有機合成化学協会誌，**54**，752 (1996).

86) S. Hünig, *J. Mater. Chem.*, **5**, 1469 (1995).

87) (a) 菅原　正，泉岡　明，熊井玲児，分子磁性，伊藤公一編，学会出版センター (1996)，第 4 章，3；(b) M. M. Matsushita, H. Kawakami, Y. Kawada and T. Sugawara, *Chem. Lett.*, **36**, 110 (2007).

5

特殊な構造

 これまでの章では,有機化合物の構造をより深く理解するための基本事項として,結合,電子状態と立体化学について解説してきた.具体例として多数の化合物を紹介してきたが,実際に研究された化合物の数から考えれば,ごく一部にすぎない.本書の最後となるこの章では,これまで取り上げることができなかったものを中心に,特殊な構造をもつ化合物を紹介する.ここでいう特殊には広い意味があり,異常な結合角や結合長をもつひずんだ構造,特異な電子状態や分子軌道の位相をもつ構造,高い対称性をもつ美しい構造,高度な繰り返しをもつ構造および他の化学種と特有な相互作用をする構造などがある.また,十分に安定化された不安定化学種の実験的な構造は,反応性中間体の関連からも重要である.さらに,炭素原子とヘテロ原子の組み合わせにより,特殊な構造の範囲は格段に広がる.本章では六つの節にわけてこれらの構造を取り上げ,これまで学んだ基本事項の再確認と補足をしながら,有機化合物の構造の多様さとおもしろさを述べる.
 特殊な構造をもつ化合物は,正式な化合物名から構造を連想することが難しいので,ニックネームをもつ場合が多い.このような名称には分子の形にちなんだものが多く,研究者の創造力やこだわりが感じられる.特殊な構造をもつ新しい化合物を世界で初めて合成し,自分でニックネームをつけて,それが広く認められることは構造有機化学の分野の醍醐味である.読者の目的と興味に応じて,本章はどのような順番に読んでも差し支えない.参考文献は,全体的な参考書と各構造に関係する代表的な総説などに限定する[1].

5.1 ひずみ化合物

 分子のひずみに関する基本的な事項は1.5節ですでに解説した.高ひずみをもつ化合物は一般的に不安定であり,化合物を合成し単離・分析するためには巧妙な工夫が必要である[2].このような高いひずみ化合物を合成することは,ひずみの限界を知るために重要であり,多くの有機化学者が魅力のある研究テーマとして挑戦し続けてきた.高ひずみ化合物は,有機反応の中間体として関与することがあり,反応性中間体のモデルとしても研究されている.本節では,ひずみ化合物の安定化の手法について

述べたあと，具体的な高ひずみ化合物の構造と性質について述べる．

5.1.1　高ひずみ化合物の安定化

　高いひずみをもつ化合物は高いポテンシャルエネルギーをもつため，特別な工夫をしないと単離することが難しい．安定化には，熱力学的な手法と速度論的な方法がある．前者は化合物のポテンシャルエネルギーを低下させるために，置換基の誘起効果や共鳴効果を利用して電子的に安定化する方法である．この方法では，置換基による大きな安定化が可能であるが，高ひずみ化合物のもつ本来の性質が保たれにくい欠点がある．速度論的な方法では，化合物自身を安定化するのではなく，安定な化合物へと変換するための反応の活性化エネルギーを高くする．この方法で安定化されると，高ひずみ化合物のもつ本来の性質は保たれる．立体的に大きな置換基を導入して反応を抑制する手法は立体保護（steric protection）とよばれ，高ひずみ化合物の研究によく用いられる．どちらの方法も安定性を得ることに変わりはないが，区別したい場合，熱力学的な理由によるものを安定性，速度論的な理由によるものを持続性（persistence）と表現する（4章の導入部分参照）．

　高ひずみ化合物を研究する場合，室温で単離でき十分な安定性をもち，ふつうの化合物と同じように取り扱うことができれば理想的である．しかし，安定化が十分でない場合，分解をともなう反応を抑制するために，さまざまな工夫が必要である．一般的な不安定化合物と同様に，必要に応じて不活性雰囲気下，暗所や低温で化合物を扱い，酸素や水との反応，光反応や熱反応による分解を最小限にする．低温にするときは，通常の温度で不十分であれば，液体窒素や液体ヘリウムによる極低温の冷却が必要なこともある．このような条件で始めて単離できる化合物もあれば，単離はできなくてもスペクトルにより過渡的に存在が確認できることもある．それでも不安定な場合は，分解生成物を解析することにより，中間体としての存在を間接的に確認することもある．

　以下に，さまざまな高ひずみ化合物を紹介する．1章で述べたひずみエネルギー（strain energy：SE）を熱力学的なひずみの尺度として用いる．

5.1.2　高ひずみアルカン

　アルカンのひずみは，sp^3混成の四面体形構造を基準にして，結合角に基づいて以下のように分類することができる．単独の結合角では，結合が広くなるまたは狭くなる変角ひずみが生じる．分子全体として見た場合，反転した四面体，平面や四角錐への変形が起こりうる（図5.1）．四面体形炭素から変形するほど，大きなエネルギーが必要になる．

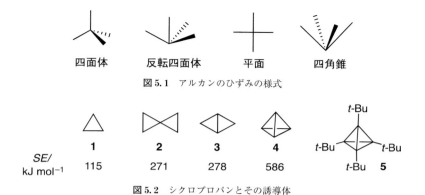

図 5.1 アルカンのひずみの様式

図 5.2 シクロプロパンとその誘導体

a. テトラヘドラン[3]

1章で述べたとおり，シクロプロパン (**1**) は大きなひずみをもち，特徴的な曲がった C-C 結合をつくる．シクロプロパンの構造を集積すると，ひずみエネルギーが増大する．二つのシクロプロパン環からなるスピロ化合物 **2** とビシクロ化合物 **3** のひずみエネルギーは，シクロプロパンの値の 2 倍以上である（図 5.2）．これらの化合物は安定に存在し，シクロプロパンと同様に高い反応性を示す．

テトラヘドラン (**4**) (tetrahedrane) は，四つのシクロプロパン環からなる正四面体の炭素骨格をもつ．ひずみエネルギーは $586\ \mathrm{kJ\ mol^{-1}}$ とシクロプロパンの約 5 倍である．さまざまな前駆体の光環化により無置換のテトラヘドランの合成が試みられたが，成功に至らなかった．1978 年に Maier らは，テトラ-t-ブチル誘導体 **5** の合成を報告した．シクロペンタジエノン前駆体に低温で光照射すると，テトラヘドランが得られ，安定な化合物として単離された．X 線構造解析によると環中の C-C 結合長は $1.497\ \mathrm{Å}$ であり，標準的な値に比べて明らかに短い．四つの t-Bu 基は中心のテトラヘドラン骨格を効果的におおい，他の分子との接近を妨げているのに加え，開環反応が起こるときの構造変化を起こりにくくしている．後者の効果は，コルセット効果 (corset effect) とよばれることがある．化合物 **5** を加熱すると容易にシクロブタジエン誘導体に異性化する．

b. キュバン[4]

正多面体形の $(\mathrm{CH})_n$ 分子として，テトラヘドランの次に大きいものは立方体形のキュバン (**7**) (cubane)（図 5.3）であり，Eaton らによって精力的に研究された化合物である．光 [2+2] 環状付加および Favorskii 反応による環縮小を鍵反応としてキュバン骨格をもつカルボン酸誘導体を合成し，これを還元的に脱炭酸すると目的のキュバン (**7**) が得られた．大きなひずみエネルギーにもかかわらず，キュバンは非常に安定な結晶性の化合物であり，X 線構造解析により立方体構造であることが確かめら

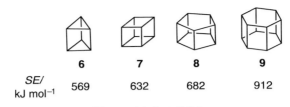

	6	**7**	**8**	**9**
SE/ kJ mol^{-1}	569	632	682	912

図 5.3 プリズマン誘導体

れた．キュバンの密度は 1.29 g cm^{-3} であり，炭化水素の中で最も高い密度をもつ．種々の置換基を導入したキュバン誘導体も合成された．とくにニトロ誘導体は大きい内部エネルギーをもち，オクタニトロ体は高密度で高エネルギーの爆薬の候補化合物として研究された．

c. プリズマン[5)]

プリズマン (prismane) は正多角柱構造をもつ炭化水素化合物の総称である（図 5.3）．正三角柱構造の化合物 **6** はトリプリズマンまたは単にプリズマンとよばれ，ひずみエネルギーはテトラヘドラン（**4**）のものに匹敵する．プリズマンはベンゼンの原子価異性体 (valence isomer) の一つであり，多置換ベンゼンに光を照射すると，他の原子価異性体とともにプリズマンが生成することが知られていた．無置換体の最初の合成は Katz らにより 1973 年に報告され，ベンズバレン（5.1.6 項参照）から数段階で調製したアゾ化合物を光分解すると，目的化合物が低収率で得られた．この化合物は無色の液体であり，高温で徐々にベンゼンに異性化する．

次に大きなプリズマンはテトラプリズマン（**7**）であり，上述のキュバンと同一構造である．その次に大きなペンタプリズマン（**8**）は，キュバンの合成と同様なアプローチで Eaton らにより合成された．多くの化学者の挑戦にもかかわらず，ヘキサプリズマン（**9**）はまだ合成されていない．二つの平面シクロヘキサン環をもつためこの化合物のひずみエネルギーは大きく，他の小さいプリズマンに比べて合成が困難であることが予想される．

d. プロペラン[6)]

プロペラン (propellane) は，飽和二環式炭化水素の橋頭位炭素間をさらに直接架橋した三環式の化合物の総称である．系統的な化合物名はトリシクロ$[a.b.c.0^{1,a+2}]$アルカン（a, b, c は 1 以上の整数）であり，これを $[a.b.c]$プロペランとも表示する．ここで，a, b, c は二つの橋頭位を連結する直接結合を除いた三つの架橋鎖の炭素数（橋頭位炭素を含まない）であり，大きいものから順に並べる．

図 5.4 に炭素数が 2 または 1 の架橋鎖をもつプロペランの構造とひずみエネルギーを示す．小さい環が増えるほどひずみエネルギーが増大することが予想されるが，実際にはそうなっていない．とくに，最小の $[1.1.1]$プロペラン（**10**）のひずみエネル

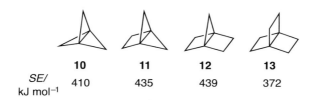

	10	**11**	**12**	**13**
SE/ kJ mol⁻¹	410	435	439	372

図 5.4 プロペラン誘導体

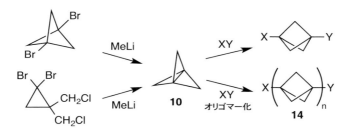

図 5.5 [1.1.1]プロペランの合成と反応

ギーは［2.1.1］プロペラン（**11**）と［2.2.1］プロペラン（**12**）の値よりやや小さいことは注目すべきである．

　［1.1.1］プロペラン（**10**）の最初の合成はWibergらにより最初に報告され，1,3-ジブロモビシクロ［1.1.1］ペンタンとメチルリチウムの反応により得られた（図5.5）．のちに，1,1-ジブロモ-2,2-ビス（クロロメチル）シクロプロパンからの簡便合成法が報告された．［1.1.1］プロペランは室温で安定な無色の液体で，高温ではメチレンシクロブテンなどへと分解する．分光学的測定によると，橋頭位炭素間の結合長は1.60 Å，橋頭位炭素における結合角は95.1°と63.1°である．これらの構造パラメーターから，橋頭位炭素からの四つの結合は同じ半球方向に向くことがわかる．このような反転した四面体形炭素をもつ化合物が存在することは，古典的な炭素正四面体説をふまえると画期的なことである．

　［1.1.1］プロペランは大きいひずみエネルギーをもつため，種々の反応試薬と容易に反応して開環生成物を与える．ラジカル付加反応が起こると，橋頭位炭素間の結合が切断され，1,3-二置換ビシクロ［1.1.1］ペンタン誘導体が生成する．ラジカル反応の条件によっては，ビシクロ［1.1.1］ペンタン骨格が橋頭位で連続的に結合したオリゴマー**14**が生成する．この生成物は，2.3 Åごとに炭素架橋の目盛がついた棒状の構造をもち，［n］スタッファン（［n］staffane）とよばれる．ここで，nは連結したビシクロ骨格の数を示す．

　［1.1.1］プロペランとは対照的に，［2.1.1］プロペラン（**11**）と［2.2.1］プロペラン

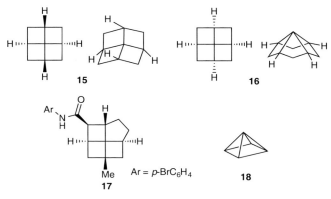

図5.6 フェネストラン誘導体

(**12**) は非常に不安定であり,実験的に詳細な研究は行われていない.また,[2.2.2]プロペラン誘導体 **13** は合成できるものの,室温で速やかに二つの結合が切れて 1,4-ジメチレンシクロヘキサン誘導体へと異性化する.

e. フェネストラン[7]

中央の炭素原子が四つの環に共有された構造をもつ化合物はフェネストラン (fenestrane) とよばれ,環の大きさの数字を用いて [$a.b.c.d$] フェネストランと表示される.[4.4.4.4] フェネストラン骨格をもつ化合物は,非常にひずみが大きいため合成されていない.周辺架橋部の立体配置により,D_{2d} 対称 **15** と C_{4v} 対称 **16** の 2 種類の立体異性体が可能である (図5.6).理論計算によると,前者のひずみエネルギーは 669 kJ mol^{-1} であり,後者はさらに 202 kJ mol^{-1} 不安定である.異性体 **15** では,中央の炭素原子の結合角の計算値は 100° と 130° であり,四面体構造から平面に近づくように変形している.一方,異性体 **16** の中央の炭素原子は四角錐形構造の頂点に位置し,予想される結合角は 75° と 119° である.合成されている最小の類縁体は [4.4.4.5] フェネストラン **17** である.**15** の場合と同様に炭素原子の平面化が顕著であり,X 線構造では結合角の最小値と最大値はそれぞれ 96° と 129° である.最小の誘導体は [3.3.3.3] フェネストラン (**18**) であり,四角錐の構造をもつためピラミダンともよばれる.この化合物のひずみエネルギーは 622 kJ mol^{-1},頂点の炭素における結合角は 52° と理論的に予想されている.

5.1.3 高ひずみアルケン[8]

アルケンがひずむ原因としては,かさ高い置換基による立体障害,環構造の形成がある.アルケンのひずみは C=C 結合に対する四つの結合の向きによって決まり,代

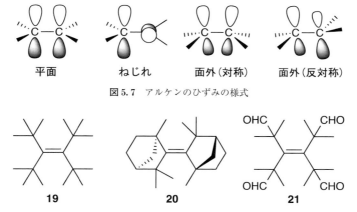

図 5.7　アルケンのひずみの様式

図 5.8　テトラ-t-ブチルエテン誘導体

表的な面外のひずみの様式を図 5.7 に示す．これらの変形により π 結合は弱くなり，たとえば二重結合がねじれた場合は，回転角が大きくなるほど C-C 結合の結合次数が低下する．

a. テトラ-t-ブチルエテン関連化合物[9)]

四つの第三級アルキル基が置換したアルケンは，置換基間の立体障害のために非常に不安定である．基本化合物であるテトラ-t-ブチルエテン (**19**) の合成は多くの研究者により試みられてきたが，まだ成功していない (図 5.8)．理論計算によると，ひずみエネルギーは 390 kJ mol^{-1} であり，二つの sp^2 混成炭素は平面から大きくねじれている (二面体角 45°)．また，C=C 結合と C(sp^2)-C(sp^3) 結合の伸長も顕著である．第三級アルキル基を環化して立体障害を軽減した化合物 **20** は安定に存在し，アルケン炭素のねじれ角は 12° である．テトラ-t-ブチルエテンの前駆体として，ホルミル誘導体 **21** が報告された．X 線構造では，二つのアルケン炭素の sp^2 混成の面は 29° ねじれている．

b. *trans*-シクロアルケン[10)]

アルケンの *trans* 位をメチレン鎖で架橋した環式アルケンでは，鎖が短くなるほど面外の変形が大きくなる (図 5.9)．C-C=C-C のねじれ角 ϕ は，ひずみがない場合は 180° であり，鎖長が短くなるほど小さくなる．*trans*-シクロオクテン (**22**) (ϕ: 149°) はキラル面をもつ安定な化合物であり，エナンチオマーの分割が可能である (2.2.2 項 d 参照)．*trans*-シクロヘプテン (**23**) (ϕ: 125°) は *cis* 体より 125 kJ mol^{-1} 不安定であるが，前駆体の脱離反応または光反応により合成された．この化合物は低温では安定であり，スペクトルの測定が可能である．*trans*-シクロヘキセン (**24**) は *cis* 体より 229 kJ mol^{-1} 不安定であり，非常にひずんだ構造 (ϕ: 84°) をもつ．*cis*-1-フェ

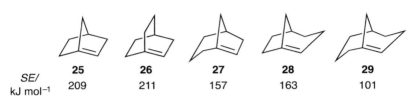

図 5.9 *trans*-シクロアルケン

図 5.10 橋頭位アルケン

ニルシクロヘキセンの光反応により *trans* 体の生成が分光学的に確認されている．非常に不安定な化学種で，室温における寿命はわずか 9 μs である．

c. 架橋環アルケン[11]

橋頭位にアルケンをもつビシクロ化合物は橋頭位アルケンとよばれ，C=C 二重結合周辺のひずみが大きいため不安定である．この分子構造と安定性の関係は Bredt 則（Bredt's rule）とよばれる．図 5.10 に示す橋頭位アルケンでは，小さい環を含むほどひずみエネルギーが大きくなる傾向を示す．一般的には，構造中にある *trans*-シクロアルケンの部分構造が 8 員環以上であれば安定に存在し，7 員環以下であれば不安定である．図 5.10 の化合物の中では，ビシクロ[3.3.1]ノネン 29 が最も安定であり，室温で単離できる．一方，アルケン 25〜28 は，中間体として存在が確認されているだけである．橋頭位アルケンはアンチ Bredt アルケン（anti-Bredt alkene）ともよばれ，環の数がある程度大きければ合成可能である．

縮合環化合物の橋頭位の間に二重結合をもつアルケンであるビシクロ[1.1.0]-1(3)-ブテンまたはビシクロ[3.3.0]-1(5)-オクテンにおいてメチレン部が架橋されると，アルケン部にピラミッド形の変形が生じる[*1]．化合物 30 はイゾベンズバレン（ベンゼンの異性体）の構造をもち，非常に不安定であるがアントラセンとの Diels-Alder 付加体として捕捉される（図 5.11）．化合物 31 は 10 K において Ar マトリックス中で分光学的に確認されているが，昇温すると二量体してシクロブタン誘導体になる．化

---

*1 ビシクロ環の命名において，二重結合の方向を指示する必要があるときカッコ付きの位置番号をつける．ビシクロ[1.1.0]-1(3)-ブテンでは 1 位と 3 位の間の結合が，ビシクロ[3.3.0]-1(5)-オクテンでは 1 位と 5 位の間の結合が二重結合である．

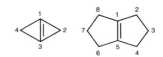

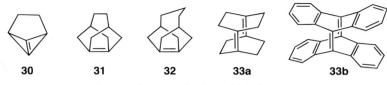

図5.11 ピラミッド形に変形した架橋環アルケン

合物 **32** は室温で安定であるが，ひずみにより反応性が高いため，酸素と容易に反応する．

化合物 **33a** は，二つのアルケンを四つのエチレン鎖で架橋した構造をもつ．平行に配列した二重結合間の距離は 2.40 Å（sp^2 混成炭素の vdW 半径：1.70 Å）しかなく，立体障害を緩和するために面外のひずみが顕著である．四つのベンゼン環が縮合した化合物 **33b** も合成され，二つの二重結合間の距離が 2.42 Å であり，対称形の面外ひずみが顕著であることが確かめられた．

5.1.4 高ひずみアルキン

a. シクロアルキン[12]

シクロアルキンでは，環の大きさが小さくなると sp 混成炭素に変角のひずみが生じる．シクロオクチン（**34**）（図5.12）はシクロオクテン誘導体の脱離反応により合成でき，室温で安定に存在する．アルキン炭素の結合角 θ は 155° であり，直線構造より 25° ひずんでいる．シクロヘプチン（**35**）ではさらにひずみが大きく，ひずみエネルギーは 106 kJ mol^{-1}，結合角 θ は 148° である．この化合物は合成はできるものの，-78℃ でも半減期は 1 時間程度である．アルキンの隣にメチル基を導入すると速度論的に安定化され，テトラメチル体 **36** は室温である程度の寿命をもつ．この化合物のチオエーテル誘導体 **37** は室温で安定であり，電子線回折で測定されたアルキン炭素の結合角は 146° である．さらに環の小さいシクロヘキシン（**38**）（$\theta : 134°$）とシクロペンチン（**39**）（$\theta : 115°$）は，反応中間体として存在が確認されている．

アルキン炭素の変角ひずみは，^{13}C NMR の化学シフトから評価することができる．

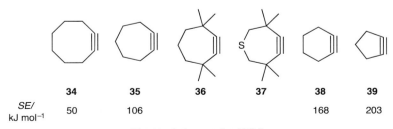

図5.12 シクロアルキン誘導体

変角が大きいほど，炭素の混成の変化にともないシグナルが低磁場シフトする．たとえば，一般的な内部アルキンのシグナルは約 80 ppm に観測されるのに対し，シクロオクチン (**34**) では 94 ppm，硫黄を含むシクロヘプチン誘導体 **37** では 108 ppm に移動する．

b. 環式ポリイン[12, 13]

環構造に二つ以上の三重結合を含む化合物も多く知られている．環式ジインとしては，1,5-シクロオクタジインがよく研究されている．無置換化合物 **40** はブロモアルケン前駆体の脱離反応により合成された（図 5.13）．計算によると，環骨格はほぼ平面で，アルキン炭素の結合角は約 160° である．ジベンゾ誘導体 **41** は X 線構造解析が行われ，アルキン炭素の結合角は 156° とさらに小さくなっている．これらの化合物では，環内の二つの三重結合が近接している（中心間距離：2.6 Å）ので，種々の条件で容易に渡環反応が進行する．化合物 **41** のモノエン誘導体 **42** も合成され，アルキン炭素（結合角：154°）はさらにひずんでいることが明らかにされた．環が大きくなるとひずみは減少するが，いす形シクロヘキサンに似た立体配座をとる 1,6-デカジイン **43** では，二つの三重結合が近接しアルキン炭素は少しひずんでいる（結合角：172°）．

シクロアルカンに三重結合を順次導入すると，最終的には炭素だけのシクロ[n]カーボン（n：炭素数）となる．この炭素の新しい同素体を合成するために，研究が行われてきた（図 5.14）．環が小さくなるほど，アルキン炭素の結合角は小さくなりひずみエネルギーは増大する．計算によると九つの三重結合からなるシクロ[18]カーボン **45** は平面の D_{9h} 対称の構造をもち，結合角は約 160°，ひずみエネルギーは

図 5.13 環式ジイン誘導体と関連化合物

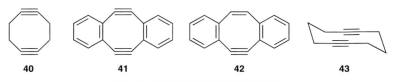

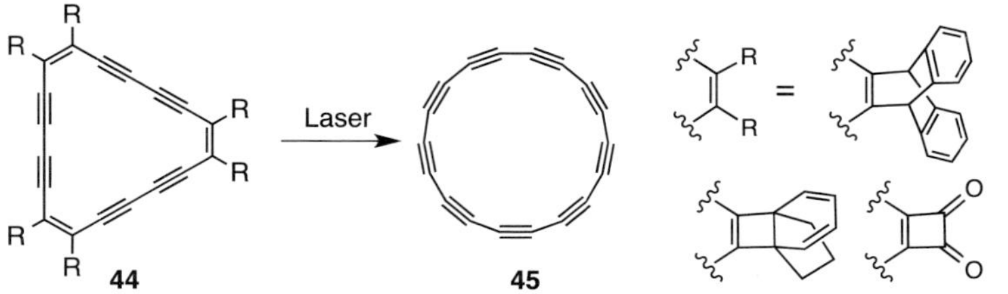

図 5.14 シクロ[18]カーボンの合成

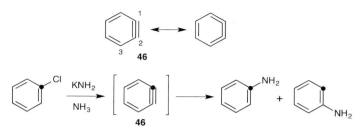

図 5.15　ベンザインの共鳴と反応（•は ^{14}C）

301 kJ mol^{-1} である．この化合物は非常に不安定であるため，質量分析により確認されているだけである．たとえば，前駆体 44 にレーザー照射すると，脱離反応により三重結合が形成し，シクロ[18]カーボンのイオンピークが m/z : 216 に確認された．同様な方法により，種々の大きさのシクロカーボンが検出されているが，不安定なため分光学的な同定は限られている．

c. ベンザイン[14)]

アレーンから二つの水素を取り除いた化合物はアライン（aryne）とよばれ，非常に反応性が高いため反応性中間体として知られている．アラインの中で最もよく知られているのが，1,2-デヒドロベンゼンまたは o-ベンザイン 46（以後ベンザイン，benzyne）である．ベンザインには二つの極限構造がかけるが，三重結合をもつものの寄与が大きいため，高ひずみアルキンとしてここで取り上げる（図 5.15）．

ベンザインは種々の方法で発生することができる．図 5.15 に示すのは脱離反応を用いた方法であり，アンモニア中でクロロベンゼンをカリウムアミドと反応させると，ベンザイン中間体を経由してアニリンが得られる．Roberts らは ^{14}C 同位体を用いてこの実験を行い，標識位置の異なるアニリンが同量生成したことから，対称的なベンザイン中間体の存在を証明した．ベンザインは平面で少しひずんだ六角形構造をもち，C1-C2-C3 の結合角は 126° である．C1-C2 の結合長は 1.24 Å であり，二重結合よりは三重結合の結合長に近い値である．極低温の Ar マトリックス中で無水フタル酸に紫外線を照射すると，ベンザインを単離することができる．また，ヘミカルセランドの分子コンテナ内に閉じ込めた環境でベンザインを発生すると，低温の溶液中で NMR を測定することが可能である．ホストの効果を補正した ^{13}C NMR 化学シフトは 127，138，183 ppm であり，三重結合の炭素が最も脱しゃへいされている．

5.1.5　高ひずみアレーン

芳香環は比較的剛直な平面的な構造をもつが，ひずみが加わると変形する．ひずみの向きにより，平面性が失われる場合（面外ひずみ）と，平面内で結合角が変化する

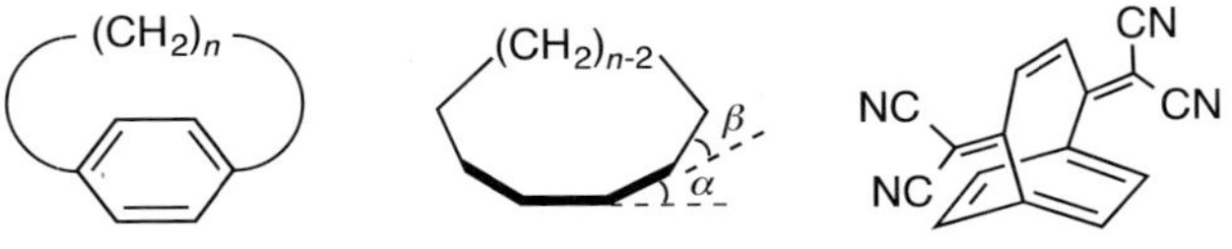

図 5.16 [n]パラシクロファン

場合(面内ひずみ)がある.芳香環が多数縮合した化合物では,個々の芳香環の変形が累積して,分子全体が大きくねじれることがある.芳香環の変形と芳香族性の関係などの興味から,多くの高ひずみアレーンが研究されてきた.以下に代表的な例を紹介する.

a. シクロファン[15]

シクロファン(cyclophane)は,ベンゼンなどの芳香環を炭素などの鎖で架橋した大環状化合物である.ベンゼンのパラ位で架橋した化合物 **47** はパラシクロファン(paracyclophane)とよばれ,架橋メチレン鎖の炭素数が n のとき [n]パラシクロファンと示す(図5.16).架橋が十分に長い($n \geq 10$)とベンゼン環の平面性は保たれるが,架橋が短くなるとベンゼン環の舟形への変形が顕著になる.芳香族炭素原子のひずみは角度 α および β で評価することができる.表5.1に示すように n が小さくなるにつれて α と β は大きくなる.ベンゼン環のひずみの限界を確かめるために,短い架橋のパラシクロファンの合成が多くの研究者によって行われてきた.安定に単離されている最小の化合物は [6]パラシクロファンであり,カルベンの転位反応またはDewarベンゼン誘導体(5.1.6項参照)の異性化により合成された.置換基をもたない [n]パラシクロファンでは,[5]パラシクロファンがNMRで観測できる寿命をもつ最もひずみの大きな化合物である.^{1}H NMRにおいて中央のメチレン水素のうちベンゼン環のほうに向いている水素がベンゼン環の反磁性環電流効果により約0 ppmに観測されるので,高度にひずんでいても芳香族性が維持されることが証明されている.無置換の [4]パラシクロファンは非常に不安定であり,低温における分光学的測定と捕捉反応により存在が確認されているが,構造を工夫することにより安定化することが可能である.化合物 **48** は-90℃では安定であり,^{1}H NMRスペクトルでは7.97 ppmに芳香族シグナルが観測された.

二つのベンゼン環のパラ位を二つのエチレン架橋で連結した化合物 **49** は [2.2]パ

表5.1 [n]パラシクロファンのベンゼン環のひずみ角とひずみエネルギー SE[a]

n	$\alpha/°$	$\beta/°$	SE/kJ mol^{-1}
10	8.4	-4.4	65
9	8.5	4.0	53
8	12.5	5.1	71
7	18.2	10.2	88
6	18.8	20.6	120
5	23.5	28.7	163
4	29.7	38.2	450

a) α と β の定義は図5.16参照.文献15a.

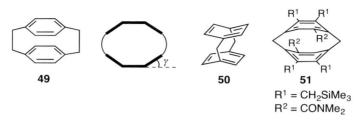

図 5.17 [$n.n$]パラシクロファン

ラシクロファン（ブラケット内の数字は炭素数 2 の架橋が二つあることを示す）とよばれ，向かい合ったベンゼン環の間の相互作用を調べるために都合のよい構造をもつ（図 5.17）．この化合物はいくつかの経路で合成されているが，Hofmann 脱離により発生した p-キノジメタン（3.4.9 項参照）の二量化による方法が有効である．X 線構造では，ベンゼン環は舟形に変形しており，折れ曲がり角度 γ は 12.6° である．また，二つのベンゼン環の平面部分の間の距離は 3.09 Å であり，π 電子間の相互作用が予想される．ひずみエネルギーは 130 kJ mol^{-1} であり，ひずみはベンゼン環の変形だけでなく分子全体に広がっている．紫外・可視スペクトルでは，特徴的な吸収が 302 nm に観測され，ベンゼン環どうしの相互作用のため単純なアルキルベンゼンのものより長波長シフトしている．さらに架橋の短い [1.1]パラシクロファン (**50**) は，Dewar ベンゼン類縁体の光異性化により合成された．ベンゼン環への置換基導入により安定性が増し，室温でも比較的安定な誘導体 **51** が知られている．X 線構造解析によると，二つのベンゼン環は舟形に大きく変形し（$\gamma = 25°$），二つのベンゼン環の最も近い炭素間の距離は 2.38 Å である．

　三つ以上の架橋をもつ多架橋シクロファンも数多く知られている．ベンゼンのすべての炭素をエチレン架橋で連結した化合物 **52** は [2_6]シクロファンまたはスーパーファン (superphane) とよばれ，1979 年に Boekelheide らにより合成された（図 5.18）．X 線解析で得られた分子構造は D_{6h} 対称であり，二つのベンゼン環はそれぞれ平面である．ベンゼン環の間の距離は 2.62 Å であり，[2.2]パラシクロファンの場合よりさらに短い．六つのトリメチレン鎖で連結された [3_6]シクロファン (**53**) は 1996 年に

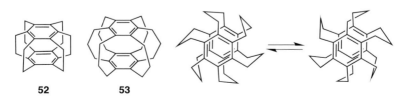

図 5.18 多架橋シクロファンと **53** の配座変換

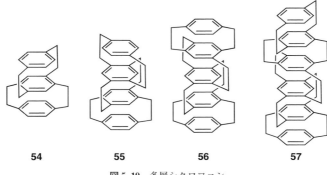

図 5.19 多層シクロファン

Shinmyozu らにより報告された.分子は風車に似た C_{6h} の対称性をもち,二つのベンゼン環の距離は 2.93 Å である.この分子では,段階的な機構を経由して 2 種類の C_{6h} 対称構造の間の交換が速く起こる(障壁 46 kJ mol^{-1}).

[2.2]パラシクロファンの合成法を反復することにより,多層に積み重なったシクロファン **54**～**57** が合成された(図 5.19).化合物 **49** を含む 2 層から 6 層までのシクロファンの紫外・可視吸収スペクトルを比較すると,層が増えるにつれて吸収が長波長に移動した.この傾向は,積層したベンゼン環を通して渡環 π-π 相互作用が存在していることを示す.

b. ねじれたアセン[16)]

アセン(acene)は複数のベンゼン環が直線的に縮合した構造をもつ芳香族炭化水素である(3.4.6 項参照).アセンの周辺部に多数の置換基を導入すると,立体障害

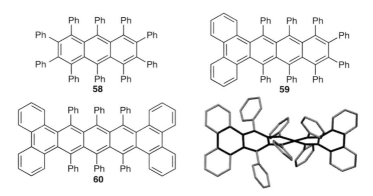

図 5.20 ねじれたアセン誘導体と化合物 **60** の分子構造(文献 16)
X 線構造ではペンタセン部を黒で示す.

を緩和するためにアセンが長軸方向にねじれるように変形する．たとえば，デカフェニルアントラセン (**58**) では，アセンの長軸両末端が63°ねじれている（図5.20）．アセンへのベンゼン環の縮合によりねじれを大きくすることができる．テトラセン誘導体 **59** では，ねじれの角度が105°になる．両端にベンゼン縮合部をもつペンタセン誘導体 **60** ではねじれはさらに大きくなり，角度は144°に達する．このねじれにより分子はキラルになり，エナンチオマーが分割されている．エナンチオマーは非常に大きい絶対値の比旋光度を示し，室温で徐々にラセミ化する（障壁：100 kJ mol^{-1}）．

c. ヘリセン[17]

[6]ヘリセンがキラルならせん構造をとり，エナンチオマーの分割が可能であることは2.2.3項cで述べた．ここでは，その他のヘリセン誘導体 **61** を紹介する（図5.21）．ベンゼン環の数が少ない [4]ヘリセン（ベンゾフェナントレン）と [5]ヘリセン（ジベンゾフェナントレン）も，らせん形のねじれた構造をもつ．[4]ヘリセンは非常に速くラセミ化するが，[5]ヘリセンの場合はエナンチオマーの分割が可能で室温でゆっくりとラセミ化する（障壁 101 kJ mol^{-1}）．[6]ヘリセンのベンゼン環をさらに伸長した化合物として，これまでに [7] から [16]ヘリセン（**61**：$n=7\sim16$）までの誘導体が合成されている．[14]ヘリセンでは，らせんが2回転以上巻き，向かい合うベンゼン環の距離（ピッチ）は各ベンゼン環の中心部で約 3.5 Å である．一連のヘリセン誘導体のエナンチオマーは種々の方法で分割され，非常に絶対値の大きい比旋光度を示す特徴をもつ．比旋光度の符号は絶対立体化学と密接に関連し，(+) と (−) のエナンチオマーはそれぞれ P と M のらせんをもつ．ラセミ化に必要なエネルギーは実験的および理論的に見積もられ，[6]ヘリセンは 146 kJ mol^{-1}，[7] から [9]ヘリセ

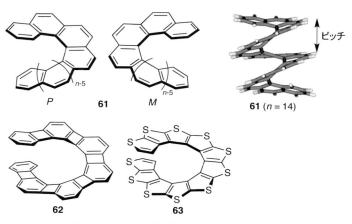

図 5.21　ヘリセン誘導体（**61** の構造は文献 17c）

ンは約 170 kJ mol^{-1}, [11]ヘリセンは 157 kJ mol^{-1} である．ベンゼン環が増えるにつれて障壁が必ずしも高くならないことは，分子全体は動的に相当柔軟な構造をもつことを示す．

ベンゼン環だけからなるヘリセンに他の環を組み込むことにより，多様ならせん形分子を設計することができる．[n]ヘリセンのベンゼン環の間に 4 員環を挿入した化合物は，非直線形 [n]フェニレン（[n]ヘリフェンともよばれる）である．化合物 **62** は [7]フェニレンであり，これまでに [9]フェニレンまでが合成されている．らせん形 [n]フェニレンのラセミ化障壁は非常に低く，[8]フェニレンの場合は 57 kJ mol^{-1} であり，室温で分割することはできない．一方，チオフェン環を部分的にまたはすべて組み込んだヘリセン誘導体が合成されている．チオフェン環だけからなる [11]ヘリセン **63** では，らせんが約 1.2 周巻いていることが X 線構造解析から明らかにされた．

d. コラニュレンとスマネン[18)]

コラニュレン（**64**）(corannulene) とスマネン（**65**）(sumanene) は湾曲した芳香族化合物であり，C_{60} の部分構造であることから，フラーレンやカーボンナノチューブのモデル化合物として興味がもたれている（図 5.22）．

コラニュレン（**64**）($C_{20}H_{10}$）は 5 員環を中心に五つのベンゼン環が縮合した構造をもち，[5]サーキュレンともよばれる（5.3.1 項参照）．母体の化合物は C_{5v} 対称のボウル形の構造をもち，ひずみエネルギーは 40 kJ mol^{-1} 程度と見積もられている．以前は熱分解により骨格形成していたため大量合成や誘導体化が困難であったが，現在では一般的な反応の組み合わせによる合成経路が確立している．ボウル形の構

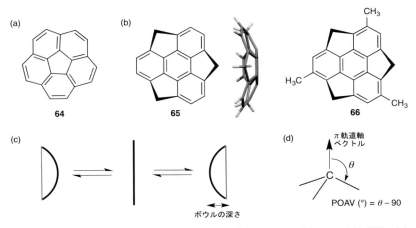

図 5.22　湾曲した芳香族化合物　(a) コラニュレン，(b) スマネン，(c) ボウル反転機構，(d) π 軌道軸ベクトル（POAV）の定義（**65** の X 線構造は文献 18c）

5.1 ひずみ化合物

造において,中心の5員環平面から周辺部の炭素原子の距離すなわちボウルの深さは0.87 Åである.また,π共役系の湾曲の程度を評価するためにπ軌道軸ベクトル(π-orbital axis vector:POAV)とよばれる尺度が提案された(図5.22d).平面であればこの角度は0°であり,湾曲するほど数値が大きくなる.コラニュレンのPOAV角度は6.0°(第四級炭素平均)であり,C_{60}の値(11.6°)の約半分である.このボウル形構造は,平面構造を経由して反対側に曲がったもう一つのボウル形構造へと比較的容易に反転する.一連のコラニュレン誘導体で,ボウル反転の障壁が実験的および理論的な方法で決定された.無置換の化合物の反転障壁は48 kJ mol^{-1}であり,ボウルが深くなりPOAV角度が大きくなるほど,障壁が高くなる傾向がある.

スマネン(**65**)($C_{21}H_{12}$)は中央のベンゼン環のまわりにベンゼン環とシクロペンタジエンが交互に縮合した構造をもつ.コラニュレンと同様にボウル形の構造をとり,ボウルの深さは1.11 Å,POAV角度は8.7°(中央炭素)である.ボウル反転の障壁は84 kJ mol^{-1}であり,コラニュレンの場合より高い障壁をもつ.無置換の化合物はアキラル(C_{3v}対称)であるが,周辺部のベンゼン環の適当な位置に置換基を導入するとキラルな構造になる.トリメチル誘導体**66**はC_3対称であり,エナンチオ選択的に合成されたエナンチオマーは10℃でゆっくりとラセミ化する(障壁:90 kJ mol^{-1}).周辺部のメチレン水素はベンジル位にあるため酸性度が高く,t-BuLiなどの塩基により順次脱プロトンし,最終的にトリアニオンが生成する.

コラニュレンやスマネンの周辺部にさらに芳香環を縮合することにより,さらに湾曲したボウル形化合物の合成が試みられている(図5.23).化合物**67**はコラニュレンのペンタインデノ誘導体(中央炭素のPOAV:12.6°)であり,クロスカップリング反応を用いて合成された.さらに周辺部を連結した化合物**68**は,フラッシュ真空熱分解(flash vacuum pyrolysis:FVP)を用いた環化により合成された.X線解析によると,分子のボウル深さは5.16 Åに達し,ボウルの内側の空孔には溶媒分子が包接されていることが明らかになった.これらの化合物の構造は,[5,5]カーボンナノチューブの先端部に相当する.一方,スマネンのトリナフト誘導体**69**も合成された.この化合物はスマネンより湾曲し(ボウルの深さ:1.37 Å,POAV:10.8°),ボウル

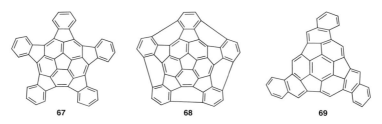

図5.23 周辺が拡張されたコラニュレンとスマネン誘導体

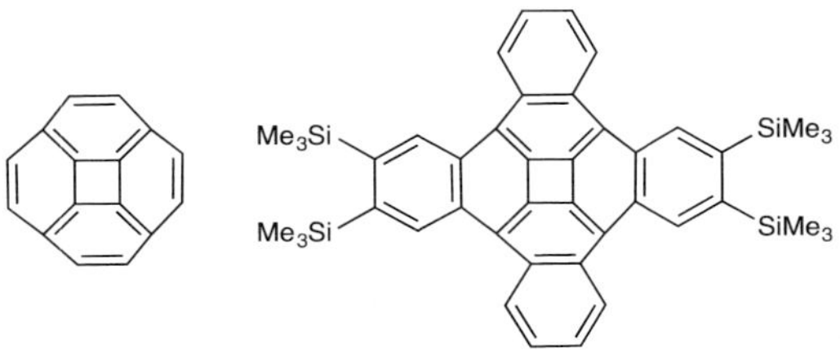

図 5.24 高ひずみサーキュレン

反転の障壁はかなり高いことが予想されている.

e. サーキュレン[19)]

サーキュレン (circulene) は複数のベンゼン環が環状に縮合した化合物群であり, ベンゼン環の数が n の誘導体を [n]サーキュレンと表示する. 前述したコラニュレンは[5]サーキュレンである. ここでは, 高ひずみ化合物として[4]サーキュレン (**70**) を中心に紹介する (図5.24). [6]サーキュレン (コロネン) および n が7以上の類縁体については5.3.1項 a で述べる.

[5]サーキュレンに比べてベンゼン環の少ない [4]サーキュレン (**70**) のひずみエネルギーは非常に大きく (約 160 kJ mol^{-1}), 合成は非常に難しいことが予想された. しかし, Co 触媒を用いたアルキンの三量化により, テトラベンゾ誘導体 **71** が 2010 年に King らにより合成された. 分子は深いボウル形構造をとり, サーキュレン部のボウルの深さは 1.36 Å, POAV は 17° に達する. そのため, ボウル反転は非常に大きいエネルギーを必要とする. 中央の4員環は大きくピラミッド形にひずみ, 三つの結合角の和は 334° と非常に小さい. [3]サーキュレン (**72**) のひずみエネルギーは 330 kJ mol^{-1} と見積もられ, 合成は不可能と考えらえる.

f. シクロパラフェニレン[20)]

複数のベンゼン環をパラ位で環状に連結した化合物 **73** は [n]シクロパラフェニレンとよばれ, カーボンナノチューブの部分構造として注目を集めている化合物群である (図5.25). 環化と芳香族化を組み合わせた方法により, $n=5$ から 18 の種々の大きさの [n]シクロパラフェニレンが合成されている. どの化合物も環状のベルト形

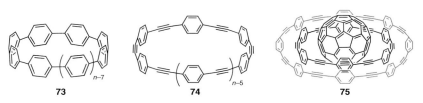

図 5.25 [n]シクロパラフェニレンと [n]シクロパラフェニレンエチニレン

表 5.2 [n]パラシクロフェニレン 73 のひずみエネルギー SE と環の直径 r [a]

n	$SE/\text{kJ mol}^{-1}$	$r/\text{Å}$	n	$SE/\text{kJ mol}^{-1}$	$r/\text{Å}$
4	603	5.70	10	247	13.9
5	491	7.05	12	205	16.6
6	407	8.40	14	176	19.4
7	357	9.77	16	154	22.1
8	307	11.13	18	136	24.9

a) 文献 20d.

の構造をもち，理論計算により求められた環の直径とひずみエネルギーは表 5.2 のとおりである．ベンゼン環の数が少なくなるにつれて，環の直径が減少し，ひずみエネルギーが増加する．これまでに合成された最小の化合物は [5]シクロパラフェニレンであり，C_{60} の直径部分の構造に相当する．環の直径は約 7 Å であり，ひずみエネルギーは 491 kJ mol^{-1} とかなり大きい．ユニット数が多い誘導体は，環構造の内側に広い空間をもつ．[10]パラシクロフェニレンの環の直径は約 14 Å であり，空孔に選択的に C_{60} を取り込むことができる．

　[n]シクロパラフェニレンのフェニレン間にアセチレンを組み込んだ化合物 74 は [n]シクロパラフェニレンエチニレンとよばれ，これまでに $n=5$ から 9 の化合物が合成されている（図 5.25）．ユニット数が 5 から 9 に増えるにつれて，環の大きさは 10.7 Å から 19.6 Å に大きくなり，ひずみエネルギーは 301 kJ mol^{-1} から 121 kJ mol^{-1} に減少する．直径が 13.1 Å の $n=6$ の誘導体は，内部の空孔への包接によりフラーレン類と錯体を形成する．また，$n=6$ と $n=9$ の誘導体の直径の差は 6.5 Å（C_{sp^2} の van der Waals 半径 1.70 Å の約 4 倍）であり，$\pi\cdots\pi$ 相互作用により小さい環が大きい環の中に入った錯体が形成する．この錯体はさらに C_{60} を内側に取り込み，玉ねぎ形の錯体 75 を形成する．

5.1.6 ベンゼンの原子価異性体[21]

　ペリ環状反応により相互に変換できる構造異性体は，原子価異性体（valence isomer）とよばれる．ベンゼンの原子価異性体には，すでに述べたプリズマン（6）（5.1.2 項 b 参照）のほかに，Dewar ベンゼン（76），ベンズバレン（77），3,3'-ビシクロプロペニル（78）などがある（図 5.26）．どの化合物においても，各炭素には一つの水素原子が結合しているので，$(CH)_6$ と表すことができる．

　Dewar ベンゼン（76）（SE : 266 kJ mol^{-1}）は二つのシクロブテンが縮合した構造をもち，正式名は 2,5-ビシクロ[2.2.0]ヘキサジエンである．ベンゼンの構造が未知であったころ，Dewar により候補の構造として提案されたことからこの名称をもつ．無置換の Dewar ベンゼンは，1962 年にジカルボン酸誘導体の酸化により合成された．

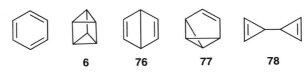

図 5.26 ベンゼンおよびその原子価異性体

分子は非平面であり，二つのシクロブテン環平面のなす角度は 124° である．この化合物はかなり大きなひずみをもつにもかかわらず，室温ではある程度安定であり，約 2 日の半減期でベンゼンに異性化する．ヘキサメチル誘導体は，塩化アルミニウムを用いた 2-ブチンの三量化により合成できる．メチル基の導入により安定性は増大するが，熱や酸によりさまざまな異性化を起こす．

ベンズバレン (**77**) (SE : 340 kJ mol^{-1}) は三環式の構造と一つの二重結合をもつベンゼンの原子価異性体である．ベンゼンに光を照射するとベンズバレンが生成することが知られていたが，その後シクロペンタジエニドにジクロロメタンとメチルリチウムを反応させると，中程度の収率でベンズバレンが得られることが報告された．この化合物は溶液中では比較的安定であるが，純粋にしたものは摩擦などの刺激により爆発するほど不安定である．ベンズバレンは，室温で徐々にベンゼンに異性化する．

3,3′-ビシクロプロペニル (**78**) (SE : 449 kJ mol^{-1}) は二つのシクロプロペン環が直接連結した構造をもち，非常にひずみの大きなベンゼンの原子価異性体である．この化合物は，真空中における気相固相反応の手法を用いて，ビシクロプロピル誘導体の脱離反応により合成された．無置換化合物は非常に不安定であり，低温でも容易にベンゼンに異性化する．テトラフェニル誘導体は比較的安定であり，高温で徐々にテトラフェニルベンゼンに異性化する．

5.2 異常な結合長をもつ化合物

結合長が原子の種類と混成状態および結合次数により変化することは 1.4.2 項で述べた．多くの化合物では，結合の様式ごとに予想される標準的な結合長（表 1.6）が観測される．しかし，大きな混成の変化やひずみがあると，結合伸縮のひずみが顕著になる．一般的に，混成軌道の p 性が高くなると結合は長くなり，s 性が高くなると結合は短くなる．結合長に及ぼすひずみの効果は，ひずみの種類と方向に依存する．たとえば，立体ひずみの場合，結合軸の前面におけるひずみは結合を長くする効果を，背面からのひずみは結合を短くする効果をもつ．結合長の変化に必要なエネルギーは，分子力場計算では調和振動の関数で近似されているが，実際にはそうではない．図 5.27 に，エタンの C-C 結合の伸縮とエネルギー変化の関係を示す[22]．最安定の構造

5.2 異常な結合長をもつ化合物   239

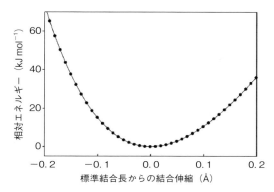

図 5.27 エタンの C-C 結合伸縮にともなうエネルギー変化
（文献 22）
標準結合長は 1.54 Å.

から，結合が伸長しても短縮してもエネルギーは増加するが，増加の程度は短縮の方が大きい．すなわち，同じ割合だけ結合長が変化しても，伸長よりも短縮の場合の方が大きいエネルギーを必要とする．以下に，C-C 結合の伸縮を中心に具体例を示す．

5.2.1 長い C-C 結合をもつ化合物[23]

ヘキサフェニルエタン誘導体などが長い結合長をもつことは，1.5.6 項ですでに述べた．本節では，それ以外の非常に長い $C(sp^3)$-$C(sp^3)$ 単結合をもつ化合物を紹介し，結合長の限界について考える．

従来，二つのアントラセンをもつシクロファン **79** の光環化生成物 **80** は，非常に長い C-C 結合（1.77 Å：X 線構造解析）をもつとされてきた（図 5.28）．のちに，結晶中に **79** が混在しているためこの数値は不正確であることが指摘され，正確な結合長は 1.66 Å と決定された．したがって，長い結合の結合長を実験的に正確に決定するためには，慎重な測定と解析が必要である．

ヘキサフェニルエタンと類似の構造をもつ化合物で，非常に長い C-C 結合が報告されている．ナフタレノシクロブテン誘導体 **81** では，4 員環部の $C(sp^3)$-$C(sp^3)$ が非常に長く，結合長は 1.72 Å である．理論計算によると，四つのフェニル基間の前面の立体ひずみが，結合の伸長のおもな要因である．テトラアリールアセナフテン誘導体において，種々のアリール基をもつ一連の化合物が合成され，長い結合の結合長が X 線構造解析により決定された．最長の結合をもつのはアクリジンを導入した化合物 **82** であり，結合長は 1.77 Å に達する．Pauling により提案された結合長と結合次数の相関に基づくと，この結合長の結合次数は 0.5 以下に相当する．電子分布の解析から，結合が確かにあることが確かめられた．飽和炭化水素では，二つのアダマンタン

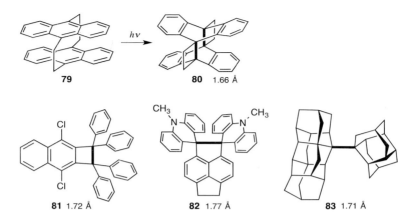

図 5.28 長い C–C 結合をもつ化合物
数値は太線で示す C–C 結合の結合長.

集積骨格(ダイヤモンドイドともいう:5.4.2 項参照)が連結した化合物が非常に長い C–C 結合をもつことが知られている.化合物 **83** の X 線構造では,テトラマンタンとジアマンタン骨格を連結する C–C 結合は 1.71 Å である.C–C 結合の前面に向いている多数の C–H 結合間の立体反発が,結合伸長の原因である.長い結合をもつにもかかわらず,化合物 **83** は 200℃でも安定である.

5.2.2 短い C–C 結合をもつ化合物[22,24)]

小員環では,環を形成する結合は p 性が高く,逆に環外への結合は s 性が高いためその距離は短くなる傾向がある.このような化合物の例を図 5.29 に示す.ビ(キュビル)(**84**)では,二つのキュバン骨格を連結する C–C 結合の結合長は 1.48 Å である.ビシクロ[1.1.1]ペンタン骨格をもつスタッファンの誘導体 **85** においても,短い C–C 結合(1.48 Å)が見られる.二つのテトラヘドランを直接連結した **86** では,結合の

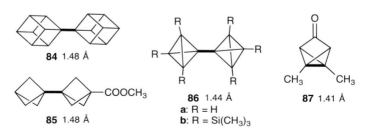

図 5.29 混成の効果により短い C–C 結合をもつ化合物
数値は太線で示す C–C 結合の結合長.

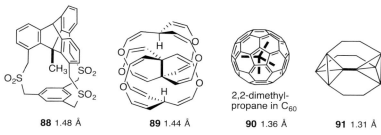

図 5.30　立体ひずみにより短い C-C 結合をもつ化合物
数値は太線で示す C-C 結合の結合長.

短縮がさらに顕著になる.無置換のビ(テトラヘドラニル)(**86a**)は不安定であるが,計算により環外 C-C 結合の結合長が約 1.44 Å と予想されていた.Sekiguchi らはヘキサキス(トリメチルシリル)誘導体 **86b** の合成に成功し,X 線構造により中央の C-C 結合の結合長(1.436 Å)を決定した.ビシクロ[1.1.0]ブタン骨格が架橋されたトリシクロ化合物では,ひずみの大きい環構造が原因で環内の架橋 C-C 結合が短くなる.この C-C 結合の長さは二つの 3 員環の二面体角が小さくなるほど長くなり,ケトン誘導体 **87** では 1.41 Å である.

混成の変化だけではなく立体ひずみを巧みに利用して,C-C 結合を背面から圧迫するあるいは C-C 結合の両端の置換基を短い架橋で連結して締めつける方法で C-C 結合を短くしようという試みがある(図 5.30).実際に合成された化合物 **88** はシクロファンの一種(2.4.2 項 c 参照)であり,内側に向いたメチル基はベンゼン環に非常に近接している.X 線構造解析の結果,C-C 結合の長さは 1.48 Å であり標準値より 0.06 Å 短縮されている.理論計算により,さらに短い C-C 結合をもつと予想される化合物が提案されている.C-C 結合長の計算値は,エタンの両端の置換基を 6 重に架橋した化合物 **89** では 1.44 Å,C_{60} にカプセル化された 2,2-ジメチルプロパン **90** では 1.36 Å,ビ(テトラヘドラニル)の両端を三つのエチレン鎖で架橋した化合物 **91** では 1.31 Å と見積もられている.

5.2.3　長い C-O 結合をもつ化合物[25)]

異常な結合長をもつ C-ヘテロ原子結合は反応性が高く不安定なため,C-C 結合の場合に比べてあまり注目されていなかった.一般的な $C(sp^3)$-O 結合長は 1.43 Å であるが,三環性のオキソニウム塩 **92a** は非常に長い C-O 結合をもつことが報告された(図 5.31).X 線構造解析によると三つの C-O 結合のうち最長のものの結合長は 1.62 Å であり,標準的な値より 13% 伸長している.環構造の周辺部に導入した t-ブチル基の立体障害が,結合の伸長の主要な原因である.さらに長い C-O 結合(1.66 Å)

92a 1.62 Å　　**92b** 1.66 Å

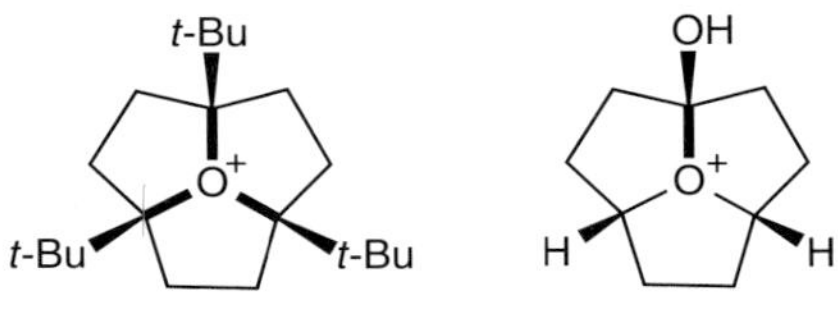

図 5.31　長い C–O 結合をもつ化合物
数値は太線で示す C–O 結合の結合長.

が化合物 **92b** で観測された.

5.3 共役系化合物

3 章では非局在結合をもつ共役系化合物について，結合と構造の基礎を学んだ．本節では 3 章で取り上げることができなかった化合物を中心に，5.1 節で述べた高ひずみ化合物以外のものから，特殊な構造をもつ芳香族化合物，アルケンやアルキンなどの共役化合物を紹介する.

5.3.1 芳香族化合物[26)]

a. サーキュレン[27)]

[5]サーキュレン（**64**）（コラニュレン）や [4]サーキュレン（**70**）（5.1.5 項参照）とは対照的に，[6]サーキュレン（**93**）（コロネン）は完全に平面の構造をもつ（図 5.32）．コロネンはコールタール中に含まれる物質で，これまでに多くの方法により化学合成されてきた．芳香族セクステットを用いた場合（3.4.6 項 a 参照），等価な **93a** と **93a′** および **93b** の構造が書け，セクステットが三つ存在する **93a** が安定である．^{1}H NMR のシグナルは 8.9 ppm に観測され，環電流効果が大きいことがわかる．周辺部と中央部の 6 員環部の NICS(0) 値（3.3.3 項参照）はそれぞれ −11.2，−1.3 であり，中央部は芳香族性を示さないように見える．しかし，*TRE* の指標（3.3.1 項参照）では，中央部の程度は低いものの，すべての 6 員環が芳香族性をもつことが指摘された.

93　　**93a**　　**93a′**　　**93b**

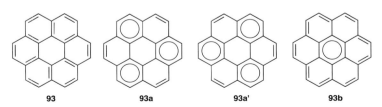

図 5.32　コロネンと芳香族セクステット表示

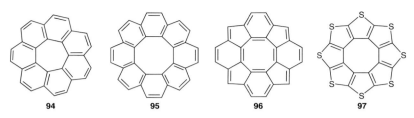

図 5.33 [7] および [8] サーキュレン誘導体

コロネンよりベンゼン環の多いサーキュレンは非平面構造をもつ．[7] サーキュレン（**94**）は Yamamoto らにより 1983 年に合成された．分子はサドル形の構造をもち，中央の 7 員環は舟形配座をとる（図 5.33）．[8] サーキュレン（**95**）は，2013 年に Wu らによって置換誘導体として合成された．これらの化合物もサドル形の構造をもち，中央の 8 員環の C-C 結合における結合交替は小さいことが示された．その後，[8] サーキュレンのテトラベンゾ誘導体が複数の経路により合成された．

サーキュレンに 6 員環以外の環やヘテロ原子を組み込むことにより，多様な構造を設計することができる．四つの 5 員環をもつ化合物 **96** は非交互ケクレンとよばれ，非ベンゼン系の非交互炭化水素（3.4.5 項および 3.4.7 項参照）である．テトラメシチル誘導体が合成され，大環状部は平面であることが X 線解析から確かめられた．周辺部は 20π となり，反芳香族性に特徴的な長波長の吸収スペクトルが観察された．化合物 **97** は八つのチオフェン環からなる [8] サーキュレンで，サルフラワー（sulflower = sulfur + flower）とよばれる．この化合物もほぼ平面の構造をもつ．

b．ケクレン[28]

ベンゼン環が縮合した大環状化合物のうち，内側に向いた C-H 結合をもつ多環式芳香族化合物をシクロアレーン（cycloarene）とよぶ．最も代表的なものはケクレン（**98**）(kekulene) であり，Kekulé にちなんで名づけられた（図 5.34）．この化合物は，直線および曲がった様式で縮合した 12 個のベンゼン環からなり，全体として平面の正六角形（D_{6h}）の構造をもつ．この化合物は Staab と Diederich により合成

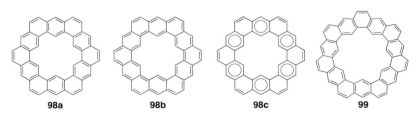

図 5.34 ケクレンとセプチュレン

され，非常に溶解性が低い芳香族炭化水素である．98a以外の共鳴構造として，内周が18πで外周が30πのアヌレノイド構造98bとClarのセクステット構造98cを書くことができる（3.4.6項a参照）．もし芳香族性が期待される98bの寄与が大きければ，NMRにおいて環電流効果により内側のプロトンは脱しゃへい化されることが予想される．しかし，高温の溶液中で測定した^{1}H NMRスペクトルでは，7.95, 8.37, 10.45 ppmに2:1:1の強度でシグナルが現れ，高磁場シフトは観測されない．したがって，98cの寄与が大きいと結論されている．X線構造におけるC-C結合の結合交替の解析からも98cの構造が支持されている．

ケクレンの七角形版の化合物99も合成され，セプチュレンと名前がつけられた．構造は非平面であり，DFT計算ではサドル形構造が安定であるのに対し，X線解析では浅いいす形構造が観測された．NMRの化学シフトと結合交替の特徴はケクレンと同様であり，99でもはやりClar型の構造が重要である

c. ペリアセン[29]

ベンゼン環を直線型に縮合したアセン類，アンギューラーに連結したフェン類については3.4.6項ですでに学んだ．ベンゼン環を他の様式で縮合することにより，多様な多環式芳香族化合物の構造が可能になる．その一つとして，ナフタレンおよび類似のアレーンをペリ縮合した構造をもつペリアセン（periacene）について述べる．ナフタレンを二つ縮合した化合物はペリレン（100）（perylene）であり，ユニットが増えるにつれてターリレン（101: $n=3$）（terylene），クォーターリレン（101: $n=4$）などとなる（図5.35）．無置換の101（$n=4$）はほとんど不溶であるが，溶解性を増加するためにテトラ-t-ブチルを導入した誘導体101（$n=4, 5$）が合成され，スペクトルにより構造が確認された．

アントラセンをペリ縮合した化合物も知られており，化合物102はターアンテン（teranthene）の誘導体である．図5.35に示す共鳴式では，Clarのセクステットは

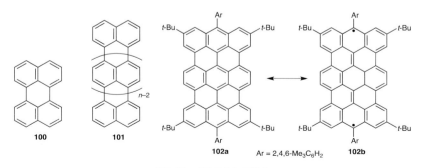

図5.35 ペリアセン誘導体

102aのKekulé構造には三つあるのに対し，102bのジラジカル構造には六つあり，後者が安定化される要因になる．実際に，NMR測定や構造解析から，102はかなりのジラジカル性をもっていることが支持された．この構造はグラフェンの境界（ジグザグエッジ構造）における電子状態を調べるためのモデルとして興味深い（3.4.6項参照）．

d. オリゴアリーレン[30]

芳香環を単結合で連続的に連結した化合物はオリゴアリーレンとよばれ，機能性物質の基本骨格として注目を集めている構造である．芳香環の数と種類，連結位置と様式を変えることにより非常に多くの化合物が知られているが，ここでは非環式・非分枝のオリゴマーのうち代表的なものを数例紹介する．ベンゼン環を連結したオリゴフェニレンは，連結位置により特徴的な形をもつ（図5.36）．オリゴ-p-フェニレン（103）は直線構造をもつロッド状の分子であり，軸に対するフェニレン部の回転が可能である．無置換の7量体のX線構造では，両末端の炭素間の距離は28.7 Åであり，すべてのベンゼン環はパッキングの効果により同一平面内にある．ユニット数が増えるにつれて，紫外スペクトルの吸収は長波長にシフトする．メタ位およびオルト位で連結したオリゴマーは，単結合の回転により多数の配座異性体が可能であるが，らせん形配座をとる傾向にある．単結晶中で，m-フェニレンの10量体104（$n=10$）は1周5ユニットでピッチ11 Åのらせん構造を形成する．オルト誘導体では立体障害のため単結合が大きくねじれ，密集したらせん構造をとる．6量体105（$n=6$）の誘導体の場合，1周3ユニットでピッチ3.8 Åであり，分子内の$\pi\cdots\pi$相互作用が可能である．

ナフタレンの1,4位を連続に連結したオリゴマーでは，各単結合がキラル軸であるため，立体異性体の存在を考慮する必要がある．ユニット数が増えるにつれて立体

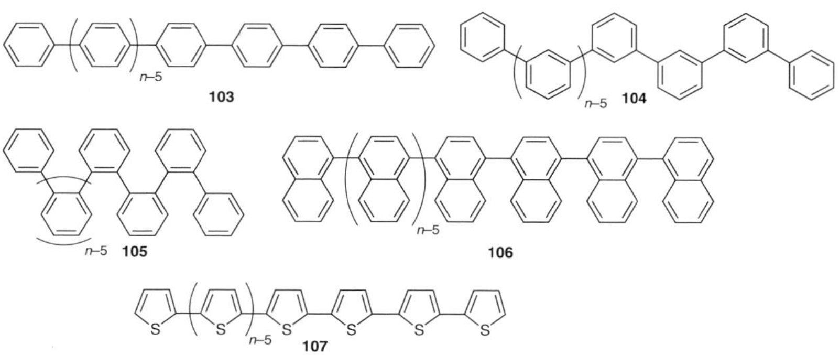

図5.36 代表的なオリゴアリーレンの基本骨格
平面的な構造で表示．置換基は省略．

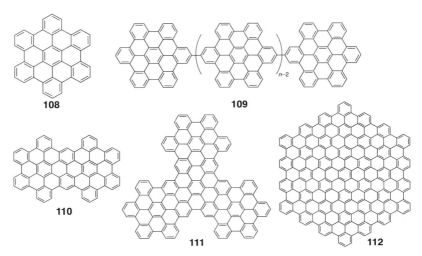

図 5.37 ヘキサベンゾコロネンと関連巨大炭化水素
周辺部の置換基は省略.

異性体の数は非常に多くなるが,立体化学を制御した経路によりすべてのキラル軸が S の 32 量体 106 ($n=32$) の誘導体が合成された.単一分子ワイヤーの基本構造として注目されているチオフェンのオリゴマーでは,これまで確認されている最長のオリゴマーは 96 量体 107 ($n=96$) の誘導体である.分子は比較的直線に近いロッド状であり鎖長は 372 Å に達するが,共役が有効に働いていることが示された.

e. 巨大炭化水素[31]

ヘキサ-peri-ベンゾコロネン(108)(HBC)は非常に安定な全ベンゼノイド類であることは 3.4.6 項で述べた(図 5.37).この構造を集積するあるいは周辺方向に拡張することにより,巨大な炭化水素類が合成されている.HBC 部は拡張したベンゼン環という意味でスーパーベンゼンとよばれることがあり,これに基づくと 109 ($n=2$) はスーパービフェニル,109 ($n=3$) はスーパー-p-ターフェニルである.これらの化合物の誘導体は実際に合成され,紫外・可視吸収スペクトルから各 HBC ユニット間の電子的相互作用は小さいことがわかった.周辺部にさらに HBC ユニットを縮合した化合物として,スーパーナフタレン(110)とスーパートリフェニレン(111)も合成された.HBC ユニットはディスク形の広い π 表面をもつため,$\pi\cdots\pi$ 相互作用によりカラム状により集積した分子集合体を形成しやすい.ベンゼン環 37 個からなる前駆体を酸化的に脱水素環化すると,$C_{222}H_{44}$ の分子式をもつ化合物 112 が不溶性の黒色粉末として得られた.このような巨大な芳香族炭化水素が,グラフェンとどこまで類似した性質をもつか興味がもたれる.

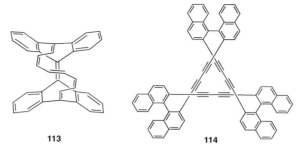

113 **114**

図5.38 ねじれたπ系をもつ Möbius 系芳香族化合物

f. Möbius 系芳香族化合物[32]

3.3.4項で述べたp軌道がねじれて環状に配置した Möbius 系芳香族化合物として，Herges らによって化合物 **113** が合成された（図5.38）．結合長から求められる HOMA 値（3.3.2項参照）はポリエン部が 0.50，環全体で 0.35 であり，Hückel 系の異性体の対応する値より大きい．他の芳香族性パラメーターの解析からも，大きくはないものの Möbius 芳香族性をもつと考えられている．三重結合が含まれているもの，三重にねじれた Möbius 系アヌレンの候補化合物として **114** が合成され，エナンチオマーが分割された．ポルフィリン系の Möbius 芳香族性については 5.3.3 項で述べる．

g. 内包フラーレン[33]

フラーレン C_{60}（**115**）は球状に湾曲したπ系をもち，構造や芳香族性（3.4.6 項参照）の観点から幅広く研究されている（図5.39）．球状の炭素骨格部の直径は 7.1 Å であり，π電子は球の外側と内側に広がっている．球の中心部には空洞が存在し，ここに小さい分子やイオンを取り込んだ内包フラーレン（endohedral fullerene）が知られている．これまでに，金属イオンや希ガス原子が内包された誘導体が知られているが，多くの場合 C_{60} 骨格の形成時に化学種が偶然に取り込まれる手法で合成された．そのような状況で，有機反応を用いた巧妙な手法により，分子手術法とよばれる内包

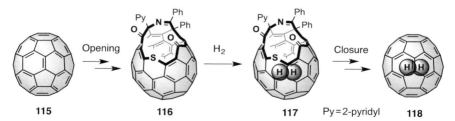

図5.39 分子手術法による水素分子内包フラーレンの合成
（構造式：京都大学村田靖次郎先生提供）

フラーレンの合成法がKomatsuとMurataらによって開発された．まず，化学反応によりC_{60}に開口部をつくり，次に高温高圧水素下で116の内側に水素分子を閉じ込め，最後に117の開口部を閉じて水素内包フラーレン118とする．内包された水素分子はしゃへい領域にあり，非常に高磁場に ^{1}H NMRシグナル（－1.44 ppm）を示す．同様な方法により，ヘリウム原子や水分子が内包されたフラーレンも合成された．

5.3.2 アルケンとアルキン
a. トラヌレン[34]

芳香族性との関連ですでに述べた[n]アヌレン（3.4.1，3.4.2項参照）では，環骨格の平面に対して各炭素のp軌道は垂直であった．それとは対照的に，すべての二重結合が *trans* で連結した環式共役ポリエン119では，環骨格の平面とp軌道が平行である（図5.40）．このような化合物は[n]トラヌレン（trannulene）とよばれ，軌道の向きと芳香族性の関連から興味がもたれていた．理論計算によると，[10]トラヌレン（119：x=1）と[12]トラヌレン（119：x=2）の環中央の点におけるNICS値はそれぞれ－14.0，35.7である．また，多面体構造を用いて環状部を *trans* に固定したモデル化合物が提案され，120は芳香族性を，121は反芳香族性を示すことが予想された．以上のことから，トラヌレンの面内の芳香族性についても，一般的なHückel則に従うことがわかる．トラヌレン誘導体は不安定なため実験的な研究は限られていたが，C_{60}のπ共役を選択的に切断することにより[18]トラヌレン構造をもつかご形化合物が合成された．たとえば，多塩素化により合成された122はX線解析により構造が調べられ，理論的予測と一致して，[18]トラヌレン部の結合交替が非常に小さく芳香族性をもつことが示された．

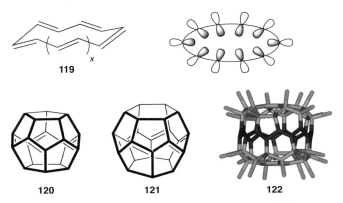

図5.40 トラヌレンとp軌道の並び方および関連化合物
122ではトラヌレン部の炭素を黒で示す．

123　124　125　126

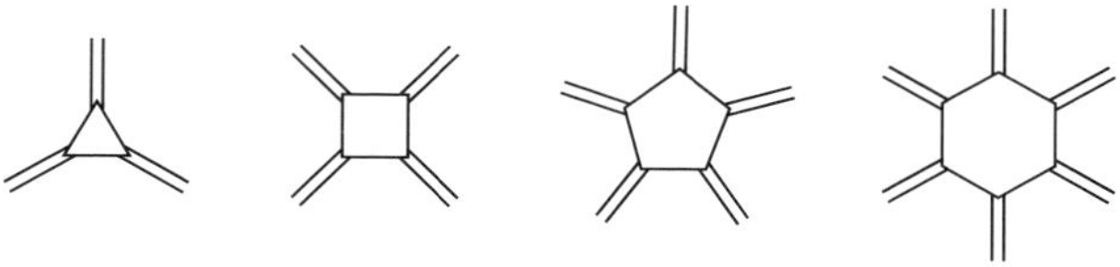

図 5.41 [n]ラジアレン

b. ラジアレン[35)]

環内のすべての炭素原子が外側への二重結合をもつ環式炭化水素は，ラジアレン (radialene) とよばれる (図 5.41)．環の大きさが n の化合物は [n]ラジアレンと表示され，交差共役した n 個の二重結合をもつ．最小の誘導体である [3]ラジアレン (**123**) は，大きなひずみ (ひずみエネルギー 221 kJ mol^{-1}) をもつ化合物であり，高温における脱離反応により生成が確認されている．その他の無置換誘導体としては，[4]ラジアレン (**124**) と [6]ラジアレン (**126**) はかなり以前に合成されたが，[5]ラジアレン (**125**) は最近になってようやく合成された[35b)]．上記の合成された化合物はいずれも不安定であり，室温で容易に重合する．

二重結合の末端に置換基を導入すると化合物は安定化され，二重結合の周辺にメチル基やフェニル基などを導入した誘導体が合成されている．環状部分の構造は，[3]ラジアレンでは平面であるのに対し，[4]ラジアレンでは無置換体は平面であるが，置換基を導入すると折れ曲がって非平面になる．[5] と [6]ラジアレンは，置換基の有無にかかわらず非平面である．たとえば，ドデカメチル[6]ラジアレンの 6 員環はいす形配座をとることが，X 線解析から明らかにされた．反応性，分光学的データ，理論計算からラジアレン類は芳香族性を示さないとされている．

c. ブルバレン関連化合物[36)]

互変異性体のうち，原子や置換基が移動することなく電子の再配向により結合の切断を伴う縮退転位 (degenerate rearrangement) によって生じるものを，原

127　128　129

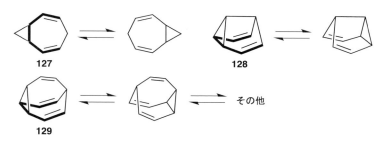

図 5.42 揺動分子：ホモトロピリデンと関連化合物

子価互変異性体(valence tautomerization)とよぶ.代表的な例は,シクロプロパンとシクロヘプタジエンが縮合した二環式の構造をもつホモトロピリデン(**127**)(homotropilidene)である(図5.42).この化合物では,1,5-ヘキサジエン部分が[3.3]シグマトロピー転移(Cope転位)を起こし,もう一つの等価な構造に変換する.この過程は温度可変 ^{1}H NMR により観測でき,室温では幅広い二つのピークを示すのに対し,低温ではアルケンとアルカン領域に複雑なシグナルを示す.シグナルの変化から転位の障壁は 57 kJ mol^{-1} と決定された.

転位の速さと様式は,ホモトロピリデンへの架橋の導入により影響を受ける.ホモトロピリデンの4,8位を直接連結したセミブルバレン(**128**)(semibullvalene)では,縮退転位がさらに速くなり,障壁は 24 kJ mol^{-1} に低下する.ビニル架橋を追加した化合物はブルバレン(**129**)(bullvalene)である.連続的な Cope 転位により可能な構造は飛躍的に増加し(10!/3 = 約120万),すべての炭素が構造上区別できるすべての位置に移ることができる.転位の障壁は 54 kJ mol^{-1} であり,^{1}H NMR では温度を高くするとすべてのシグナルが等価になりシグナルは1本だけになる.上記のように縮退転位を速く起こすような分子を,揺動分子(fluxional molecule)とよぶ.

d. 分子モーター[37)]

外部のエネルギーを駆動力として,軸に対して両端の部位が機械的に回転するような動きを示す分子は「分子モーター」とよばれ,多くの研究者によって設計が提案されている.アルケンの光異性化を利用して,アルケンを軸として一方向に回転する分子モーター **130** が Feringa らにより開発された(図5.43).化合物 **130a** では,アル

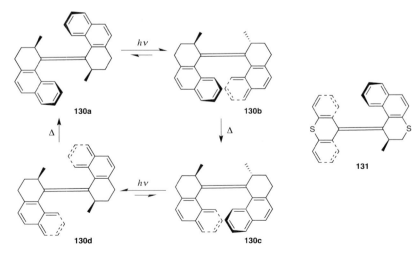

図 5.43 一方向に回転する分子モーター

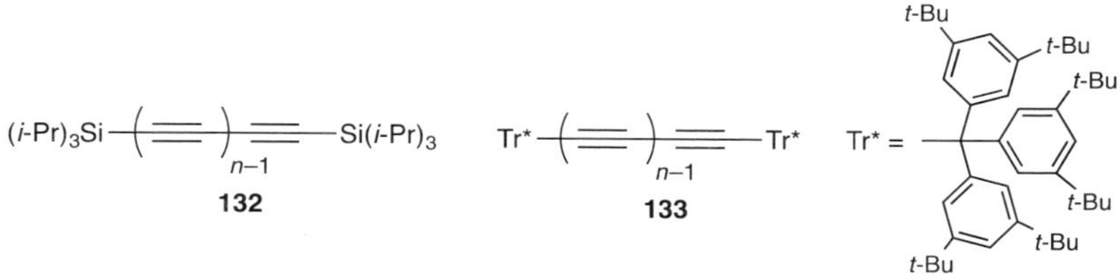

図 5.44 長鎖ポリイン

ケン部は E，メチル基の結合した二つのキラル中心の立体配置は R，二つのヘリセン部のねじれは P である．この 130a に光を照射すると，アルケンが異性化して Z 体である 130b になり，続いてヘリセン部のらせんが反転して熱力学的に安定な 130c に変化する．さらに同様な光異性化と熱異性化が進行すると，130d を経由してもとの 130a に戻る．この光駆動分子モーターがどちらの方向に回転するかは，キラル中心の立体配置によって決まる．一方の回転部がチオキサンテンである 131 も合成され，130 に比べて熱異性化の段階が速く起こることが報告された．

e. ポリイン[38)]

多数の三重結合が連続したポリインはロッド状の構造をもち，非常に長いものは炭素の同素体であるカルビン（carbyne）のモデルとして興味がもたれている．共役が長くなるほどポリインは不安定になるため，合成的に工夫が必要である．Tykwinski らは，両端にかさ高いトリイソプロピル基を導入した一連のポリイン 132（$n=2\sim 10$）を，不安定な末端アルキンを経由しない転位反応を用いて合成した（図 5.44）．X 線構造では，ポリイン鎖が長くなると湾曲する傾向があり，たとえばオクタインのアルキン炭素の結合角は平均 174.6° である．さらに大きい末端置換基を用いることにより，三重結合の数が 4 から 22 までの一連の化合物 133 が安定な化合物として合成された．鎖長が長くなるほど紫外・可視吸収は長波長にシフトし，$n=4$ の場合 268 nm に観測される吸収が $n=22$ になると 458 nm まで移動した．

f. カルボマー[39)]

有機分子の構造において，各結合の間に sp 混成の C_2 ユニット（アセチレンまたはクムレン）を挿入すると，対称性は保たれたまま構造が拡張される．Chauvin らはこのような化合物をカルボマー（carbomer）とよび，構造有機化学の分野で注目を集めている（図 5.45）．シクロアルカン（炭素数 n）の C-C 結合環にアセチレンを挿入したカルボマーは [n]ペリサイクリンともよばれ，メチル置換誘導体 134 や 135 が合成された．化合物 134 の五角形部は，シクロペンタンの場合と同様に，封筒形の立体配座をとる．分子力学計算によると，無置換の [6]ペリサイクリン 136 ではいす形配座が最安定ではあるが，環反転はシクロヘキサンよりずっと速いことが予想さ

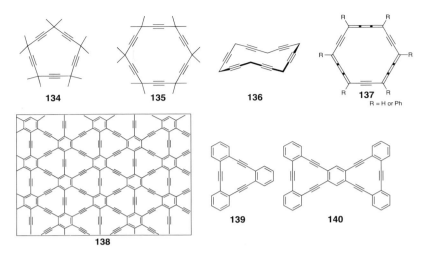

図 5.45 さまざまなカルボマー

れている.

化合物 137 はベンゼンのカルボマーであり，カルボベンゼンともよばれる．無置換体 137（R=H）は合成されていないが，理論計算によると平面の D_{6h} 対称の構造が安定であり，結合交替が小さいことや NICS 計算値（環中央で-17.9）から芳香族性を示すことが予想された．実際に合成されたヘキサフェニル誘導体 137（R=Ph）は紫色の結晶として得られ，X 線構造では環状部は平面正六角形であった.

グラフェンの各 C-C 結合に C_2 ユニットを挿入すると，グラフィンとよばれる網目構造 138 になり，炭素の新しい同素体として興味のある研究対象である．化合物 139 はグラフィンの最小部分構造であり，トリフェニレンのカルボマーでもある．この化合物は平面三角形の剛直な骨格（D_{3h}）をもち，ベンゼンが三つ縮合したトリスデヒドロ[12]アヌレン構造をもつ．中央 12 員環と周辺ベンゼン環の NICS 値はそれぞれ 2.92 と-10.35 であり，ベンゼン環が芳香族性を示す．大きなグラフィンの部分構造をもつ化合物も合成され，化合物 139 の構造を集積したバタフライ形の化合物 140 や，網目構造をさらに拡張した化合物や大環状骨格をもつ化合物などがグラフィン関連化合物として活発に研究されている.

5.3.3 ポルフィリン

a. 拡張ポルフィリン[40]

3.4.8 項で述べたポルフィリンの芳香族性に関連し，骨格にさらに芳香環を組み込んだ拡張ポルフィリンを例にあげて，Hückel と Möbius 芳香族化合物の分子設計を

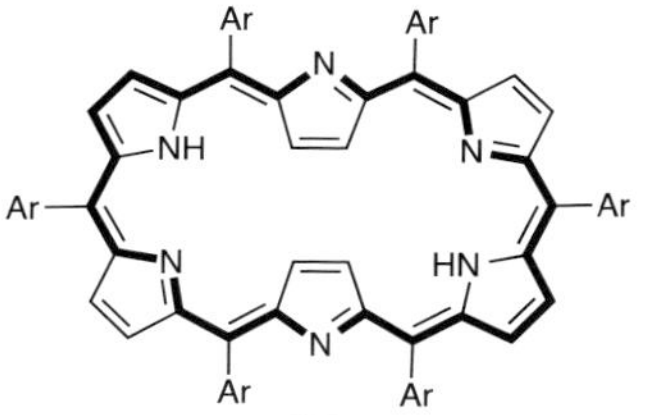

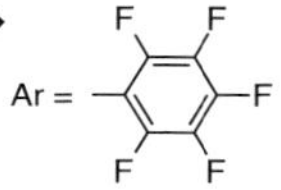

図 5.46 拡張ポルフィリン誘導体
太線は π 共役部を示す.

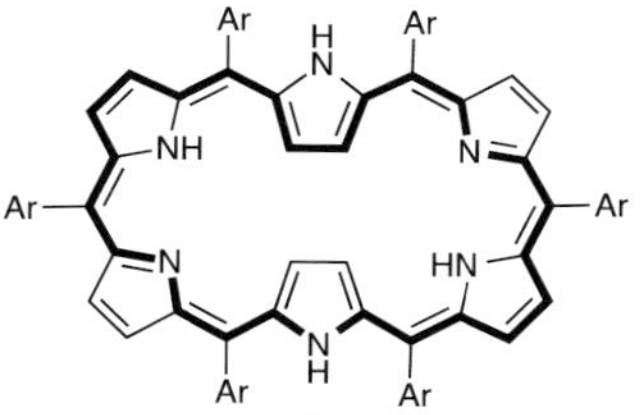

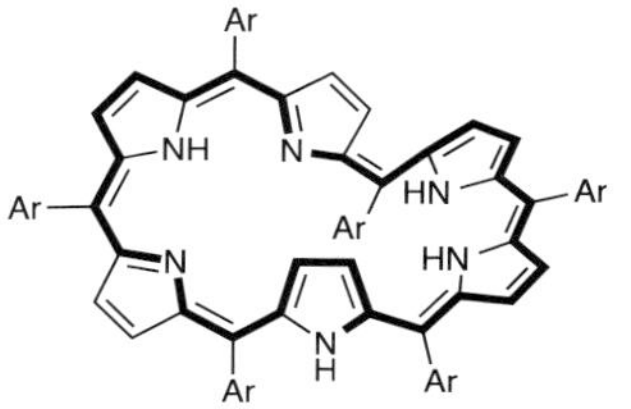

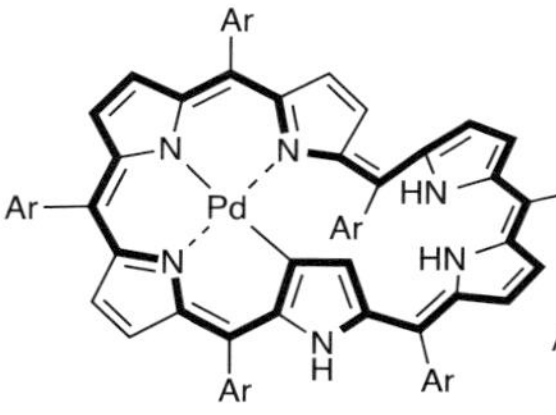

紹介する.ピロールと芳香族アルデヒドを酸触媒中で縮合させると,ポルフィリンの他にさらに大きな環式同族体が生成する.その一つが六つのピロール環をもつ [26]ヘキサフィリン 141(角カッコ内の数字は π 系の電子数)であり,平面構造をもつ Hückel 芳香族化合物である(図 5.46).その還元体 142 は [28]ヘキサフィリンであり,低温では配座交換が遅くなり,非常に高磁場および低磁場にシグナルが現れた.また,結晶化の条件を変えることにより,平面の Hückel 型 142a とねじれた Möbius 型 142b の分子からなる結晶をつくり分けることができた.金属錯体の形成によりねじれた構造を固定することもでき,Pd 錯体 143(28π 系)では内側に向いた水素のシグナルが高磁場(0.80 ppm)に観測された.無置換体で計算した環中央における NICS 値は,平面形が 34.5,ねじれ形が −15.2 であり,後者が明らかに Möbius 芳香族性を示すことが支持された.さらに環の大きなポルフィリン誘導体を用いて,32π の Möbius 芳香族性,30π と 34π の Möbius 反芳香族性を示す化合物も合成され,Heilbronner の予測が実証された.

b. 集積ポルフィリン[41)]

ポルフィリンが多数集積した巨大な化合物は,構造的にも機能的にも注目を集めている.ポルフィリンの *meso* 位(ピロール環を連結する炭素の位置)を直線的に連結していくと,非常に長いポルフィリン多量体 144 が得られる(図 5.47).連結を繰り返すことにより最長 1024 量体が合成され,分子量は約 100 万,分子長は 800 nm に達する.立体障害のために直接連結したポルフィリンどうしはねじれた立体配座をと

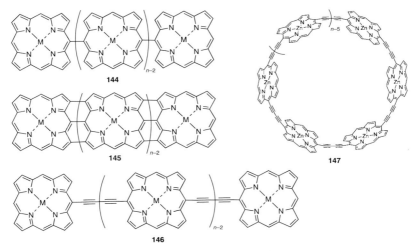

図 5.47 集積ポルフィリン誘導体
meso 位の置換基は省略.

るが，電子的相互作用はある程度分子全体に広がっている．化合物 **144** に適当な酸化剤を反応させると β 位（各ピロール環の 3, 4 位）どうしで二つの結合ができ，テープ状のオリゴマー **145** が生成し，24 量体まで確認されている．共役が高度に広がり近赤外の吸収を示すことから，機能性材料への応用が期待されている．

ポルフィリンをジアセチレンリンカーで連結した集積化合物 **146** は，アセチレンのカップリング反応により合成することができる．これまでに 50 量体程度までの種々の長さのオリゴマーが単離され，たとえば 20 量体は約 27 nm の共役鎖長をもつ．オリゴマー鎖に沿って遠隔の電子的相互作用があるため，分子ワイヤーなどの電子デバイスとして応用が期待されている．車輪形の配位子をもつテンプレートを利用してアセチレンのカップリングを行うと，大環状オリゴマー **147** が比較的良好な収率で得られる．テンプレートの形状や大きさを変えることにより，12, 24, 42 量体などをつくり分けることができる．分子は環状の構造をもち，たとえば 24 量体では直径（向かい合う Zn 原子間の距離）は約 10 nm である．

5.4 三次元の広がりをもつ構造

本節では，これまでとりあげなかった三次元的な広がりをもつ対称性の高い構造やかご形の構造の代表例を紹介する．

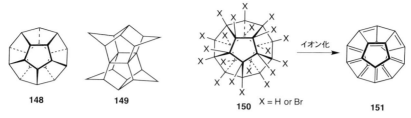

図 5.48　ドデカヘドランとパゴダン

5.4.1　ドデカヘドランとパゴダン[42]

正多面体のうち，正四面体形のテトラヘドランと正六面体形のキュバンについてはすでに述べた（5.1.2項参照）．炭素の結合様式を考慮すると，正八面体と正二十面体の構造を炭素だけでつくることはできないので，最後に残された標的は正十二面体形のドデカヘドラン（**148**）（dodecahedrane）である（図5.48）．幾何学的には炭素原子のひずみは小さいと予想されるが，高度なかご形構造をいかに組み立てるかが鍵になる．最初の合成は1982年にPaquetteらにより報告された．シクロペンタジエンから増炭と炭素-炭素結合形成を繰り返し，約30段階でドデカヘドランが合成された．X線解析で構造が調べられ，分子はほぼ完全な I_h 対称であり，C-C結合長は1.54 Å，C-C-C結合角は108°である．^{1}H NMRでは3.38 ppmに1本のシグナルが観測され，一般のアルカンに比べてプロトンが脱しゃへい化されている．結合定数 $^1J_{CH}$ は134.5 Hzであり，C-H結合はsp^{3}混成よりやや高いs性をもつ．変角のひずみは小さいが，すべてのH-C-C-H部が重なり形のためねじれひずみがあり，ひずみエネルギーは257 kJ mol^{-1}と計算されている．この値はテトラヘドランやキュバンのものの半分以下である．

のちに，PrinzbachらはC$_{20}$のかご形構造をもつパゴダン（**149**）（pagodane）の異性化を経由してドデカヘドランを合成した．**149**を非常に高温でPd/Al$_2$O$_3$などの触媒を用いて気相異性化すると，少量ではあるがドデカヘドラン（**148**）が生成した．また，**149**の誘導体を用いると高収率でドデカヘドラン骨格が形成し，**148**の置換誘導体へ変換することができる．質量分析計で高度にブロモ化した誘導体**150**をイオン化すると，C$_{20}$$^+$に対応するピークが検出された．この化学種は大きな曲率をもつ最小のフラーレン**151**と考えられている．

5.4.2　集積アダマンタン[43]

アダマンタン（**152**）（adamantane）は10個のsp^{3}混成炭素からなる三環式飽和炭化水素であり，ダイヤモンドの部分構造をもつ（図5.49）．化学的にはシクロペンタジエン2量体を水素化して得られる三環式の炭化水素をルイス酸触媒で異性化するこ

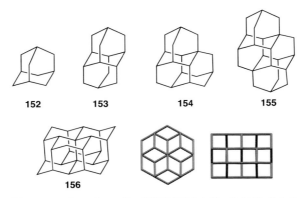

図 5.49 アダマンタン,その集積誘導体およびヘキサマンタンの X 線構造 (156 の構造は文献 43b)

とにより合成できる.アダマンタンは対称性の高い (T_d) 剛直な骨格をもち,各炭素の結合角はほぼ 109°で重なり形配座をもたないため,ひずみはほとんどない.構造有機化学の分野では,複数の置換基を適当な距離をおいて決められた方向に導入するための足場として用いられることがある (4.1.2 項参照).

アダマンタンの構造を集積した誘導体として,ジアマンタン (**153**) とトリアマンタン (**154**) は,アダマンタンとの場合と同様な異性化により合成された.テトラマンタンには 3 種類の異性体が存在し,C_{2h} 対称の化合物 155 ($C_{14}H_{20}$) はジアマンタン誘導体から環化反応を経由して合成された.**155** の X 線構造では,C-C 結合は 1.52~1.54 Å,炭素の結合角は 107~111°であり,ほとんどひずみのない骨格をもつ.アダマンタンや集積アダマンタンは原油中に含まれ,多くの同族体や異性体が分離可能である.その一つであるヘキサマンタン **156** ($C_{26}H_{30}$) は,方向によりさまざまな形に見える美しい幾何学構造をもつ (図 5.49).

5.4.3 スフェリファン[44)]

化合物 **157** は,四つのベンゼン環が六つのエチレン鎖で相互に連結された球状の

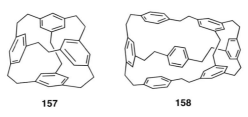

図 5.50 スフェリファン

環状構造をもち，スフェリファン（spheriphane）とよばれる（図5.50）。分子内の空孔の直径は2.3 Åであり，小さい金属イオンを取り込むために十分な大きさである。構造を拡張したスフェリファン **158** は，カチオン…π 相互作用により Ag^+ と非常に強く相互作用する。この性質を利用して，水溶液から Ag^+ を効果的に抽出するイオン受容体としての機能をもつことが示されている。

5.4.4　トリプチセンおよび関連化合物[45]

トリプチセン（**159**）（triptycene）は，三つのベンゼン環が二つの sp^3 炭素で架橋された非常に剛直な構造をもつ炭化水素である（図5.51）。無置換体は D_{3h} 対称であり，ビシクロ環の二つの橋頭位炭素は C_3 軸上にある。トリプチセンの骨格はアントラセンとベンザインの Diels-Alder 反応によりつくることができ，その構造的特徴から，分子を三次元に拡張するための足場構造，非常に嵩高い置換基（2.3.2項参照）や歯車などの分子機械の部品として用いられる。トリプチセンの剛直な骨格をさらに拡張した化合物はイプチセン（iptycene）とよばれ，独立した芳香環の数を接頭語につけて構造を特定する。ペンチプチセン（**160**）やヘプチプチセン（**161**）は，Diels-Alder 反応を用いて合成された。いずれも剛直な骨格をもち，結晶中では空孔にさま

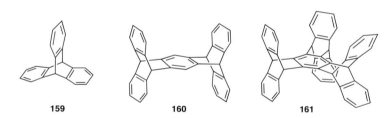

図 5.51　トリプチセンとイプチセン誘導体

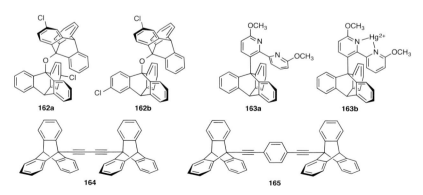

図 5.52　トリプチセンの回転を利用した分子機械

ざまな分子を包接する性質をもつ．さらに拡張されたイプチセンや環状に連結した誘導体も合成され，すき間の多い構造をつくるための基本骨格として用いられている．

二つの9-トリプチシル基をメチレン基や酸素で連結した構造は，分子歯車としてIwamuraおよびMislowにより提案された（図5.52）．化合物162では二つの歯車部位は相関して回転し，クロロ基の位置が異なる162aと162bは歯車回転だけでは相互に変換できない．このような異性体は位相異性体（phase isomer）とよばれる．歯車がすべるときの障壁は約175 kJ mol^{-1}であり，非常に高温でも異性化はほとんど進行しない．化合物163は，金属イオンにより結合の回転を制御する機能をもつ分子ブレーキである．水銀イオンの配位により2,2′-ビピリジル部の配座が固定されるとトリプチシル基の回転が止まり，ブレーキがOFF（163a）からON（163b）の状態に変化する．化合物164では，トリプチセンがジアセチレンの軸に対して回転可能であり，車の形と動きをもつナノサイズの分子であるナノカーの車輪-車軸の部品として用いられた．化合物165は両端にかさ高いトリプチシル基をもち，中央に回転可能なベンゼン環が導入されている．この構造は分子ジャイロスコープの設計に用いられ，結晶中で外界からのエネルギーによって中央のベンゼン環を整列させることが試みられている．

5.5 超原子価化合物[46]

原子価殻に形式的に8個より多い電子をもつ典型元素を含む化合物は超原子価化合物（hypervalent compound）とよばれる．二中心二電子結合の考えに基づくと，超原子価化合物の中心原子はオクテット則に反すると考えられる．しかし，3原子からできる分子軌道が4電子を収容する3中心4電子結合により，超原子価化合物の結合は理解されている．第3周期以降の典型元素では，多くの超原子価化合物が知られている．第2周期の典型元素では，超原子価化合物は一般的に不安定であり，分子構造や電子的な要請を満たすことにより初めて単離できる．超分子化合物を分類するために，N-X-Lの記号が用いられる．ここで，Nは原子価殻の電子数，Xは中心原子の元素記号，Lは中心原子のリガンド数を示す．たとえば，五塩化リン（166）は10-

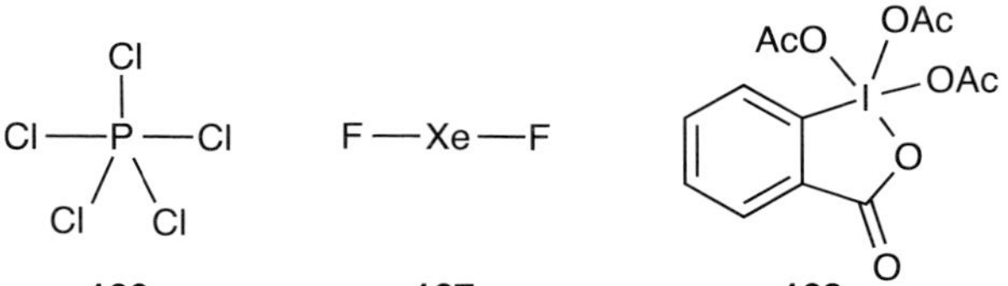

166　　　**167**　　　**168**

図5.53　代表的な超原子価化合物

P-5, 二フッ化キセノン (**167**) は 12-Xe-2, 酸化剤として用いられる Dess-Martin ペルヨージナン (**168**) は 12-I-5 と表示できる (図 5.53). 本節では, 構造と結合の基礎を述べたあと, 炭素原子などの第 2 周期典型元素を中心に構造的観点から超原子価化合物について解説する.

5.5.1 高配位化合物の構造と結合

超原子価化合物において見られる高配位の結合について, 代表的な化合物をあげて説明する. 5 配位化合物では三方両錐形の構造が一般的であり, このような例として五フッ化リン (**169**)(10-P-5) を考える. この分子には 2 種類の P-F 結合があり, リン原子を含む平面内の三角形方向の三つの結合をエクアトリアル, これらの結合と直交する二つの結合をアピカル (apical) とよぶ. 中心のリン原子とアピカル位にある二つのフッ素原子は一直線上にあり, この F-P-F の結合が 3 中心 4 電子結合をつくる. 図 5.54 に示すように, 一直線上に並んだ 3 原子の p 軌道から, 結合性, 非結合性および反結合性の分子軌道が一つずつ生じる. これらの軌道に関与する 4 個の電子が結合性軌道と非結合性軌道に 2 個ずつ入り, 全体として結合性の相互作用が生じる. このモデルに従うと, アピカルの P-F 結合の次数は 0.5 であり, 中心原子はオクテット則に反していないことになる. アピカル結合は分極が大きい弱い結合であり, 中心原子に結合した配位子が異なる場合, 電気陰性な配位子がアピカル位をとりやすい傾向をもつ. 6 配位化合物は一般に正八面体構造をとり, たとえば SF_6 では 3 組の 3 中心 4 電子結合の存在により結合を理解することができる.

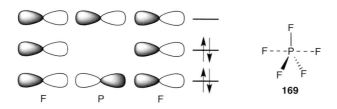

図 5.54 五フッ化リンにおけるアピカル F-P-F 結合の分子軌道

5.5.2 炭素の超原子価[47]

炭素原子において最もよく知られている超原子価状態は, $S_N 2$ 反応における遷移状態である. 三方両錐形構造のこの状態では, 脱離基と求核試薬がアピカル位に, 残りの三つの配位子がエクアトリアル位にあり, 非常に不安定なため実験的に単離して構造をくわしく調べることはできない. このような高配位状態を構造的に電子的に安定化し, 超原子価炭素化合物を単離するための研究が行われてきた.

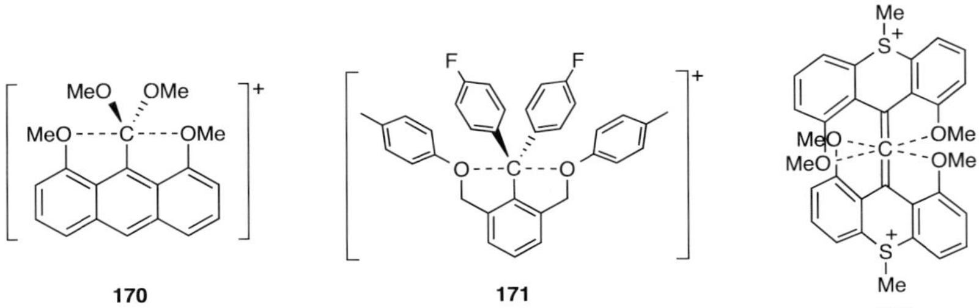

図 5.55 超原子価炭素化合物

剛直な 1,8-ジメトキシ-9-アントリル配位子をもつ化合物 **170** は，5 配位炭素原子もつ化合物として合成された（図 5.55）．X 線構造における二つの C⋯O の距離はどちらも 2.44 Å であり，一般的な C-O 共有結合より約 1.0 Å 長いものの，結合的な相互作用があることが確認された．また，オルト位に二つの酸素配位子をもつトリチル（トリフェニルメチル）カチオン型化合物 **171** においても，炭素は 5 配位であり，アピカル位の酸素原子との距離は 2.69 Å である．これらの化合物では，O-C-O 結合は 3 中心 4 電子結合として理解できる．さらに，剛直な 3 座配位子を炭素原子に二つ導入することにより，ジカチオン性の 6 配位化合物 **172** が合成された．この化合物では，アレン部の中央炭素が 2 組の O⋯C⋯O に関与し，C⋯O 間の距離は約 2.7 Å である．いずれの化合物においても，C と O の間に引力的な相互作用があることは，電子密度の理論的な解析により支持されている．このように配位子を設計することにより 5 配位および 6 配位の超原子価化合物を安定に単離することができ，炭素原子の構造と結合についての概念が拡張された．

5.6　含高周期元素多重結合化合物[48]

第 3 周期以降の元素がつくる二重結合または三重結合は結合距離が長いため，p 軌道の重なりによる生じる π 結合は弱くなる（表 5.3）．たとえば，π 結合のエネルギー

表 5.3 種々の二重結合の結合エネルギー

結合	結合エネルギー/kJ mol^{-1}			結合	結合エネルギー/kJ mol^{-1}		
	σ 結合	π 結合	合計		σ 結合	π 結合	合計
C=C[a]	369	291	661	C=S[b]	305	228	534
C=Si[a]	345	151	496	C=Se[b]	272	181	453
Si=Si[a]	295	101	396	C=Te[b]	241	134	374
C=O[b]	392	399	790				

a) 文献 48a（計算値，MP4SDTQ/6-31G*）．b) 文献 48b（計算値，B3LYP/TZ(d, p)）

は，C=C 結合（291 kJ mol^{-1}），C=Si 結合（151 kJ mol^{-1}），Si=Si 結合（101 kJ mol^{-1}）の順に小さくなる．そのため，1970年代までは，高周期の元素を含む多重結合は不安定であり，安定な化合物は存在しないと考えられていた．しかし，それ以降，分子に嵩高い置換基を導入して反応性の高い部位を保護する「立体保護（steric protection）」の手法により，このような多重結合をもつ化合物が合成されてきた．本節では，炭素と高周期元素の間の多重結合をもつ化合物を中心に，代表的な例を紹介する．結合次数は，分子構造における結合長の短縮の程度，理論計算による原子間の電子密度の分布，あるいは NMR の結合定数などにより評価される．

5.6.1 アルケン類縁体[49]

安定な C=Si 二重結合をもつシレン **173** は Brook らにより，安定な Si=Si 二重結合をもつジシレン **175** は West らにより，光反応を用いて合成された（図 5.56）．これらの化合物は不活性雰囲気下では安定であるが，反応性は非常に高く，酸素，水や酸などと速やかに反応する．二重結合のケイ素原子にかさ高い置換基を導入するほど安定性が増大し，とくに 2,4,6 位にビス（トリメチルシリル）メチル基をもつフェニル基（Tbt 基）はジシレンを非常に安定化することが知られている．

このようなケイ素を含む二重結合化合物の構造は，X 線解析により決定されている．シレン **174** の C=Si 二重結合部はほぼ平面であり，結合長は 1.70 Å である．この結合長は一般的な C-Si 単結合（1.86 Å）より短く，結合次数が大きくなっていることを示す．ジシレン **175** では Si=Si の結合距離は 2.16 Å であり，一般的な Si-Si 単結合より 0.2 Å 短い．多くの場合，ケイ素原子はわずかに非平面であり，**176** のように反

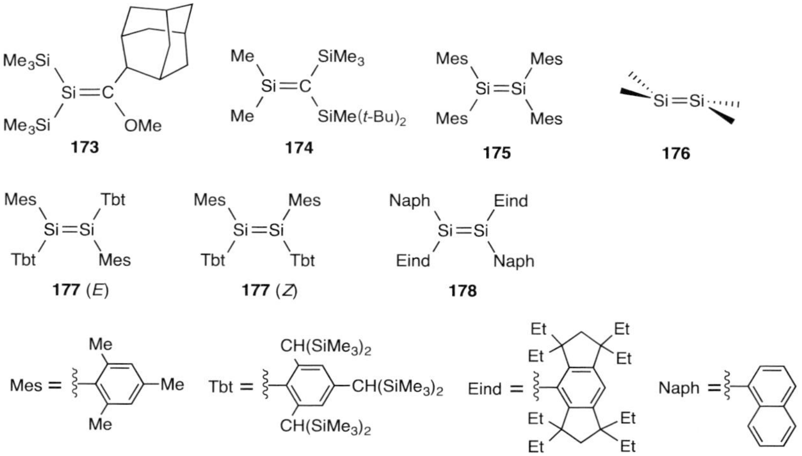

図 5.56 シレンとジシレン誘導体

対側に曲がった構造をとる．かさ高い置換基をもつジシレン **177** と **178** は，安定な化合物として合成された．化合物 **177** は，溶液中でシリレン（カルベンのケイ素類縁体）を経由して Z 体と E 体の間で異性化を起こす．赤色の化合物 **178** では Si=Si の結合距離は 2.17 Å であり，**175** とは異なり平面性の高いジシレン骨格をもつ．

5.6.2 ケトンとアルデヒド類縁体[50]

ケトンまたはアルデヒドのカルボニル酸素を同族元素の硫黄，セレン，テルルに置き換えた類縁体（**179** と **180**）は，多くの研究者により合成が試みられた（図 5.57）．表 5.3 に示すように，炭素と結合した原子が高周期であるほど，結合エネルギーとりわけ π 結合のエネルギーが減少するので，二重結合部を安定化する必要がある．

チオケトン誘導体 **179**（E=S）は光や酸素に対して不安定であるが，比較的古くから知られていた．セレノケトンは容易に多量化するが，かさ高い t-ブチル基をもつ誘導体 **181** は単量体として得られた．テルロケトンはさらに不安定であり，中間体として存在することは確かめられていたが，1993 年になってようやく安定な誘導体 **182** が報告された．ケトン類縁体に比べてアルデヒド類縁体はさらに不安定で，単離するためには高度な立体保護が必要である．チオアルデヒド **183** とセレノアルデヒド **184** は，2,4,6-トリ-t-ブチルフェニル基（Mes*）または上述の Tbt 基を用いることにより単離された．化合物 **183** における C=S 結合長は 1.60 Å であり，単結合（1.82 Å）に比べて短くなっている．

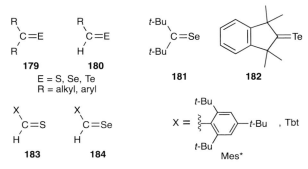

図 5.57 高周期元素を含むケトンとアルデヒド類縁体（Tbt 基は図 5.56 参照）

5.6.3 アルキン類縁体[51]

アルケン類縁体の場合と同様に，ケイ素原子を含む三重結合（C≡Si または Si≡Si 結合）は弱いため，高周期アルキン類縁体は非常に不安定な化合物である．

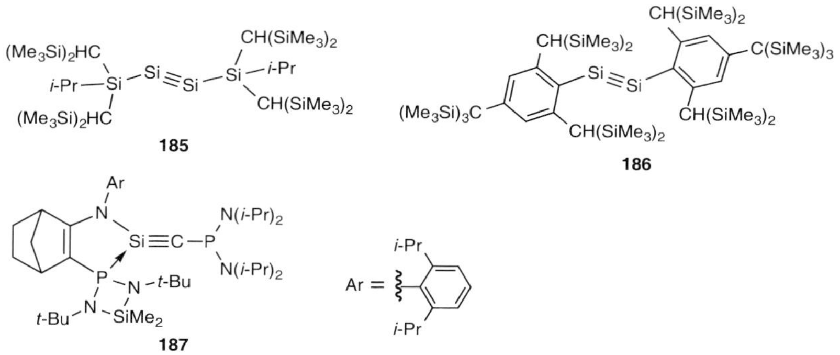

図5.58 ケイ素を含む三重結合をもつ化合物

Sekiguchi らは 2004 年に，立体保護の手法を用いて，初めての安定な Si≡Si 化合物（ジシリン）の合成に成功した（図5.58）．前駆体であるテトラブロモジシラン誘導体の脱ブロモ化により，化合物 185 が鮮やかな緑色の結晶として単離された．X 線構造解析によると，Si≡Si 結合長は 2.06 Å であり，ジシレンの二重結合より明らかに結合が短い．理論計算により見積もられた結合定数は 2.6 である．また，三重結合部はトランスに折れ曲がり，ケイ素における結合角は 137° である．非直線形の構造は，ケイ素原子の π 軌道と σ* 軌道の相互作用によるものである．両端に炭素置換基をもつジシリン 186 も合成され，折れ曲がった構造と Si≡Si 結合長(2.11 Å)が報告された．

C≡Si 結合は Si≡Si 結合に比べて短いが，結合が分極しているため不安定である．理論計算によると，シリン H-C≡Si-H の三重結合の結合長は 1.67 Å であり，折れ曲がった構造が安定である．ホスフィン配位子により安定化されたシリン誘導体 187 は深赤色の単結晶として単離され，X 線解析により構造が調べられた．X 線構造では C≡Si 結合長は 1.67 Å であり，この値は二重結合の標準値（約 1.70 Å）より短く，上記の理論計算の長さとほぼ一致している．

5.6.4 芳香族化合物類縁体[51]

ベンゼンなどの芳香族化合物において，炭素の一部をケイ素で置き換えた化合物は，

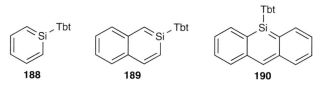

図5.59 ケイ素を含む芳香族化合物（Tbt 基は図5.56 参照）

芳香族性にどのような影響を与えるか興味がもたれていた．理論的な計算によると，ケイ素を一つ導入したシラベンゼンは非常に不安定であり，以前は極低温において分光学的に検出されるのみであった．前述した Tbt 基による立体保護を利用して安定なシラアレーンの合成が可能になり，シラベンゼン（**188**），シラナフタレン（**189**）やシラアントラセン（**190**）が合成された（図 5.59）．化合物 **188** では，シラベンゼン環部分は平面であり，二つの C-Si 結合長（1.77 Å）は単結合と二重結合の中間の値をもつ．また，四つの C-C 結合は約 1.39 Å で結合交替が小さいこと，シラベンゼン環に直接結合した水素の ^{1}H NMR シグナルが低磁場（6.8〜7.8 ppm）に観測されること，無置換体の NICS 値（環中央において -7.1）が比較的大きな負の値であることから，芳香族性をもつことが示された．芳香族性による安定化にもかかわらず，これらの化合物は反応性が高く，付加反応や異性化反応が起こりやすい．

文　献

1) 特殊な構造に関する一般的な教科書・参考書
   (a) 村田一郎，有機化合物の構造，岩波書店 (2000)；(b) H. Hopf, Classics in Hydrocarbon Chemistry : Synthesis, Concepts, Perspectives, Wiley-VCH, Weinheim (2000)；(c) F. Vögtle, Fascinating Molecules in Organic Chemistry, Wiley, Chichester (1992)；(d) H. Dodziuk, ed., Stained Hydrocarbons : Beyond the van't Hoff and Le Bel Hypothesis, Wiley-VCH, Weinheim (2009)；(e) F. A. Carey and R. J. Sundberg, Advanced Organic Chemistry : Part A : Structure and Mechanisms 5th ed., Springer-Verlag, New York (2007)；(f) A. Nickon, Organic Chemistry : The Name Game : Modern Coined Terms and Their Origins, Pergamon, New York (1987)；(g) Q. Miao, Polycyclic Arenes and Heteroarenes : Synthesis, Properties, and Applications, Wiley, Weinheim (2015)；(h) 日本化学会編，未来材料を創出する π 電子系の科学―新しい合成・構造・機能化に向けて，化学同人 (2013).
2) (a) K. B. Wiberg, Reactive Intermediate Chemistry, R. A. Moss, M. S. Platz and M. Jones, Jr., eds. Wiley, Hoboken (2004), Chapt. 15；(b) J. F. Liebman and A. Greenberg, *Chem. Rev.*, **76**, 311 (1976)；(c) K. B. Wiberg, *Angew. Chem. Int. Ed. Engl.*, **25**, 312 (1986).
3) G. Maier, *Angew. Chem. Int. Ed. Engl.*, **27**, 309 (1988).
4) P. E. Eaton, *Angew. Chem. Int. Ed. Engl.*, **31**, 1421 (1992).
5) G. Mehta and S. Padma, Carbocyclic Cage Compounds : Chemistry and Applications, E. Osawa and O. Yonemitsu, eds, Wiley-VCH, New York (1992), Chapt. 7.
6) (a) K. B. Wiberg, *Chem. Rev.*, **89**, 975 (1989)；(b) M. D. Levin, P. Kaszynski and J. Michl, *Chem. Rev.*, **100**, 169 (2000).
7) R. Keese, *Chem. Rev.*, **106**, 4787 (2006).
8) W. Luef and R. Keese, *Top. Stereochem.*, **20**, 231 (1991).
9) W. T. Borden, *Chem. Rev.*, **89**, 1095 (1989).
10) J. A. Marchall, *Acc. Chem. Res.*, **13**, 213 (1980).

11) P. M. Warner, *Chem. Rev.*, **89**, 1067 (1989).
12) R. Gleiter and R. Merger, Modern Acetylene Chemistry, P. J. Stang and F. Diederich, eds., VCH, Weinheim (1995), Chapt. 8.
13) (a) Y. Rubin and F. Diederich, Stimulating Concepts in Chemistry, F. Vögtle, J. F. Stoddart and M. Shibasaki, eds., Wiley, Weinheim (2000), Chapt. 11 ; (b) Y. Tobe and T. Wakabayashi, Acetylene Chemistry : Chemistry, Biology and Material Science, F. Diederich, P. J. Stang and R. R. Tykwinski, eds., Wiley-VCH, Weinheim (2009), Chapt. 9.
14) M. Winkler, H. H. Wenk and W. Sander, Reactive Intermediate Chemistry, R. A. Moss, M. S. Platz and M. Jones, Jr., eds., Wiley, Hoboken (2004), Chapt. 16.
15) (a) R. Gleiter and H. Hopf, Modern Cyclophane Chemistry, Wiley-VCH, Weinheim, (2004) ; (b) F. Vögtle, Cyclophane Chemistry, Wiley, Chichester (1993) ; (c) Y. Tobe, *Top. Curr. Chem.*, **172**, 1 (1994) ; (d) S. Misumi and T. Otsubo, *Acc. Chem. Res.*, **78**, 21 (1978) ; (e) T. Tsuji, M. Ohkita and H. Kawai, *Bull. Chem. Soc. Jpn.*, **75**, 415 (2002).
16) R. A. Pascal, Jr., *Chem. Rev.*, **106**, 4809 (2006).
17) (a) Y. Shen and C.-F. Chen, *Chem. Rev.*, **112**, 1463 (2012) ; (b) M. Gingras, *Chem. Soc. Rev.*, **42**, 968 (2013) ; (c) P. Sehnal, I. G. Stará, D. Šaman, M. Tichý, J. Mišek, J. Cvačka, L. Rulíšek, J. Chocholoušová, J. Vacek, G. Goryl, M. Szymonski, I. Cisařová and I. Starý, *Proc. Nat. Acad. Sci. USA*, **106**, 13169 (2009).
18) (a) Y.-T. Wu and J. S. Siegel, *Chem. Rev.*, **106**, 4843 (2006) ; (b) A. Sygula and P. W. Rabideau, Carbon-Rich Compounds, M. M. Haley and R. R. Tykwinski, eds., Wiley-VCH, Weinheim (2006), Chapt. 12 ; (c) H. Sakurai, T. Daiko, H. Sakane, T. Amaya, T. Hirao, *J. Am. Chem. Soc.*, **127**, 11580 (2005) ; (d) T. Amaya and T. Hirao, *Chem. Commun.*, **47**, 10524 (2011) ; (e) S. Higashibayashi and H. Sakurai, *Chem. Lett.*, **40**, 122 (2011).
19) Bharat, R. Bhola, T. Bally, A. Valente, M. K. Cyrański, Ł. Dobrzycki, S. M. Spain, P. Rempała, M. R. Chin and B. T. King, *Angew. Chem. Int. Ed.*, **49**, 399 (2010).
20) (a) H. Omachi, Y. Segawa and K. Itami, *Acc. Chem. Res.*, **45**, 1378 (2012) ; (b) E. R. Darzi and R. Jasti, *Chem. Soc. Rev.*, **44**, 6401 (2015) ; (c) E. Kayahara, V. K. Patel and S. Yamago, *J. Am. Chem. Soc.*, **136**, 2284 (2014) ; (d) T. Iwamoto, Y. Watanabe, Y. Sakamoto, T. Suzuki and S. Yamago, *J. Am. Chem. Soc.*, **133**, 8354 (2011) ; (e) A.-F. Tran-Van and H. A. Wegner, *Beilstein J. Nanotechnol.*, **5**, 1320 (2014) ; (f) T. Kawase, *Synlett*, 2609 (2007).
21) (a) D. S. Warren and B. M. Gimarc, *J. Am. Chem. Soc.*, **114**, 5378 (1992) ; (b) M. Christl, *Angew. Chem. Int. Ed. Engl.*, **20**, 529 (1981) ; (c) T. C. Dinadayalane, U. D. Priyakumar and G. N. Sastry, *J. Phys. Chem. A*, **108**, 11433 (2004).
22) D. R. Huntley, G. Markopoulos, P. M. Donovan, L. T. Scott and R. Hoffmann, *Angew. Chem. Int. Ed.*, **44**, 7549 (2005).
23) (a) T. Takeda, Y. Uchimura, H. Kawai, R. Katoono, K. Fujiwara and T. Suzuki, *Chem. Lett.*, **42**, 954 (2013) ; (b) F. Toda, *Eur. J. Org. Chem.*, 1377 (2000) ; (c) J. S. Siegel, *Nature*, **439**, 801 (2006) ; (d) P. R. Schreiner, L. V. Chernish, P. A. Gunchenko, E. Yu. Tikhonchuk, H. Hausmann, M. Serafin, S. Schlecht, J. E. P. Dahl, R. M. K. Carlson and A. A. Fokin, *Nature*, **477**, 308 (2011).
24) (a) M. Tanaka and A. Sekiguchi, *Angew. Chem. Int. Ed.*, **44**, 5821 (2005) ; (b) Q. Song,

D. M. Ho and R. A. Pascal, Jr., *J. Am. Chem. Soc.*, **127**, 11246 (2005) ; (c) P. E. Eaton, K. Pramod, T. Emrick and R. Gilardi, *J. Am. Chem. Soc.*, **121**, 4111 (1999) ; (d) V. Galasso and I. Carmichael, *J. Phys. Chem. A*, **104**, 6271 (2000).
25) (a) G. Gunbas, N. Hafezi, W. L. Sheppard, M. M. Olmstead, I. V. Stoyanova, F. S. Tham, M. P. Meyer and M. Mascal, *Nat. Chem.*, **4**, 1018 (2012) ; (b) G. Gunbas, W. L. Sheppard, J. C. Fettinger, M. M. Olmstead and M. Mascal, *J. Am. Chem. Soc.*, **135**, 8173 (2013).
26) R. G. Harvey, Polycyclic Aromatic Hydrocarbons, Wiley-VCH, New York (1997).
27) (a) I. A. Popov and A. I. Boldyrev, *Eur. J. Org. Chem.*, 3485 (2012) ; (b) K. Yamamoto, H. Sonobe, H. Matsubara, M. Sato, S. Okamoto and K. Kitaura, *Angew. Chem. Int. Ed. Engl.*, **35**, 69 (1996) ; (c) C.-N. Feng, M.-Y. Kuo and Y.-T. Wu, *Angew. Chem. Int. Ed.*, **52**, 7791 (2013) ; (d) S. Nobusue, H. Miyoshi, A. Shimizu, I. Hisaki, K. Fukuda, M. Nakano and Y. Tobe, *Angew. Chem. Int. Ed.*, **54**, 2090 (2015) ; (e) K. Yu. Chernichenko, E. S. Balenkova and C. G. Nenajdenkio, *Mendeleev. Commun.*, **18**, 171 (2008).
28) (a) H. Miyoshi, S. Nobusue, A. Shimizu and Y. Tobe, *Chem. Soc. Rev.*, **44**, 6560 (2015) ; (b) H. A. Staab, F. Diederich, C. Krieger and D. Schweitzer, *Chem. Ber.*, **116**, 3504 (1983) ; (c) B. Kumar, R. L. Viboh, M. C. Bonifacio, W. B. Thompson, J. C. Buttrick, B. C. Westlake, M.-S. Kim, R. W. Zoellner, S. A. Varganov, P. Moerschel, J. Teteruk, M. U. Schmidt and B. T. King, *Angew. Chem. Int. Ed.*, **21**, 12795 (2012).
29) (a) U. Scherf and K. Müllen, *Synthesis*, 23 (1992) ; (b) Z. Sun, Z. Seng and J. Wu, *Chem. Asian J.*, **8**, 2894 (2013) ; (c) T. Kubo, *Chem. Lett.*, **44**, 111 (2015).
30) (a) A. J. Berresheim, M. Müller and K. Müllen, *Chem. Rev.*, **99**, 1747 (1999) ; (b) K. Tsubaki, *Org. Biomol. Chem.*, **5**, 2179 (2007) ; (c) T. Otsubo, Y. Aso and K. Takimiya, *J. Mater. Chem.*, **12**, 2565 (2002).
31) J. Wu, W. Pisula and K. Müllen, *Chem. Rev.*, **107**, 718 (2007).
32) (a) R. Herges, *Chem. Rev.*, **106**, 4820 (2006) ; (b) G. R. Schaller, F. Topić, J. Rissanen, Y. Okamoto, J. Shen and R. Herges, *Nat. Chem.*, **6**, 608 (2014).
33) M. Murata, Y. Murata and K. Komatsu, *Chem. Commun.*, 6083 (2008).
34) (a) G. A. Burley, *Angew. Chem. Ind. Ed.*, **44**, 3176 (2005) ; (b) K. Tahara and Y. Tobe, *Chem. Rev.*, **106**, 5274 (2006).
35) (a) H. Hopf and G. Maas, *Angew. Chem. Int. Ed. Engl.*, **31**, 931 (1992) ; (b) E. G. Mackay, C. G. Newton, H. Toombs-Ruan, E. J. Lindeboom, T. Fallon, A. C. Willis, M. N. Paddon-Row and M. S. Sherburn, *J. Am. Chem. Soc.*, **137**, 14653 (2015).
36) F. A. Carroll, Perspectives on Structure and Mechanism in Organic Chemistry, 2nd ed., Wiley, Hoboken (2010), Chapt. 11.
37) (a) V. Balzani, A. Credi and M. Venturi, Molecular Devices and Machines : Concepts and Perspectives for the Nanoworld, 2nd ed. VCH-Wiley, Weinheim (2008) ; (b) B. L. Feringa, *J. Org. Chem.*, **72**, 6635 (2007).
38) W. A. Chalifoux and R. R. Tykwinski, *Nat. Chem.*, **2**, 967 (2010).
39) V. Maraval and R. Chauvin, *Chem. Rev.*, **106**, 5317 (2006).
40) (a) D. Kim, Z. Yoon and A. Osuka, *Nat. Chem.*, **1**, 113 (2009) ; (b) S. Saito and A. Osuka, *Angew. Chem. Int. Ed.*, **50**, 4342 (2011).
41) (a) N. Aratani, D. Kim and A. Osuka, *Acc. Chem. Res.*, **42**, 1922 (2009) ; (b) D. V.

Kondratuk, L. M. A. Perdigao, M. C. O'Sullivan, S. Svatek, G. Smith, J. N. O'Shea, P. H. Beton and H. L. Anderson, *Angew. Chem. Int. Ed.*, **51**, 6696 (2012).
42) (a) L. A. Paquette, *Chem. Rev.*, **89**, 1051 (1989); (b) H. Prinzbach and K. Weber, *Angew. Chem. Int. Ed. Engl.*, **33**, 2239 (1994).
43) (a) H. Schwertfeger, A. A. Fokin and P. R. Schreiner, *Angew. Chem. Int. Ed.*, **47**, 1022 (2008); (b) J. E. P. Dahl, J. M. Moldowan, T. M. Peakman, J. C. Clardy, E. Lobkovsky, M. M. Olmstead, P. W. May, T. J. Davis, J. W. Steeds, K. E. Peters, A. Pepper, A. Ekuan and R. M. K. Carlson, *Angew. Chem. Int. Ed.*, **42**, 2040 (2003).
44) J. H. Gross, G. Harder, A. Siepen, J. Harren, F. Vögtle, H. Stephan, K. Gloe, B. Ahlers, K. Cammann and K. Rissanen, *Chem. Eur. J.*, **2**, 1585 (1996).
45) (a) C.-F. Chen and Y.-X. Ma, Iptycene Chemistry : From Synthesis to Applications, Springer, Berlin (2013); (b) H. Hart, A. Bashir-Hashemi, J. Luo and M. A. Meador, *Tetrahedron*, **42**, 1641 (1986); (c) H. Iwamura and K. Mislow, *Acc. Chem. Res.*, **21**, 175 (1988); (d) T.-A. V. Khuong, J. E. Nuñez, C. E. Godinez and M. A. Garcia-Garibay, *Acc. Chem. Res.*, **39**, 413 (2006); (e) C. Vives and J. M. Tour, *Acc. Chem. Res.*, **42**, 473 (2009).
46) (a) K.-y. Akiba, Chemistry of Hypervalent Chemistry, Wiley-VCH, New York (1999); (b) G. A. Olah, G. K. S. Prakash, K. Wade, Á. Molnár and R. E. Williams, Hypercarbon Chemistry, 2nd ed., Wiley, Hoboken (2011).
47) T. Yamaguchi and Y. Yamamoto, *Pure Appl. Chem.*, **85**, 671 (2013).
48) (a) P. v. R. Schleyer and D. Kost, *J. Am. Chem. Soc.*, **110**, 2105 (1988); (b) H. Suzuki, N. Tokitoh, R. Okazaki, S. Nagase and M. Goto, *J. Am. Chem. Soc.*, **120**, 11096 (1998).
49) (a) R. Okazaki and R. West, *Adv. Organomet. Chem.*, **39**, 231 (1996); (b) K. M. Baines, *Chem. Commun.*, **49**, 6366 (2013); (c) M. Kobayashi, N. Hayakawa, K. Nakabayashi, T. Matsuo, D. Hashizume, H. Fueno, K. Tanaka and K. Tamao, *Chem. Lett.*, **43**, 432 (2014).
50) (a) R. Okazaki, *Heteroatom Chem.*, **25**, 293 (2014); (b) R. Okazaki and N. Tokitoh, *Acc. Chem. Res.*, **33**, 625 (2000).
51) (a) A. Sekiguchi, M. Ichinohe and R. Kinjo, *Bull. Chem. Soc. Jpn.*, **79**, 825 (2006); (b) N. Lühmann and T. Müller, *Angew. Chem. Int. Ed.*, **49**, 10042 (2010).
52) 畑 吉行, 時任宣博, 有機合成化学協会誌, **69**, 691 (2011).

和文索引

ア 行

アキシアル　66
アキラル　42
アクセプター　35
アクリジニウムイオン　205
アズレン　139
アセチレン-クムレンデヒドロアヌレン　125
アセン　132, 232
アダマンタン　255
1-アダマンチルカチオン　156
アトロプ異性体　50
アヌレノアヌレン　125
アヌレン　94, 113
[10]アヌレン　120
[12]アヌレン　121
[14]アヌレン　122
[18]アヌレン　123
アヌレン内アヌレン構造　169
アノマー効果　73
アピカル　259
アミド　63
アリル　90
アリルアニオン　90
アリルカチオン　90
アリルひずみ　28
1,2-アリルひずみ　69
1,3-アリルひずみ　69
アリルラジカル　90
RS 表示法　47
アルキルカルベン　192
アルキン　62
アルケン　60
アレン　49
アンチ　53, 71
アンチ配座　57
アンチ Bredt（ブレット）アルケン　226
安定イオン条件　153

安定化エネルギー　99, 140
安定性　148
安定な一重項カルベン　193
安定な三重項カルベン　195
安定ラジカル　171

イオン解離　20
イオン化エネルギー　16
イオン化ポテンシャル　87, 201
イオン結合　16
異常分散　78
いす形配座　66
異性化による安定化エネルギー　105
異性体　1
EZ 表示法　55
位相異性　78
位相異性体　78, 258
位相立体異性体　78
イソデスミック反応　104
一次元導体　208
一重項　180, 192
移動積分　207
イプチセン　257
イミダゾール-2-イリデン　193
in-out 異性体　71
s-インダセン　140

右旋性　44

エキソ　71
エクアトリアル　66
s 性　15
エステル　64
sp 混成軌道　15
sp^2 混成軌道　14
sp^3 混成軌道　13
エタン　26
A 値　67
エチン　15

X 線回折　7
X 線構造解析　6
HMO 法　86
エテン　14
エナンチオ異性　40
エナンチオエンリッチ　76
エナンチオトピック　74
エナンチオピュア　76
エナンチオマー　40, 75
エナンチオマー過剰率　76
エナンチオマー比　76
エリトロ　53
エンド　71
円二色性　8
円二色性（CD）スペクトル　44

オリゴアリーレン　245
オンサイト Coulomb（クーロン）反発　209

カ 行

回映　42
会合挙動　168
回転　42
回転障壁　57
解離　20
化学結合　9
化学シフト　108
架橋[14]アヌレン　122
架橋[18]アヌレン　124
架橋環　69
架橋環化合物　71
核 Overhauser（オーバーハウザー）効果　7
核磁気共鳴　7
核種非依存化学シフト　109
拡張ポルフィリン　252
重なり形配座　56
重なり積分　11

和文索引

カチオン…π相互作用　34
カテナン　78, 79
価電子帯　207
過渡的ラジカル　171
カプトデイティブ効果　172
ガルビノキシル　189
カルビン　251
カルベニウムイオン　149
カルベン　148, 191
カルボアニオン　148, 161
カルボカチオン　148, 149
カルボニウムイオン　149
カルボマー　251
含高周期元素多重結合化合物　260
　　——のアルキン類縁体　262
　　——のアルケン類縁体　261
　　——のアルデヒド類縁体　262
　　——のケトン類縁体　262
　　——の芳香族化合物類縁体　263
環式化合物　64
環式ポリイン　228
環状共役系化合物　94
完全活性空間 SCF 法　181
環反転　66, 117
環ひずみ　24

擬アキシアル　68
擬エクアトリアル　68
幾何異性　55
幾何異性体　55
機械的結合　79
擬回転　66
奇交互系　132
キノジメタン　143
m-キノジメタン　181
o-キノジメタン　183
p-キノジメタン　183
擬不斉中心　54
逆電子移動　204
逆転領域　203
球棒模型　4
キュバン　221
Curie（キュリー）則　187
Curie（キュリー）定数　187
Curie-Weiss（キュリー・ワイス）則　188

鏡映　42
強磁性的　180
強磁性的なカップリングユニット　182
鏡像異性体　40
橋頭位　69
共鳴　84
共鳴エネルギー　87, 100
共鳴構造式　85
共鳴積分　11
共役系化合物　242
共有結合　10
共有結合半径　19
極限構造　84
局在スピン－伝導電子間相互作用　214
極性　16
極性共有結合　16
巨大炭化水素　246
キラリティー　42
キラル　42
キラル軸　43, 49
キラル炭素　43
キラル中心　43, 48
キラル面　43, 51
キラル要素　43
均一開裂　20
禁止帯　207

空間充填模型　4
空間を通した相互作用　92
偶交互系　131
クムレン　56
Klyne-Prelog（クライン・プレログ）表示法　57
グラフィン　252
Coulomb（クーロン）積分　11
Coulomb（クーロン）反発　176, 209
Coulomb（クーロン）力　30

経験的分子軌道法　9
蛍光　8
Kekulé（ケクレ）構造式　3
ケクレン　243
ゲージ非依存原子軌道　108
結合移動　117
結合エネルギー　20
結合解離エネルギー　20, 172

結合角　5, 20
結合角ひずみ　21, 24
結合交替　105
結合次数　88, 91
結合伸縮ひずみ　29
結合性軌道　10, 14
結合長　5, 19
結合を介した相互作用　92
原子価異性化　122
原子価異性体　237
原子価殻電子対反発則　12
原子価結合法　9
原子価互変異性体　249
原子軌道　9
原子半径　19

光学異性体　44
光学活性　44
光学純度　76
交互積層形　207
交互炭化水素　131
交差共役　91
高スピンマルチラジカル　186
構造異性体　1
構造式　2
高ひずみアルカン　220
高ひずみアルキン　227
高ひずみアルケン　224
高ひずみアレーン　229
高ひずみ化合物　219
ゴーシュ効果　60
ゴーシュ配座　57
骨格模型　4
固有エネルギー障壁　203
コラニュレン　234
コルセット効果　221
コロネン　243
コングロメラート　77
混合原子価　209
混成　12
混成軌道　13

サ 行

サイクリックボルタンメトリー　8, 201
再配列エネルギー　202
サーキュレン　236, 242
鎖式アルカン　58

和文索引

鎖状共役系化合物　84
左旋性　44
サルフラワー　243
三重結合　15
三重項　180, 192
　　──の基底状態　186
三重項電子配置の芳香族性　112
3中心2電子結合　158

CIP順位則　47
1,3-ジアキシアル相互作用　67
ジアステレオ異性　40
ジアステレオトピック　74
ジアステレオマー　40, 53
ジアステレオマー法　76
ジアトロピシティ　108
ジアニオン　129, 169
ジアミノホスフィノ（シリル）カルベン　193
紫外・可視分光法　7
ジカチオン　159, 186
磁化率　188
ジグザグ投影式　42
σ結合　10
σラジカル　174
シクロアルカン　65
シクロアルキン　227
シクロアレーン　243
シクロオクタテトラエン　97, 117
　　──のジカチオン　129
シクロオクタトリエニルカチオン　131
trans-シクロオクテン　51, 225
シクロ[n]カーボン　228
シクロデカン　27
シクロパラフェニレン　236
シクロパラフェニレンエチニレン　237
シクロファン　230
シクロブタジエン　95, 114
　　──のジカチオン　129
シクロブタン　24
シクロブテニルカチオン　130
シクロプロパン　22, 24
シクロプロペニリデンシクロペンタジエン　138
シクロプロペニルアニオン　99, 127

シクロプロペニルカチオン　99, 126
シクロプロペノン　138
シクロヘキサン　26, 66
シクロヘプタトリエニルカチオン　99
シクロヘプタトリエノン　138
シクロペンタジエニルアニオン　99, 128
シクロペンタジエニルカチオン　99, 127, 186
シクロペンタジエニルラジカル　177
シクロペンタン　26, 65
ジシリン　263
ジシレン　261
シス　55
cis異性体　55
シス-トランス異性　14, 55
自然軌道　181
自然分晶　77
持続性　148, 220
持続性ラジカル　171
質量分析法　8
ジーメンス　206
集積アダマンタン　255
集積ポルフィリン　253
縮合環化合物　70
縮合多環式芳香族　134, 135
縮退　95
縮退転位　250
酒石酸　54
Schlenk（シュレンク）の炭化水素　183
小員環ひずみ　24
常磁性　187
常磁性環電流　107
シラアントラセン　264
ジラジカル　180
ジラジカル性　181
ジラジカロイド　181
シラナフタレン　264
シラベンゼン　264
シリン　263
シレン　261
シン　53, 71
水素結合　31

水素分子　10
スタッファン　223
ステレオジェネシティー　42, 44
ステレオジェン単位　44
スーパーファン　231
スピロ化合物　49, 70
スピロ環　69
スピン分極　176
スピン密度　175
スフェリファン　257
スマネン　234

静電相互作用　30
赤外線分光法　8
節　89
絶対配置　45, 78
セプチュレン　244
セミブルバレン　250
セレノアルデヒド　262
セレノケトン　262
線形結合　11
旋光性　8, 44
線構造式　3
前面ひずみ　28

双極子　17
双極子-モーメント　17
相対配置　45
速度論的分割　77
Solomon（ソロモン）リンク　80

タ行

ターアンテン　244
対称要素　42
多重項　186, 197
多層シクロファン　232
多段階酸化還元系　142
多段階電子移動　204
タブ形　117
単環式化合物　65
単結合　10
炭素-ヘテロ原子結合　62

チオアルデヒド　262
チオケトン　262
チオフェン　140

和文索引

Chichibabin（チチバビン）の炭化水素 183
超強酸 153
超共役 93
超原子価化合物 258
超原子価炭素化合物 259
直交座標 5

DL 表示法 46
TTF-TCNQ 錯体 206
Thiele（ティーレ）の炭化水素 183
デカリン 70
テトラアニオン 169
テトラシアノキノジメタン 142, 206
テトラチアフルバレン 142, 206
テトラ-t-ブチルエテン 225
テトラヘドラン 221
テトラメチレンエタン 181
デヒドロアヌレン 124
Dewar（デュワー）の共鳴エネルギー 100
Dewar（デュワー）ベンゼン 237
テルロケトン 262
電荷移動 35
電荷移動吸収帯 36
電荷移動錯体 35
電荷移動相互作用 35
電荷再結合 204
電荷分離 204
電荷分離状態 202
電気陰性度 16
電気伝導度 206
電気伝導率 206
点群 42
点構造式 3
電子求引基 161
電子求引性 17
電子供与基 151
電子供与性 17
電子供与体 35
電子受容体 35
電子常磁性共鳴 170
電子親和力 16, 87, 201
電子スピン共鳴 8, 170
電子配置間相互作用 181

電子密度 88, 91
電導性電荷移動錯体 206
伝導帯 207

同一平面配座 61
等価動的過程 122
渡環ひずみ 27
ドデカヘドラン 255
ドナー 35
トピシティー 73
トポロジー的共鳴エネルギー 103
トラヌレン 248
トランス 55
trans 異性体 55
トランスファー積分 207
トリアンギュレン 183
トリチル 176
トリフェニルメチルラジカル 176
トリプチセン 59, 257
トリメチレンメタン 181
トレオ 53
Tröger（トレーガー）塩基 49
トロピリウムイオン 99, 128
トロポロン 138
トロポン 138

ナ 行

内部座標 5
内部ひずみ 29
内包フラーレン 247
長い C-C 結合 239
長い C-O 結合 241
ナノカー 258

二環式化合物 69
2 官能性ラジカルイオン 200
二重結合 14
p-ニトロフェニルニトロニルニトロキシド 189
Newman（ニューマン）投影式 42, 56

ねじれ角 5
ねじれ形配座 56
ねじれひずみ 21, 26

ねじれ舟形配座 66
ノット 78, 81
2-ノルボルニルカチオン 158

ハ 行

Peierls（パイエルス）転移 210
π 軌道 14
π* 軌道 14
π 軌道軸ベクトル 235
π 結合 14
配座異性体 40
配座解析 58
配置異性体 40
π 電子 33
π⋯π 相互作用 34
背面ひずみ 28
Baeyer（バイヤー）ひずみ 21
π ラジカル 174
Pauli（パウリ）の排他原理 10
バコダン 255
パラシクロファン 51, 230
パラトロピシティ 108
半いす形配座 65
反強磁性的 180
反強磁性的カップリングユニット 182
半経験的分子軌道法 9
反結合性軌道 10, 14
反磁性環電流 107
反磁性磁化率のエキサルテーション 109
反転 42
バンド 206
バンドギャップ 207
反応性中間体 148

非局在化 84
非局在化エネルギー 100
非局在結合 84
非極性共有結合 16
非経験的分子軌道法 9
非 Kekulé（ケクレ）分子 181
非結合性軌道 90
非結合性相互作用 27

和　文　索　引

非交互炭化水素　131
非古典的カルボニウムイオン　157
3,3′-ビシクロプロペニル　238
ビシナル　26
ひずみ　2, 21
ひずみエネルギー　22, 220
ひずみ化合物　219
p 性　15
比旋光度　44
Pitzer（ピッツァー）ひずみ　21
ヒドリドイオン親和力　151
ヒノキチオール　138
ビフェニル　50, 61
非ベンゼン系芳香族化合物　136
Hückel（ヒュッケル）則　95
Hückel（ヒュッケル）分子軌道法　9, 86
ピリジン　140
ピロール　140

van der Waals（ファンデルワールス）半径　20
van der Waals（ファンデルワールス）ひずみ　21
van der Waals（ファンデルワールス）力　31
Fischer（フィッシャー）投影式　41
Fischer-Rosanoff（フィッシャー・ロサノフ）表示法　46
封筒形配座　65
フェナレニルラジカル　178
フェネストラン　224
フェロセン　52
フェン　132
不均一開裂　20
　　——の自由エネルギー　152
N-複素環カルベン　195
複素環式化合物　72
不斉炭素　43
1,3-ブタジエン　86
t-ブチルカチオン　156
プッシュープル効果　172
舟形配座　66
部分二重結合　63

フラッシュ真空熱分解　235
フラン　140
プリズマン　222
フルバレン　138, 250
プレイアデン　185
Bredt（ブレット）則　226
プロキラリティー　74
プロキラル　74
プロトン親和力　162
プロペラン　222
分割　76
分極　16
分極率　18
分光法　7
分散力　31
分子軌道　9
分子軌道法　9
分子構造　1
分子ジャイロスコープ　258
分子種　1
分子設計　2
分子ブレーキ　258
分子模型　4
分子モーター　250
分子力学　8, 22
分離積層型　207
分率座標　6

ヘキサフェニルエタン　29
ヘキサ-*peri*-ベンゾコロネン　246
Hess-Schaad（ヘス・シャアド）の共鳴エネルギー　101
ヘテロ環芳香族化合物　140
ヘテロリシス　20
ヘプタレン　139
ペリアセン　244
ペリサイクリン　251
ヘリセン　51, 233
ペリレン　244
ベンザイン　148, 229
ベンジル　90
ベンズバレン　238
ベンゼノイド　133
ベンゼン　34, 94, 97, 116
ペンタレン　139
syn-ペンタン効果　58
syn-ペンタン相互作用　28
syn-ペンタンひずみ　28

芳香族安定化エネルギー　104
芳香族化合物　61
芳香族性　99
　　——の調和振動子モデル　105
芳香族セクステット　133
ボウル反転　235
Hopf（ホップ）リンク　79
ホモ共役　92, 130
ホモデスミック反応　104
ホモデスモティック反応　104
ホモトピック　74
ホモトロピリデン　250
ホモ芳香族性　130
ホモリシス　20
ポリイン　251
ポリエン　88
ポリラジカル　186
ポルフィリン　141, 252

マ　行

Marcus（マーカス）の電子移動理論　202
曲がった結合　24
マジック酸　153
McConnell（マッコーネル）の第 1 モデル　188
McConnell（マッコーネル）の第 2 モデル　188
短い C–C 結合　240
密度汎関数法　9
三つ葉形ノット　81
Müller（ミュラー）の炭化水素　184

メソ化合物　54
メソ体　54
1,6-メタノ[10]アヌレン　120
メタン　13
メチレンシクロプロペン　137
メチレンシクロヘプタトリエン　137
メチレンシクロペンタジエン　137
メトニウムイオン　158
Möbius（メビウス）系芳香族化合物　247

Möbius（メビウス）系芳香族性　111

Mott（モット）絶縁体　209

ヤ　行

有機金属　206
誘起効果　17
誘起双極子　31
誘起双極子-相互作用　31

揺動分子　250

ラ　行

ラジアレン　249
ラジカル　148, 170
ラジカルアニオン　149, 199
ラジカル安定化エネルギー　173
ラジカルイオン　149, 199
ラジカルカチオン　149, 199
ラジカルカチオン塩　213
ラセミ化　76
ラセミ化合物　77
ラセミ体　76
らせん構造　51

力場関数　23
立体異性　40
立体異性体　1, 39
立体化学　39
立体化学表示記号　42
立体加速　29
立体効果　27
立体構造　41
立体構造式　3

立体障害　27
立体配座　40, 56
立体配置　40
立体ひずみ　21, 26
立体保護　220, 261
りん光　8

Lewis（ルイス）構造式　3

Lennard-Jones（レナード・ジョーンズ）ポテンシャル　23

レプリカ原子　48

ロタキサン　78
London（ロンドン）分散力　31

欧文索引

A value 67
absolute configuration 45
acene 132, 232
achiral 42
aCU (antiferromagnetic coupling unit) 182
adamantane 255
allene 49
allyl 90
allyl anion 90
allyl cation 90
allyl radical 90
allylic strain 28
alternant hydrocabon 131
alternate stack 207
angle strain 21
annulene 94
annulene-within-an-annulene 169
anomeric effect 73
anti 53, 71
anti-Bredt alkene 226
anti conformation 57
antibonding orbital 10
antiferromagnetic 180
antiferromagnetic coupling unit：aCU 182
AO (atomic orbital) 9
aromatic sextet 133
aromatic stabilization energy：ASE 104
ASE (aromatic stabilization energy) 104
asymmetric carbon 43
atomic orbital：AO 9
atomic radius 19
atropisomer 50
axial 66

B-strain 28
back electron transfer 204
back strain 28
ball and stick model 4
band 206
band gap 207
BDE (bond disociation energy) 20, 172

bent bond 24
benzenoid 133
benzyl 90
benzyne 148, 229
biphenyl 50
boat conformation 66
bond alternation 105
bond angle 5
bond dissociation energy：BDE 20, 172
bond energy 20
bond length 5
bond shifting 117
bonding orbital 10
Bredt's rule 226
bridged ring 69
bridgehead position 69
broken symmetry：BS 181
BS (broken symmetry) 181
bullvalene 250

canonical strcuture 84
captodative effect 172
carbanion 148
carbene 148
carbenium ion 149
carbocation 148
carbomer 251
carbonium ion 149
carbyne 251
CASSCF (complete active space SCF calculation) 181
catenane 78
cation$\cdots\pi$ interaction 34
chair conformation 66
charge recombination 204
charge separation 204
charge-transfer：CT 35
charge-transfer complex 35
chemical bond 9
chiral 42
chiral carbon 43

chirality 42
chirality axis 43
chirality center 43
chirality element 43
chirality plane 43
CI (configuration interaction) 181
CIP priority rule 47
circular dichroism 8
circular dichroism (CD) spectrum 44
circulene 236
cis 55
cis isomer 55
cis-trans 55
cis-trans isomerism 14
complete active space (CAS) orbitals 181
complete active space SCF calculation :
  CASSCF 181
conduction band 207
configuration 40
configuration interaction : CI 181
configurational isomer 40
conformation 40
conformational analysis 58
conformational isomer 40
conformer 40
conglomerate 77
constitutional isomer 1
coplanar conformation 61
corannulene 234
corset effect 221
Coulomb force 30
Coulomb integral 11
covalent bond 10
covalent bond radius 19
cross conjugation 91
CT (charge-transfer) 35
cubane 221
cumulene 56
CV (cyclic voltammetry) 8, 201
cyclic voltammetry : CV 8, 201
cycloarene 243
cyclophane 230

degenerate 95
degenerate rearrangement 249
delocalization 84
density functional theory : DFT 9
Dewar resonance energy : DRE 100, 140
dextrorotatory 44

DFT (density functional theory) 9
diamagnetic susceptibility exaltation 109
diastereomer 40
diastereomerism 40
diastereotopic 74
diatropicity 108
dipole 17
dipole moment 17
diradicaloid 181
disjoint 181
dispersion force 31
distonic radical ion 200
dodecahedrane 255
dot formula 3
double bond 14
DRE (Dewar resonance energy) 100, 140

EA (electron affinity) 16, 87, 201
eclipsed conformation 56
ee (enantiomeric excess) 76
electron affinity : EA 16, 87, 201
electron-donating 17
electron-donating group 151
electron paramagnetic resonance : EPR 8, 170
electron spin resonance : ESR 170
electron-withdrawing 17
electron-withdrawing group 162
electronegativity 16
electrostatic interaction 30
enantioenriched 76
enantiomer 40
enantiomeric excess : ee 76
enantiomeric ratio 76
enantiomerically enriched 76
enantiomerism 40
enantiopure 76
enantiotopic 74
endo 71
endohedral fullerene 247
envelope conformation 65
EPR (electron paramagnetic resonance) 8, 170
equatorial 66
erythro 53
ESR (electron spin resonance) 170
exo 71
EZ convention 55

F-strain 28

fCU (ferromagnetic coupling unit) 182
fenestrane 224
ferromagnetic 180
ferromagnetic coupling unit : fCU 182
Fischer projection 41
flash vacuum pyrolysis : FVP 235
fluorescence 8
fluxional molecule 250
forbidden band 207
front strain 28
FVP (flash vacuum pyrolysis) 235

gauche conformation 57
gauche effect 60
gauge-invariant atomic orbital : GIAO 108
geometric isomer 55
geometric isomerism 55
GIAO (gauge-invariant atomic orbital) 108

half-chair conformation 65
harmonic oscillator model for aromaticity : HOMA 105, 140
helicene 51
Hess-Schaad resonance energy : HSRE 101, 140
N-heterocyclic carbene 195
heterolysis 20
HIA (hydride ion affinity) 151
hinokitiol 138
HMO 法 (Hückel MO method) 9
HOMA (harmonic oscillator model for aromaticity) 105, 140
HOMO (the highest occupied molecular orbital) 15, 89
homoaromaticity 130
homoconjugation 92, 130
homodesmic reaction 104
homodesmotic reaction 104
homolysis 20
homotopic 74
homotropilidene 250
HSRE (Hess-Schaad resonance energy) 101, 140
Hückel MO method : HMO 法 9
hybridization 12
hybridized orbital 13
hydride ion affinity : HIA 151
hydrogen bond 31
hyperconjugation 93

hypervalent compound 258

I-strain 29
in-out isomer 71
induced dipole 31
inductive effect 17
infrared spectroscopy : IR 8
internal strain 29
intrinsic energy barrier 203
inversion 42
inverted region 203
ion bond 16
ionization energy 16
ionization potential : IP 87, 201
IP (ionization potential) 87, 201
iptycene 257
IR (infrared spectroscopy) 8
ISE (isomerization stabilization energy) 105
isodesmic reaction 104
isodynamical process 122
isomer 1
isomerization stabilization energy : ISE 105

Kekulé structure 99
kekulene 243
kinetic resolution 77
Klyne-Prelog system 57
knot 78
K_{R^+} 154

LCAO (linear combination of atomic orbital) 11
levorotatory 44
line formula 3
linear combination of atomic orbital : LCAO 11
LUMO (the lowest unoccupied molecular orbital) 15, 89

magic acid 153
mass spectrometry 8
mechanical bond 79
meso compound 54
meso form 54
mixed stack 207
mixed valence 209
MO (molecular orbital) 9
MO 法 (molecular orbital method) 9
molecular entity 1

molecular mechanics 8
molecular orbital：MO 9
molecular orbital method：MO 法 9
molecular structure 1
Mott insulator 209

NBMO (non-bonding molecular orbital) 90
Newman projection 42, 56
NICS (nucleus-independent chemical shift) 109, 140
NMR (nuclear magnetic resonance) 7
node 89
NOE (nuclear Overhauser effect) 7
non-alternant hydrocarbon 131
non-bonding molecular orbital：NBMO 90
non-classical carbonium ion 157
non-disjoint 181
non-Kelulé molecule 181
nonpolar covalent bond 16
nuclear magnetic resonance：NMR 7
nuclear Overhauser effect：NOE 7
nucleus-independent chemical shift：NICS 109, 140

on-site Coulomb repulsion 209
op (optical purity) 76
optical activity 44
optical isomer 44
optical purity：op 76
optical rotation 8, 44
organic metal 206
overlap integral 11

π bond 14
π-orbital axis vector：POAV 235
$\pi\cdots\pi$ interaction 34
p character 15
PA (proton affinity) 162
pagodane 255
paracyclophane 230
paramagnetism 187
paratropicity 108
partial double bond 63
Pauli exclusion principle 10
Peierls transition 210
periacene 244
persistence 220
persistency 148
persistent radical 171

perylene 244
phase isomer 258
phene 132
phosphorescence 8
pK_a 163
pleiadene 185
POAV (π-orbital axis vector) 235
point group 42
polar covalent bond 16
polarity 16
polarizability 18
polarization 16
prismane 222
pro-R 74
pro-S 74
prochiral 74
prochirality 74
propellane 222
proton affinity：PA 162
pseudo-asymmetric center 54
pseudo axial 68
pseudo equatorial 69
pseudorotation 66
push-pull effect 172

racemate 76
racemic compound 77
racemization 76
radialene 249
radical 148
radical anion 149, 199
radical cation 149, 199
radical ion 149, 199
radical stabilization energy：RSE 173
Re 75
RE (resonance energy) 87
reactive intermediates 148
reflection 42
relative configuration 45
reorganization energy 203
REPE (resonance energy per electron) 103
replica atom 48
resolution 76
resonance 84
resonance energy：RE 87
resonance energy per electron：REPE 103
resonance integral 11
ring inversion 117
ring strain 24

rotation　42
rotation-reflection　42
rotational barrier　57
rotaxane　78
RS system　47
RSE (radical stabilization energy)　173

σ bond　10
s character　15
SE (strain energy)　220
segregated stack　207
semibullvalene　250
Si　75
siemens　206
single bond　10
singly occupied molecular orbital : SOMO　112
skeletal model　4
small ring strain　24
SOMO (singly occupied molecular orbital)　112
sp hybridized orbital　15
sp^2 hybridized orbital　14
sp^3 hybridized orbital　13
space filling model　4
specific rotation　44
spectroscopy　7
spheriphane　257
spin density　175
spin polarization　176
spiro ring　69
spontaneous resolution　77
stability　148
stable-ion condition　153
stable radical　171
staffane　223
staggered conformation　56
stereochemical formula　3
stereochemistry　39
stereodescriptor　42
stereogenic unit　44
stereogenicity　42
stereoisomer　1, 39
stereoisomerism　40
steric acceleration　29
steric effect　27
steric hindrance　27
steric protection　220, 261
steric strain　21
strain　2, 21

strain energy : SE　220
sulflower　243
sumanene　234
superacid　153
superphane　231
symmetry element　42
syn　53, 71
syn-pentane strain　28

TCNQ (tetracyanoquinodimethane)　142, 206
teranthene　244
tetracyanoquinodimethane : TCNQ　142, 206
tetrahedrane　221
tetrathiafulvalene : TTF　142, 206
the highest occupied molecular orbital : HOMO　15, 89
the lowest unoccupied molecular orbital : LUMO　15, 89
three-center two-electron bond　158
threo　53
through-bond　92
through-space　92
topicity　73
topological isomer　78
topological isomerism　78
topological resonance energy : TRE　103
topological stereoisomer　78
torsion angle　5
torsion strain　21
trannulene　248
trans　55
trans isomer　55
transannular strain　27
transient radical　171
TRE (topological resonance energy)　103
trefoil knot　81
triple bond　15
triptycene　257
trityl　176
tropolone　138
tropone　138
tropylium ion　99
TTF (tetrathiafulvalene)　142, 206
tub form　117
twist-boat conformation　66

UV-vis spectroscopy　7

valence band　207

valence bond theory : VB法　9
valence isomer　237
valence isomerization　122
valence shell electron pair repulsion rule　12
valence tautomerization　250
van der Waals force　31
van der Waals radius　20

VB法（valence bond theory）　9

X-ray diffraction　7
X-ray structure analysis　6

Z-matrix　5
zig-zag projection　42

著者略歴

戸部義人

1951年　大阪府に生まれる
1979年　大阪大学大学院工学研究科博士課程修了
現　在　大阪大学大学院基礎工学研究科教授
　　　　工学博士

豊田真司

1964年　香川県に生まれる
1988年　東京大学大学院理学系研究科修士課程修了
現　在　東京工業大学理学院化学系教授
　　　　博士（理学）

朝倉化学大系 4
構造有機化学　　　　　　　　定価はカバーに表示

2016年9月10日　初版第1刷

著　者	戸　部　義　人	
	豊　田　真　司	
発行者	朝　倉　誠　造	
発行所	株式会社 朝　倉　書　店	

東京都新宿区新小川町 6-29
郵便番号　162-8707
電　話　03(3260)0141
FAX　03(3260)0180
http://www.asakura.co.jp

〈検印省略〉

Ⓒ 2016〈無断複写・転載を禁ず〉　　印刷・製本　東国文化

ISBN 978-4-254-14634-9　C 3343　　Printed in Korea

JCOPY　〈(社)出版者著作権管理機構 委託出版物〉

本書の無断複写は著作権法上での例外を除き禁じられています。複写される場合は、そのつど事前に、(社)出版者著作権管理機構（電話 03-3513-6969，FAX 03-3513-6979, e-mail: info@jcopy.or.jp）の許諾を得てください。

前日赤看護大 山崎　昶監訳
森　幸恵・宮本惠子訳

ペンギン化学辞典

14081-1 C3543　　　　A 5 判 664頁 本体6700円

定評あるペンギンの辞典シリーズの一冊"Chemistry（第3版）"（2003年）の完訳版。サイエンス系のすべての学生だけでなく、日常業務で化学用語に出会う社会人（翻訳家、特許関連者など）に理想的な情報源を供する。近年の生化学や固体化学、物理学の進展も反映。包括的かつコンパクトに8600項目を収録。特色は①全分野（原子吸光分析から両性イオンまで）を網羅、②元素、化合物その他の物質の簡潔な記載、③重要なプロセスも収載、④巻末に農薬一覧など付録を収録。

光化学協会光化学の事典編集委員会編

光化学の事典

14096-5 C3543　　　　A 5 判 436頁 本体12000円

光化学は、光を吸収して起こる反応などを取り扱い、対象とする物質が有機化合物と無機化合物の別を問わず多様で、広範囲で応用されている。正しい基礎知識と、人類社会に貢献する重要な役割・可能性を、約200のキーワード別に平易な記述で網羅的に解説。〔内容〕光とは／光化学の基礎 I ―物理化学―／光化学の基礎 II ―有機化学―／様々な化合物の光化学／光化学と生活・産業／光化学と健康・医療／光化学と環境・エネルギー／光と生物・生化学／光分析技術（測定）

日本放射化学会編

放射化学の事典

14098-9 C3543　　　　A 5 判 376頁 本体9200円

放射性元素や核種は我々の身の周りに普遍的に存在するばかりか、近代の科学や技術の進歩と密接に関わる。最近の医療は放射性核種の存在なしには実現しないし、生命科学、地球科学、宇宙科学等の基礎科学にとって放射化学は最も基本的な概念である。本書はキーワード約180項目を1〜4頁で解説した読む事典。〔内容〕放射化学の基礎／放射線計測／人工放射性元素／原子核プローブ・ホットアトム化学／分析法／環境放射能／原子力／宇宙・地球化学／他

首都大 伊與田正彦・東工大 榎　敏明・東工大 玉浦　裕編

炭素の事典

14076-7 C3543　　　　A 5 判 660頁 本体22000円

幅広く利用されている炭素について、いかに身近な存在かを明らかにすることに力点を置き、平易に解説。〔内容〕炭素の科学：基礎（原子の性質／同素体／グラファイト層間化合物／メタロフラーレン／他）無機化合物（一酸化炭素／二酸化炭素／炭酸塩／コークス）有機化合物（天然ガス／石油／コールタール／石炭）炭素の科学：応用（素材としての利用／ナノ材料としての利用／吸着特性／導電体、半導体／燃料電池／複合材料／他）環境エネルギー関連の科学（新燃料／地球環境／処理技術）

水素エネルギー協会編

水素の事典

14099-6 C3543　　　　A 5 判 728頁 本体20000円

水素は最も基本的な元素の一つであり、近年はクリーンエネルギーとしての需要が拡大し、ますその利用が期待されている。本書は、水素の基礎的な理解と実社会での応用を結びつけられるよう、環境科学的な見地も踏まえて平易に解説。〔内容〕水素原子／水素分子／水素と生物／水素の分析／水素の燃焼と爆発／水素の製造／水素の精製／水素の貯蔵／水素の輸送／水素と安全／水素の利用／エネルギーキャリアとしての水素の利用／環境と水素／水素エネルギーシステム／他

首都大 伊與田正彦・首都大 佐藤総一・首都大 西長 亨・
首都大 三島正規著

基礎から学ぶ有機化学

14097-2 C3043　　　　A5判 192頁 本体2800円

理工系全体向け教科書〔内容〕有機化学とは／結合・構造／分子の形／電子の分布／炭化水素／ハロゲン化アルキル／アルコール・エーテル／芳香族／カルボニル化合物／カルボン酸／窒素を含む化合物／複素環化合物／生体構成物質／高分子

前早大 竜田邦明著

天 然 物 の 全 合 成
― 華麗な戦略と方法 ―

14074-3 C3043　　　　B5判 272頁 本体5600円

本書は，著者らがこれまでに完成した約85種の天然物の全合成を中心に解説。そのうち80種については世界最初の全合成であるので，同一あるいは同様の天然物を他の研究者が追随して報告した全合成研究もあわせて紹介し，相違も明確にした。

神奈川大 松本正勝・神奈川大 横澤 勉・
お茶の水大 山田眞二著
21世紀の化学シリーズ2

有 機 化 学 反 応

14652-3 C3343　　　　B5判 208頁 本体3600円

有機化学を動的にわかりやすく解説した教科書。〔内容〕化学結合と有機化合物の構造／酸と塩基／反応速度と反応機構／脂肪族不・飽和化合物の反応／芳香族化合物の反応／カルボニル化合物の反応／ペリ環状反応とフロンティア電子理論他

水野一彦・吉田潤一編著　石井康敬・大島 巧・
太田哲男・垣内喜代三・勝村成雄・瀬恒潤一郎他著
役にたつ化学シリーズ5

有 機 化 学

25595-9 C3358　　　　B5判 184頁 本体2700円

基礎から平易に解説し，理解を助けるよう例題，演習問題を豊富に掲載。〔内容〕有機化学と共有結合／炭化水素／有機化合物のかたち／ハロアルカンの反応／アルコールとエーテルの反応／カルボニル化合物の反応／カルボン酸／芳香族化合物

東大 鹿野田一司・物質・材料研 宇治進也編著

分 子 性 物 質 の 物 理
― 物性物理の新潮流 ―

13119-2 C3042　　　　A5判 212頁 本体3500円

分子性物質をめぐる物性研究の基礎から注目テーマまで解説。〔内容〕分子性結晶とは／電子相関と金属絶縁体転移／スピン液体／磁場誘起超伝導／電界誘起相転移／質量のないディラック電子／電子型誘電体／光誘起相転移と超高速光応答

前岡山大 河本 修著

技術者のための 特許英語の基本表現

10248-2 C3040　　　　A5判 232頁 本体3600円

英文特許の明細書の構成すなわち記述の筋道と文章の特有の表現を知ってもらい，特許公報を読むときに役立ててもらうことを目標とした書。例文を多用し，主語・目的語・述語動詞を明示し，名詞を変えるだけで読者の望む文章が作成可能。

リードイン 太田真智子・千葉大 斎藤恭一著

理系英語で使える強力動詞60

10266-6 C3040　　　　A5判 176頁 本体2300円

受験英語から脱皮し，理系らしい英文を書くコツを，精選した重要動詞60を通じて解説。〔内容〕contain／apply／vary／increase／decrease／provide／acquire／create／cause／avoid／describeほか

千葉大 斎藤恭一・千葉大 ベンソン華子著

書ける！　理系英語　例文77

10268-0 C3040　　　　A5判 160頁 本体2300円

欧米の教科書を例に，ステップアップで英作文を身につける。演習・コラムも充実。〔内容〕ウルトラ基本セブン表現／短い文（強力動詞を使いこなす）／少し長い文（分詞・不定詞・関係詞）／長い文（接続詞）／徹底演習（穴埋め・作文）

前北大 松永義夫編著

化学英語［精選］文例辞典

14100-9 C3543　　　　A5判 776頁 本体14000円

化学系の英語論文の執筆・理解に役立つ良質な文例を，学会で英文校閲を務めてきた編集者が精選。化学諸領域の主要ジャーナルや定番教科書などを参考に「よい例文」を収集・作成した。文例は主要語ごと（ABC順）に掲載。各用語には論文執筆に際して注意すべき事項や英語の知識を加えた他，言葉の選択に便利な同義語・類義語情報も付した。巻末には和英対照索引を付し検索に配慮。本文データのPC上での検索も可能とした（弊社サイトから本文見本がダウンロード可）。

上記価格（税別）は2016年8月現在

朝倉化学大系

編集顧問
佐野博敏

編集幹事
富永　健

編集委員
徂徠道夫・山本　学・松本和子・中村栄一・山内　薫

［A5判］

1	物性量子化学	山口　兆	384頁
4	構造有機化学	戸部義人・豊田真司	296頁
5	化学反応動力学	中村宏樹	324頁
6	宇宙・地球化学	野津憲治	308頁
7	有機反応論	奥山　格・山高　博	312頁
8	大気反応化学	秋元　肇	432頁
9	磁性の化学	大川尚士	212頁
10	相転移の分子熱力学	徂徠道夫	264頁
12	生物無機化学	山内　脩・鈴木晋一郎・櫻井　武	424頁
13	天然物化学・生物有機化学Ⅰ	北川　勲・磯部　稔	384頁
14	天然物化学・生物有機化学Ⅱ	北川　勲・磯部　稔	292頁
15	伝導性金属錯体の化学	山下正廣・榎　敏明	208頁
16	有機遷移金属化学	小澤文幸・西山久雄	
18	希土類元素の化学	松本和子	336頁